高等职业教育园林类专业 系列教材

园林植物造景 第4版

YUANLIN ZHIWU ZAOJING

主　编　宁妍妍　段晓鹃
副主编　肖雍琴　陈取英　郑　重
主　审　秦　华

重庆大学出版社

内容提要

本书根据园林类行业对植物造景岗位知识和技能方面的要求,编写采用了"模块构建、项目导向、工作任务"的模式。包括园林植物造景基础理论和各类绿地中植物景观设计两大模块。教材共安排了园林植物造景素材、园林植物景观形式、城市道路绿地植物景观设计、居住区绿地植物景观设计、单位绿地植物景观设计、综合性公园植物景观设计、庭院绿地植物景观设计、屋顶花园植物景观设计8个基于工作过程的教学项目。8个项目中安排了14个任务,并且每个任务都以具体实例为载体,按照学习目标、工作任务、知识准备、任务实施来组织内容。具有取材全面、深入浅出、内容翔实、图文并茂的特点。本书配有电子教案,可扫描封底二维码查看,并在电脑上进入重庆大学出版社官网下载。书中有44个二维码,可扫码学习。

本书可作为高等职业院校风景园林、园林技术、园林工程技术、园艺技术、环境艺术设计等专业教材,也可以作为相关部门专业技术人员学习的参考用书,同时也是成人教育园林类专业的培训材料。

图书在版编目(CIP)数据

园林植物造景/宁妍妍,段晓鹃主编. -- 4版. --
重庆:重庆大学出版社,2022.9(2023.7重印)
高等职业教育园林类专业系列教材
ISBN 978-7-5624-7901-7

Ⅰ.①园… Ⅱ.①宁… ②段… Ⅲ.①园林植物—园林设计—高等职业教育—教材 Ⅳ.①TU986.2

中国版本图书馆 CIP 数据核字(2022)第 122483 号

园林植物造景
(第4版)

主 编 宁妍妍 段晓鹃
副主编 肖雍琴 陈取英 郑 重
主 审 秦 华

责任编辑:何 明 版式设计:莫 西 何 明
责任校对:王 倩 责任印制:赵 晟

*

重庆大学出版社出版发行
出版人:饶帮华
社址:重庆市沙坪坝区大学城西路 21 号
邮编:401331
电话:(023)88617190 88617185(中小学)
传真:(023)88617186 88617166
网址:http://www.cqup.com.cn
邮箱:fxk@cqup.com.cn(营销中心)
全国新华书店经销
重庆长虹印务有限公司印刷

*

开本:787mm×1092mm 1/16 印张:15.25 字数:392 千
2014 年 2 月第 1 版 2022 年 9 月第 4 版 2023 年 7 月第 9 次印刷
印数:22 001—27 000
ISBN 978-7-5624-7901-7 定价:59.00 元

编委会名单

编写人员名单

主　编　宁妍妍　甘肃林业职业技术学院

段晓鹃　四川建筑职业技术学院

副主编　肖雍琴　内江职业技术学院

陈取英　上海农林职业技术学院

郑　重　四川建筑职业技术学院

参　编　袁　瑗　四川建筑职业技术学院

杨先哲　四川建筑职业技术学院

苏小惠　甘肃林业职业技术学院

主　审　秦　华　西南大学

总　序

改革开放以来,随着我国经济、社会的迅猛发展,对技能型人才特别是对高技能人才的需求在不断增加,促使我国高等教育的结构发生重大变化。据2004年统计数据显示,全国共有高校2 236所,在校生人数已经超过2 000万,其中高等职业院校1 047所,其数目已远远超过普通本科院校的684所;2004年全国招生人数为447.34万,其中高等职业院校招生237.43万,占全国高校招生人数的53%左右。可见,高等职业教育已占据了我国高等教育的"半壁江山"。近年来,高等职业教育逐渐成为社会关注的热点,特别是其人才培养目标。高等职业教育培养生产、建设、管理、服务第一线的高素质应用型技能人才和管理人才,强调以核心职业技能培养为中心,与普通高校的培养目标明显不同,这就要求高等职业教育要在教学内容和教学方法上进行大胆的探索和改革,在此基础上编写出版适合我国高等职业教育培养目标的系列配套教材已成为当务之急。

随着城市建设的发展,人们越来越重视环境,特别是环境的美化,园林建设已成为城市美化的一个重要组成部分。园林不仅在城市的景观方面发挥着重要功能,而且在生态和休闲方面也发挥着重要功能。城市园林的建设越来越受到人们重视,许多城市提出了要建设国际花园城市和生态园林城市的目标,加强了新城区的园林规划和老城区的绿地改造,促进了园林行业的蓬勃发展。与此相应,社会对园林类专业人才的需求也日益增加,特别是那些既懂得园林规划设计、又懂得园林工程施工,还能进行绿地养护的高技能人才成为园林行业的紧俏人才。为了满足各地城市建设发展对园林高技能人才的需要,全国的1 000多所高等职业院校中有相当一部分院校增设了园林类专业。而且,近几年的招生规模得到不断扩大,与园林行业的发展遥相呼应。但与此不相适应的是适合高等职业教育特色的园林类教材建设速度相对缓慢,与高职园林教育的迅速发展形成明显反差。因此,编写出版高等职业教育园林类专业系列教材显得极为迫切和必要。

通过对部分高等职业院校教学和教材的使用情况的了解,我们发现目前众多高等职业院校的园林类教材短缺,有些院校直接使用普通本科院校的教材,既不能满足高等职业教育培养目标的要求,也不能体现高等职业教育的特点。目前,高等职业教育园林类专业使用的教材较少,且就园林类专业而言,也只涉及部分课程,未能形成系列教材。重庆大学出版社在广泛调研的基础上,提出了出版一套高等职业教育园林类专业系列教材的计划,并得到了全国20多所高等职业院校的积极响应,60多位园林专业的教师和行业代表出席了由重庆大学出版社组织的高等职业教育园林类专业教材编写研讨会。会议上代表们充分认识到出版高等职业教育园林类专业系列教材的必要性和迫切性,并对该套教材的定位、特色、编写思路和编写大纲进行了认真、深入的研讨,最后决定首批启动《园林植物》《园林植物栽培养护》《园林植物病虫害防治》《园林规划设计》《园林工程施工与管理》等20本教材的编写,分春、秋两季完成该套教材的出版工作。主编、副主编和参加编写的作者,由全国有关高等职业院校具有该门课程丰富教学经验的专家和一线教师,大多为"双师型"教师承担了各册教材的编写。

本套教材的编写是根据教育部对高等职业教育教材建设的要求,紧紧围绕以职业能力培养为核心设计的,包含了园林行业的基本技能、专业技能和综合技术应用能力三大能力模块所需要的各门课程。基本技能主要以专业基础课程作为支撑,包括有8门课程,可作为园林类专业必修的专业基础公共平台课程;专业技能主要以专业课程作为支撑,包括12门课程,各校可根据各自的培养方向和重点打包选用;综合技术应用能力主要以综合实训作为支撑,其中综合实训教材将作为本套教材的第二批启动编写。

本套教材的特点是教材内容紧密结合生产实际,理论基础重点突出实际技能所需要的内容,并与实训项目密切配合,同时也注重对当今发展迅速的先进技术的介绍和训练,具有较强的实用性、技术性和可操作性3大特点,具有明显的高职特色,可供培养从事园林规划设计、园林工程施工与管理、园林植物生产与养护、园林植物应用,以及园林企业经营管理等高级应用型人才的高等职业院校的园林技术、园林工程技术、观赏园艺等园林类相关专业和专业方向的学生使用。

本套教材课程设置齐全、实训配套,并配有电子教案,十分适合目前高等职业教育"弹性教学"的要求,方便各院校及时根据园林行业发展动向和企业的需求调整培养方向,并根据岗位核心能力的需要灵活构建课程体系和选用教材。

本套教材是根据园林行业不同岗位的核心能力设计的,其内容能够满足高职学生根据自己的专业方向参加相关岗位资格证书考试的要求,如花卉工、绿化工、园林工程施工员、园林工程预算员、插花员等,也可作为这些工种的培训教材。

高等职业教育方兴未艾。作为与普通高等教育不同类型的高等职业教育,培养目标已基本明确,我们在人才培养模式、教学内容和课程体系、教学方法与手段等诸多方面还要不断进行探索和改革,本套教材也将会随着高等职业教育教学改革的深入不断进行修订和完善。

编委会
2006 年 1 月

再版前言

园林植物是园林景观造景的主体,它能够使园林景观具有丰富的季相变化,也能够使园林空间充满活力。随着生态园林建设工作的不断发展,使得园林植物景观的内涵越来越广泛,所以园林植物应用形式也是多种多样。园林植物造景就是使园林植物与其他园林组成要素有机结合在一起,创造出既符合一定功能又有意境的景观。

为了贯彻实施教高[2006]16号文《关于全面提高高等职业教育教学质量的若干意见》的要求,根据我国目前高等职业教育中本课程教学的实际情况和行业对岗位能力的需求,本教材在编写时遵循了"必需、够用、实用"的原则,创新了教学内容与实践培养的方式,融"教、学、做"为一体,突出了"学中做、做中学"的教育思想,达到强化学生能力的培养目标。

本教材具有以下特点:

(1)教材定位准确、内容新颖、取材全面、图文并茂、通俗易懂、理论知识简明、实训操作性强。教材采用任务驱动的编写思路,以工作任务为主线,教师为主导,学生为主体,真正突出了以就业为导向,以能力为本位的职业教育理念,具有应用性和可读性强的特点。教材根据教学需要将新技术和新理念引入教材中,培养学生的创新能力,从而适应行业的需求。

(2)教材突出了高校学生需要的基本理论知识结构和技能要求,深入浅出,最大程度去贴近人才的需求,使学生能够掌握必须的理论知识,又能在项目和任务中得到实践技能的不断提高。按照行业实际工作过程组织教材内容,将知识点和技能要求贯穿于项目教学中。

(3)教材引用了大量的优秀植物景观设计案例,丰富了教学信息,充实了教学内容,使教材结构合理。园林植物造景是一门融理论和实践、艺术与技术相结合的综合性学科。在教材编写时组织了教学经验丰富和实践能力强的教师,提供了大量的技术资料、图片和相关图纸等,方便了教师教学和学生的学习。

(4)书中含44个二维码,可扫码学习。

本教材由宁妍妍、段晓鹃任主编。具体编写任务如下:宁妍妍编写前言,项目2中任务3、任务4、任务5、任务6,项目6和项目8的部分内容以及附录等内容;段晓鹃、郑重、袁瑗、杨先哲编写项目3、项目4、项目7;陈取英编写项目1、项目2中任务1、任务2;肖雍琴编写项目5和项

目 8 的部分内容。参加编写的人员还有甘肃林业职业技术学院苏小惠。全书由甘肃林业职业技术学院宁妍妍统稿并修改。

本教材在编写过程中引用了一些国内外园林植物景观实例和图片,在此谨向有关作者、企业和单位及同行们深表感谢！同时也得到了甘肃林业职业技术学院的领导和老师的大力支持与帮助,深表感谢！

由于编者水平有限,书中难免存在疏漏之处,敬请广大读者批评指正。

编　者

2022 年 7 月

目　录

模块 1　园林植物造景基础理论

模块2 各类绿地中植物景观设计

模块 1

园林植物造景基础理论

项目 1 园林植物造景素材

任务1　园林植物素材认识

园林植物素材认识1,2

[学习目标]

知识目标：

(1)从应用角度理解园林植物的观赏特征的内容,如树形姿态、花、叶、果实、干、根等。

(2)熟悉常见园林植物的生长高度及体量,了解其生长对环境的要求。

(3)了解园林植物的传统文化在园林植物配置应用中的含义,如古树名木、植物寓意、具有当地记忆性的植物等。

技能目标：

(1)结合所在地区园林植物的种类按观赏特性进行梳理,进一步从应用角度认识园林植物,选择植物时可充分考虑观赏特性因子。

(2)根据不同空间大小选择体量合宜的植物。

(3)了解不同场地环境要求中对园林植物的寓意、风水等要求。

 工作任务

任务提出(校园植物调查)

就近选择一处小型绿地,对其绿地植物进行调查,记录树形姿态、花期、花色、花相、叶形、叶色、果实等观赏内容,利用皮尺等工具测绘所调查植物的规格大小,观察植物的生长环境及生长状况,完成调查表格,搜集植物生长需求、寓意等的相关资料,并将有传统寓意及特殊含义的植物进行标记,如古树名木等。

任务分析

根据绿地环境和功能要求选择合适的植物种类进行树木景观的设计是植物配置师从业人员职业能力的基本要求。对植物素材的了解是从事植物景观设计的最基本能力,包括对植物的观赏特性及寓意有充分的认识理解,能根据设计要求选择适合体量、树形、生态习性的树种,充分展示植物的特性,营造一定的植物空间环境。

任务要求

(1)就近选择绿地(如校园绿地、街头绿地)进行园林植物调查,班级可分组分片进行。

(2)设计调查表格,要求包括树种名称、生态习性、规格、树形、主要观赏特征等。

(3)每个小组利用照片记录树形、当时可采集的观赏特征体现、记录树木生长规格数据等。

(4)完成调查表格内容,提交收集的植物生长及寓意的文字资料。

材料及工具

相机、调查表格、测量仪器等。

知识准备

1.园林植物造景的相关含义

1)园林植物造景的含义

园林植物造景,即运用乔木、灌木、藤本植物以及地被、草本植物等素材,通过艺术手法,结合考虑各种生态因子的作用,充分发挥植物本身的形体、线条、色彩等方面的灵感,来创造与周围环境相适应、相协调,并表达一定意境或具有一定功能的艺术空间。园林植物造景综合考虑两方面问题:一方面是造景的艺术性,如何结合场地功能和特征营造适宜的植物景观,如形成乔灌木复合景观、乔草组合景观、花境景观等及与其他要素组合的搭配,如与山石组合、水体组合、园路组合、墙体组合等;另一方面是造景的科学性,在植物的选择上考虑环境的立地条件选择适宜生长的植物,综合考虑土壤、水分、光照、温度等条件对植物生长的影响。

2)园林植物造景的特征

英国风景园林学家 B. Claustor 认为:园林设计归根结底是植物材料的设计,目的就是改善人类的生态环境,其他的内容都只能在一个有植物的环境中发挥作用。相对于其他的园林设计要素,园林植物造景可以营造具有生命的绿色环境,植物的季相及生长过程为环境带来丰富的时序变化,而植物的生长对环境有良好的改善作用。因此随着人类社会的发展,越来越注意植物生态环境营造中不可或缺的作用。因为植物的生命性也要求在植物造景时综合考虑植物生长的需求,考虑立地条件,提倡适地适树的原则。

2.园林植物景观的含义

园林植物景观,主要指由自然界的植被、植物群落、植物个体所表现的形象,通过人们的感观传到大脑皮层,产生一种实在的美的感受和联想,植物景观一词也包括人工的即运用植物题材来创作的景观。

3.园林植物的类别及其特点

1)乔木类

园林植物素材认识3

乔木是城市园林绿地的骨架,在各类绿地之中起重要的主导作用,乔木均具有明显的主干,离地一定高度开始分枝、分叉,有较大的树冠,树型高大。在园林景观设计中,按其生长高度可分为小乔木(6～10 m)、中乔木(11～20 m)、大乔木(21～30 m)及伟乔木(31 m以上)。乔木不同的生长高度及冠幅大小可以影响在植物配置中所占据的层次,总体来说乔木为上层林木的应用,可以形成乔木层及亚乔木层,因其树冠下有一定的生长空间可植耐阴灌木或地被,也可以开辟为活动场地;乔木亦可单独成景(图1.1)。

图1.1　不同姿态的乔木配置成景

另根据其形态特征和树叶的脱落情况,又可分为常绿针叶乔木类、落叶针叶乔木类、常绿阔叶乔木类、落叶阔叶乔木类四大类。针叶树种和阔叶树种通常树形差异较大,配置中须注意两者差异来进行搭配;常绿树种叶色终年为绿色,没有明显的落叶期,四季景观稳定,尤其在冬季可以提供绿色观赏;落叶树种的叶色、枝干线条、树形及质感等均随叶片生长与凋落而呈现四季时序变化,通常花期也表现得较为明显,如樱花、碧桃等植物,植物景观富于变化,有明显的最佳观赏期和观赏内容。

2)灌木类

灌木常用作树丛的下木,或作为基础植物和应用于绿篱,它的树干与枝条的区分不明显,分枝低或丛生,树形低矮,树形较不固定(图1.2)。按其树高和冠幅,可分为大灌木(2 m以上)、中灌木(1～2 m)、小灌木(1 m以下)。因其树高和冠幅特征在配置时下基本无其他植物生长空间或者活动空间,但在空间围合上可以起到严密的效果。

灌木类常根据其形态特征又可区分为针叶常绿灌木类、阔叶常绿灌木类、阔叶落叶灌木类三类。常绿类的灌木是作为绿篱、背景及基础植物的良好选择,落叶灌木中通常花期明显可丰富植物景观层次。

图1.2　灌木规则式应用和自然式应用

3)攀援植物类

攀援植物,又名藤本植物,是指茎部细长,不能直立,只能依附在其他物体(如树、墙等)或匍匐于地面上生长的一类植物。攀援植物的叶、花、果、枝条富有季节性的色泽变化,形成观赏景观,通常和墙面、屋面、棚架、石材结合应用或者直接铺于地面。可以柔化生硬呆板的人工墙面或篱笆;联络建筑物和其他景观设施物,使相互结合;可形成花廊、花格篱,产生绿荫;也可以形成围篱,起到围合空间、作背景和隔离的作用;覆盖于建筑物上或地面可减少太阳眩光、反射热气、降低热气,改善都市气候并美化市容(图1.3)。

图1.3　攀援植物所形成的墙园

攀援植物一直是造园中常用的植物材料,如今可用于园林绿化的面积越来越小,充分利用攀援植物进行垂直绿化是拓展绿化空间、增加城市绿量、提高整体绿化水平、改善生态环境的重要途径。

4)地被植物类

地被植物泛指可将地面覆盖,使泥土不致裸露,具有保护表土及美化功能,株丛密集、低矮的植物。它不仅包括多年生低矮草本植物,还有一些适应性较强的低矮、匍匐型的灌木和藤本植物,大部分应用于地被的植物茎叶密布生长,并且有蔓生、匍匐的特性,易将地表遮盖覆满,多年生,适应性强,养护管理简单。经简单管理即可用于代替草坪覆盖在地表,防止水土流失,能

吸附尘土、净化空气、减弱噪音、消除污染。

可以选用为地被植物应用的植物主要根据植物的功能生长特性来进行筛选，一般要求：

①多年生，植株低矮、高度不超过100 cm。

②全部生育期在露地栽培。

③繁殖容易，生长迅速，覆盖力强，耐修剪。

④花色丰富，持续时间长或枝叶观赏性好。

⑤具有一定的稳定性。

⑥抗性强、无毒、无异味。

⑦能够管理，即不会泛滥成灾。

地被植物在应用过程中代替草坪覆盖地面，质感细的地被植物生长致密，使光线不易穿透至土面，可以抑制杂草生长，并优于草坪植物可在强荫地、陡峭地及地势起伏不平之处生长，其形态、叶、色彩及质感等，因种类不同而有各种丰富的变化，或具有叶色、花、果实等观赏，不同的地被植物也可进行搭配，创造出对比或调和的变化。现在园林植物景观设计中提倡丰富的地被植物的应用(图1.4)。

图1.4 不同的地被植物种类丰富了园林空间的基地

5)草本花卉类

草本花卉类可分为一二年生草花，多年生草花及球根花卉。也有叶或者株形可做观赏，但仍以观花为主要目的(图1.5)。

(1)一二年生花卉 大部分用种子繁殖，春播后当年开花然后死亡的称为一年生草花，如矮牵牛等；秋播后次年开花然后死亡的称为二年生花卉，如金盏菊等。这两类草花的整个生长发育期一般不超过12个月，合称一二年生花卉。一二年生草花花朵鲜艳，装饰效果强，通常栽培至开花时在园林绿地中进行应用，以观花为主，通常突出整体色彩效果，如装饰各式花坛、花钵、花箱等。

(2)多年生花卉 多年生花卉又称宿根花卉，可以连续生长多年。冬季地上部枯萎，次年春季继续抽芽生长。在温暖地带，有些品种终年不凋，或凋落后又很快发芽，如芍药、耧斗菜等。这一类草花可以用来做园林地被，也常用来布置成自然的花卉景观或形成花境景观，为园林绿地增添景致。

(3)球根类花卉 球根类花卉地下部均有肥大的变态茎或变态根，形成各种块状、球状、鳞片状的,属于多年生宿根植物。球根类花卉种类繁多,花朵美丽,常混植在其他多年生花卉中,或散植在草地上。常见的有石蒜、百合、唐菖蒲、大丽菊等。

图1.5 不同花卉植物丰富了园林景观

草本花卉从栽培至开花通常仅需数月,较木本花卉在栽培上更具变化性。其品种繁多花色多样,适应性广,多以种子、扦插繁殖,短期内可获大量植株。多体现群体的色彩美,也可欣赏其植株的个体美和独特的花卉景观,为城市园林景观增添亮丽的色彩(图1.6)。

图1.6 花卉带来的亮丽色彩

6) 水生植物类

　　水生植物是指植物体的一部分或全部需在水中生长的多年生草本花卉。水生植物依其需水状况及根部覆土的情况可分为挺水、浮水、沉水及漂浮植物4类。在配置过程中需注意不同水生植物对水深的要求。根据不同的水面及水岸形式可以选择不同的水生植物进行造景，使得水体更具生命力。水生植物与一般生长于地面上的植物的质感及外形相差甚多，因此能创造出特殊并富有野趣的景观内容。水生植物对园林水体也可产生净化的作用，可调节池底与池面及昼夜的温差，有助于鱼禽类生长，也可与水景中的小品组合应用塑造生动的景观。与其他植物不同，水生植物很少是单独为了观赏而种植的，几乎所有的水生植物对于创建良好的生态系统都很重要，而良好的生态环境则是保持水体美观的基础。要做到这一点，就需要合理平衡配置不同的水生植物来调节光线、氧气以及营养水平，以便创造适于动物和植物都能繁荣生长的水生环境(图1.7)。

图1.7　水生植物对水体的美化

7) 草坪植物类

　　草坪植物是园林中用以覆盖地面，需要经常刈剪却又能正常生长的草种，一般以禾本科多年生草本植物为主，是景观植物中植株个体小、质感细腻的一类。一般草坪草根据其生长特性可分为冷季型草和暖季型草两类；冷季型草在冷凉的气候生长最佳，在炎热的夏季叶片会逐渐黄化进入休眠状态；暖季型草可耐高温，但在冬季低温时进入休眠状态。为保持草坪终年绿色，很多地区采用冷、暖季型草种进行混播。

　　草坪植物可以净化空气、减少尘埃、保持水土、降低噪音及美化环境，创造舒适的活动空间，用草坪覆盖的地面一般是人可进入进行活动的场地。在公园绿地中可常见草坪景观，大草坪可形成开阔、绿色、舒适的环境，多为户外活动的场地；小草坪或幽静或安稳宁静，可形成静谧的氛围，各类草坪景观也可形成绿地中不同空间类型的转换。草坪也是所有园林植物养护中所费人力和物力最多的一种植物(图1.8)。

4. 园林植物的观赏特性

　　园林植物的观赏特性是在对植物进行应用选择、艺术配置时重点会考虑的问题，是人们对植物的直接感知及情感联想。

园林植物素材认识4

1) 园林植物的姿态

　　园林植物的姿态是人们首先对植物的印象，或是单株树形或者群体效果，主要是植物的高度、体量及树形(图1.9)。

　　不同的植物有其基本的生长空间和体量大小，在植物选择中所要考虑最基本的因素，也是影响配置的直接因素,主体考虑植株高度及基本体量在配置中的影响。如乔灌草三者不同的生长高度及体量使得在配置时形成上中下的基本层次,当然不同的树种的选择在大层次中又可形成高低错落的变化。在美化配植中,高度及体量也是构景的基本因素之一,它对园林空间的创作起着巨大的作用。为了加强小地形的高耸感,可就地形的高处种植长尖形的树种,在低洼处栽植矮小、扁圆形的树木,用以加强地形的起伏感。植物的生长过程也体现了高度及体量的时间变化,在种植设计中设计者应充分考虑植物的生长空间,不能为了追求精致而配置太满,预留出植物的发展空间。

图1.8   公园中令人舒适的草坪空间

图1.9   不同的园林植物姿态是观赏之本

园林植物的树形丰富,富有变化,不同形状的树木经过妥善的配置和安排,可以产生韵律感、层次感等种种艺术组景的效果。如在庭前、草坪、广场上的单株孤植树则更可说明其树形是基本的观赏点。树形由树冠及树干组成,树冠由一部分主干、主枝、侧枝及叶幕组成。植物分枝

点高低也会影响空间围合、视线引导的效果。不同的树种各有其独特的树形,主要由树种的遗传性而决定,但也受外界环境因子的影响,而在园林中人工养护管理因素更能起决定作用。

一般所谓某种树有什么样的树形,大抵均指在正常的生长环境下,其成年树的外貌而言。通常各种园林树木的树形可分为下述各类型:

(1)针叶树类

①乔木类:圆柱形(如杜松、塔柏等)、尖塔形(如雪松、窄冠侧柏等)、圆锥形(如圆柏)、广卵形(如圆柏、侧柏等)、卵圆形(如球柏)、盘伞形(如老年期油松)、苍虬形(如高山区一些老年期树木)。

②灌木类:密球形(如万峰桧)、倒卵形(如千头柏)、丛生形(如翠柏)、偃卧形(如鹿角桧)、匍匐形(如铺地柏)。

(2)阔叶树类

①乔木类

a.有中央领导干(主导干)。圆柱形(如钻天杨)、笔形(如塔杨)、圆锥形(如毛白杨)、卵圆形(如加拿大杨)、棕榈形(如棕榈)。

b.无中央领导干。倒卵形(如刺槐)、球形(如五角枫)、扁球形(如栗)、钟形(如欧洲山毛榉)、倒钟形(如槐)、馒头形(如馒头柳)、伞形(如龙爪槐)、风致形(由于自然环境因子的影响而形成的各种富于艺术风格的体形,如高山上或多风处的树木以及老年树或复壮树等;一般在山脊多风处常呈旗形)。

②灌木及丛木类:圆球形(如黄刺玫)、扁球形(如榆叶梅)、半球形(如金老梅)、丛生形(如玫瑰)、拱枝形(如连翘)、悬崖形(生于高山岩石隙中之松树等)、匍匐形(铺地蜈蚣)。

③藤木类(攀援类):如紫藤。

④其他类型在上述各种自然树形中,其枝条有的具有特殊的生长习性,对树形姿态及艺术效果起着很大的影响,常见的有两种类型:垂枝型(如垂柳)、龙枝型(如龙爪柳)。

各种树形的美化效果并非机械不变的,它常依配置的方式及周围景物的影响而有不同程度的变化。但是总的来说,在乔木方面,凡具有尖塔状及圆锥状树形者,多有严肃端庄的效果;具有柱状狭窄树冠者,多有高耸静谧的效果;具有圆钝、钟形树冠者,多有雄伟浑厚的效果;而一些垂枝类型者,常形成优雅、和平的气氛。在植物空间中起到范围空间高度及骨干的作用。

在灌木方面,呈团簇丛生的,多有朴素、浑实之感,最宜用在树木群丛的外缘,或装点草坪、路缘及屋基。呈拱形及悬崖状的,多有潇洒的姿态,宜供点景用,或在自然山石旁适当配植。一些匍匐生长的,常形成平面或坡面的绿色被覆物,宜作地被植物用;此外,其中许多种类又可供作岩石园配植用。至于各式各样的风致形,因其别具风格,常有特定的情趣,故须认真对待,用在恰当的地区,使之充分发挥其特殊的美化作用,在空间中通常也是最使人有亲切之感的植物景观内容。

2)**园林植物的花**

园林植物的花朵有各式各样的形状和大小,单朵的花又常排聚成大小不同、式样各异的花序,花的色彩更是千变万化、层出不穷。这些复杂的变化,形成不同的观赏效果,而花朵的芳香又给人以沁人心脾的嗅觉享受(图1.10)。

图 1.10　花丛中的花朵带来不同的季节感受

（1）花色　色彩的效果是花的最主要的观赏特性。

花团锦簇、五彩缤纷、色彩斑斓、万紫千红……这些词汇都形容植物花朵的色彩，植物花的色彩极为丰富，有些植物花具有多种颜色，有些花在开放过程中还会变色。植物的基本花色举例如下：

①红色系：榆叶梅、贴梗海棠、石榴、山茶、杜鹃花、夹竹桃、毛刺槐、合欢、木棉、凤凰木、扶桑、刺桐、一串红、鸡冠花、凤仙花、茑萝、虞美人，等等。

②黄色系：迎春、连翘、棣棠、黄刺玫、黄蝉、金丝桃、小檗、黄花夹竹桃、金花茶、米兰、栾树、金盏菊、万寿菊、萱草、一枝黄花、金鸡菊，等等。

③蓝紫色系：紫藤、紫丁香、木蓝、毛泡桐、蓝花楹、荆条、醉鱼草、假连翘、蓝雪花、蓝香草、桔梗、紫苑、大花飞燕草、紫萼、葡萄风信子，等等。

④白色系：白鹃梅、珍珠梅、太平花、栀子花、玉兰、流苏树、笑靥花、菱叶绣线菊、欧洲琼花、山楂、刺槐、霞草、香雪球、玉簪、铃兰、晚香玉，等等。

（2）花相　将花或花序着生在树冠上的整体表现形貌，特称为"花相"，主要指园林树木而言。园林树木的花相，从树木开花时有无叶簇的存在而言，可分为两种形式：一是"纯式"，指在开花时，叶片尚未展开，全树只见花不见叶的一类，故曰：纯式，春季开花的植物表现为先花后叶的，如白玉兰、紫叶李等，花的观赏效果极佳，有明显的花期表现；二是在展叶后开花，全树花叶相衬，故曰：衬式，有花期观赏明显的如桃、梅等，也有花朵隐约于枝叶之间，如广玉兰、含笑等。园林树木的花相也可以描述为下列 7 种形式：

①独生花相：本类较少，形较奇特，例如苏铁类。

②线条花相：花排列于小枝上，形成长形的花枝。由于枝条生长习性之不同，有呈拱状花枝的，有呈直立剑状的，或略短曲如尾状的，等等。本类花相大抵枝条较稀，枝条个性较突出，枝上的花朵成花序的排列也较稀。呈纯式线条花相者有连翘、金钟花等；呈衬式线条花相者有珍珠绣球、三亚绣球等。

③星散花相：花朵或花序数量较少，且散布于全树冠各部。衬式星散花相的外貌是在绿色的树冠底色上，零星散布着一些花朵，有丽而不艳，秀而不媚之效，如珍珠梅、鹅掌楸、白兰等。纯式星散花相种类较多，花数少而分布稀疏，花感不烈，但亦疏落有致。在其后能植有绿树背景，则可形成与衬式花相相似的观赏效果。

④团簇花相：花朵或花序形大而多，就全树而言，花感较强烈，但每朵或每个花序的花簇仍

能充分表现其特色。呈纯式团簇花相的有玉兰、木兰等。属衬式团簇花相的可以大绣球为典型代表。

⑤覆被花相:花或花序着生于树冠的表层,形成覆伞状。属于本花相的树种,纯式有绒叶泡桐、泡桐等,衬式有广玉兰、七叶树、栾树等。

⑥密满花相:花或花序密生全树各小枝上,使树冠形成一个整体的大花团,花感最为强烈,如榆叶梅、毛樱桃、丁香等,衬式如火棘等。

⑦干生花相:花着生于茎干上。种类不多,大抵均产于热带湿润地区,如槟榔、枣椰、鱼尾葵、山槟榔、木菠萝、可可等。在华中、华北地区之紫荆,亦能于较粗老的茎干上开花,可以创造出独特的观花效果。

(3)花香 花的芳香,目前虽无一致的标准,但可分为清香(如茉莉、九里香、待霄草、荷花等)、淡香(玉兰、梅花、素方花、香雪球、铃兰等)、甜香(桂花、米兰、含笑、百合等)、浓香(白兰花、玫瑰、依兰、玉簪、晚香玉等)、幽香(树兰、蕙兰等)等类,把不同种类的芳香植物栽植在一起,组成"芳香园",必能带来极好的效果。

3)园林植物的叶

一株色彩艳丽的花木固然理想,但花开有时,花落有期,这是自然规律;有些花木,花时茂盛,花后萧条;或辛苦一年,赏花几天……花的观赏具有明显的花期,或长或短,总会花开花谢。而一些观叶类植物,一年四季观赏不绝,给人以清新、幽雅、赏心悦目的感受。"看叶似看花""看叶胜看花",确有其独到之处,有些叶色还能弥补夏、冬景观的不足之缺憾。园林植物的枝干如果是其骨架,那么叶就是其皮肤,叶的形状及色彩是人们观赏植物的重要内容(图1.11)。

图1.11 不同色叶植物配置

(1)叶的形状 园林植物的叶形变化万千,各有不同,尤其一些具奇异形状的叶片,更具观赏价值,如鹅掌楸的马褂服形叶、羊蹄甲的羊蹄形叶、银杏的折扇形叶、黄栌的圆扇形叶、元宝枫的五角形叶、乌桕的菱形叶,等等,使人过目不忘。棕榈、椰树、龟背竹等叶片带来热带情调,合欢、凤凰木的叶片均产生轻盈秀丽的效果。

(2)叶的色彩

①绿色叶:植物叶片中的叶绿素由于吸收光谱中的红光、蓝光最多,不吸收绿光而反射出来,所以我们看到的叶片多为绿色。由于每种植物其叶片质地、厚薄、含水量等的不同,反射的光谱成分也不同,因此同为绿色叶,其绿色度却不同,有嫩绿、黄绿、浅绿、鲜绿、浓绿、蓝绿等之差别。如深浓绿的松、柏、桂花、女贞、大叶黄杨、毛白杨、柿树、麦冬、结缕草等,浅淡绿的水杉、

金钱松、馒头柳、刺槐、玉兰、鹅掌楸、银杏、紫薇、山楂、七叶树、梧桐等。把不同绿色度的植物配植在一起，就能增加层次，扩大景深，收到较好的景观效果。

②春色叶：一般说植物春天新发的叶多为嫩绿色，而有些植物的春叶不为绿色，而呈现红色。把春季新发生的嫩叶不为绿色者的植物统称为春色叶植物。如春色叶为红色或紫红色的植物有七叶树、臭椿、元宝枫、黄连木、香椿、栾树、日本晚樱、石榴、茶条槭等。利用春色叶的特殊色彩进行合理的栽植，必能收到理想的景观效果。

③秋色叶：秋天，由于气温下降，叶片内叶绿素破坏，叶黄素、叶红素呈现颜色，使叶片变成黄色或红色，这种秋季叶色有显著变化者，统称为秋色叶植物。秋色叶的色彩极为鲜艳夺目，在黄色与红色中还有很多类别，为方便仅分成这两大类。黄色系：银杏、白蜡、鹅掌楸、加杨、白桦、无患子、栾树、胡桃、金钱松等。红色系：枫香、乌桕、黄连木、鸡爪槭、火炬树、地锦、黄栌、柿树、盐肤木、山楂、卫矛、木瓜等。秋色叶的变色是植株整体叶片的变化，色块面积大，而且变色的时间长，因此，在种植设计时，常利用做秋季景的主题，形成"秋色"。

④常年异色叶：一些植物种类、变种或栽培品种的叶色常年呈现不为绿色者，统称为常年异色叶。

- 常年红：紫色红枫、紫叶李、紫叶小檗、紫叶桃、加拿大红叶紫荆、红叶黄栌等。
- 常年银白色：桂香柳等。
- 常年黄色：金叶女贞、金叶小檗、金叶槐、金叶鸡爪槭、金山绣线菊等。
- 常年斑驳色：金心大叶黄杨、变叶木、洒金东瀛珊瑚等。
- 绿白双色银白杨、银桦、胡颓子等。
- 绿红双色：红背桂。

4）园林植物的果

"一年好景君须记，正是橙黄橘绿时。"累累硕果带来丰收的喜悦，那多姿多彩、晶莹透体的各类色果在植物景观中发挥着极高的观果效果。一般果的色彩有如下几类：

(1)红色系　山桐子、山楂、冬青、海棠果、南天竹、枸骨、火棘、金银木、多花枸子、枸杞、毛樱桃等。

(2)黄色系　木瓜、银杏、梨、海棠花、柚、枸橘、沙棘、贴梗海棠、金橘、假连翘、扁担杆等。

(3)蓝紫色系　紫珠、葡萄、十大功劳、蓝果忍冬、海州常山、豪猪刺等。

(4)白色系　红瑞木、芫花、雪果、花楸等。

(5)黑色系　金银花、女贞、地锦、君迁子、五加、刺楸、鼠李等。

累累硕果不仅点缀秋景，为人们提供美的享受，很多果实还能招引鸟类及小兽类，不仅给绿地带来鸟语花香、生动活泼的气氛，并为城市绿地生物多样性的形成起到极好的作用。

5）园林植物的枝干

园林树木的干皮有的光滑透亮，有的开裂粗糙，开裂的干皮有横纹裂、片状裂、纵条裂、长方裂等多种类型，细细观来也具一定观赏价值。但干皮的色彩更具观赏的效果，尤其是秋冬的北方，万木萧条、色彩单调，那多彩的干皮装点冬景，更显可贵。无边的白雪，一丛丛红色干、黄色干、绿色干相配的灌木树丛，这色彩的强烈对比会使北国的冬景极富情趣。即使在南国，白干的粉单竹、高大的黄金间碧竹、奇特的佛肚竹成丛地栽植一角，这白黄绿的色彩对比，挺拔高大与奇特佛肚的形态对比，也使这局部景观生动活泼。

干的色彩分为下述几类：

（1）红色系　红瑞木、山桃、杏、血皮槭、紫竹、柠檬桉等。

（2）黄色系　金枝垂柳、金枝槐、黄桦、金枝株木、金竹等。

（3）绿色系　梧桐、青榨槭、棣棠、枸橘、迎春、竹类等。

（4）白色系　老年白皮松、白桦、白桉、粉单竹、胡桃等。

（5）斑驳色系　悬铃木、木瓜、白皮松、榔榆、斑皮抽水树等。

6）园林植物的根

根，一般来说生活在泥土之下，然而在一些特殊地域，某些树种的根发生变态，在南方，尤其华南地区栽植应用这些特有的树种，形成极具观赏价值的独特景观。

（1）板根　板根现象是热带雨林中乔木树种最突出的特征之一，雨林中的一些巨树，通常在树干基部延伸出一些翼状结构，形成板墙，即为板根。在西双版纳热带雨林中，以四数木为代表，高榕、刺桐等树种都能形成板根。西双版纳勐腊县境内一株四数木，高逾40 m，有13块板根，占地面积55 m²，其中最大的一块板根长10 m，高3 m，吸引游人慕名观看。

（2）膝根（呼吸根）　部分生长在沼泽地带的植物为保证根的呼吸，一些根垂直向上生长，伸出土层，暴露在空气中，形成屈膝状凸起，即为膝根。广东沿海一带的红树及生长于水边湿地的水松、落羽杉、池杉等都能形成状似小石林的膝根。华南植物园水榭岸边，落羽杉沿岸栽植，根部长出棕红色的膝根，粗壮的高约1 m，大多长得像罗汉，也有些像兽形、石形，引得不少游人拍照留念，流连忘返。

（3）支柱根　一些浅根系的植物，可以从茎上长出许多不定根，向下深入土中，形成能支持植物体的辅助根，称为支柱根。

（4）气根　榕树的粗大树干上，会生出一条条临空悬挂下垂的气生根，这些气根飘悬于空中，极具特色。气根向下生长，入地成支柱根，托着主干枝，干枝又长出很多分权，使树冠得以向四面不断扩大，逐步发展，呈现"独木成林"的奇特景观。

5.园林植物生长对环境的要求

植物生长环境中的温度、水分、光照、土壤、空气等因子都对植物的生长发育产生重要的生态作用，因此，研究环境中各因子与植物的关系是植物造景的理论基础。某种植物长期生长在某种环境里，受到该环境条件的特定影响，通过新陈代谢，于是在植物的生活过程中就形成了对某些生态因子的特定需要，这就是其生态习性，如仙人掌耐旱不耐寒。有相似生态习性和生态适应性的植物则属于同一个植物生态类型，如水中生长的植物叫水生植物，耐干旱的叫旱生植物，需在强阳光下生长的叫阳性植物，在盐碱土上生长的叫盐生植物，等等。

园林植物素材认识5、6

1）温度对植物的生态作用及景观效果

温度是植物极重要的生活因子之一。地球表面温度变化很大，空间上，温度随海拔升高、纬度（北半球）的北移而降低；随海拔的降低、纬度的南移而升高。时间上，一年有四季的变化，一天有昼夜的变化。温度对植物景观的影响在于一年四季物候的变化所引起的季相景观，同时也影响因为温度所形成的由南至北不同的植物分布，每个纬度地带都有相应的植物分布。

2）水分对植物的生态作用及景观效果

水是植物生存的物质条件，也是影响植物形态结构、生长发育、繁殖及种子传播等重要的生理因子。因此，水可直接影响植物是否能健康生长。

　　不同的植物种类,由于长期生活在不同水分条件的环境中,形成了对水分需求关系上不同的生态习性和适应性。根据植物对水分的关系,可把植物分为水生,湿生(沼生)、中生、旱生等生态类型,它们在外部形态、内部组织结构、抗旱、抗涝能力以及植物景观上都是不同的。

　　园林中有不同类型的水面:河,湖、塘溪、潭、池等,不同水面的水深及面积、形状不一,必须选择相应的植物来美化。

　　(1)水生植物景观　　生活在水中的水生植物,有的沉水,有的浮水,有的部分器官挺出水面,因此在水面上景观很不同。例如浮萍属是完全没有根的;满江红属、浮萍属、水鳖属、雨久花属和大漂属等植物的根形成后,不久便停止生长,不分枝,并脱去根毛,浮萍、白睡莲都没有根毛。水生植物枝叶形状也多种多样,如金鱼藻属植物沉水的叶常为丝状、线状,杏菜、萍蓬等浮水的叶常很宽,呈盾状口形或卵圆状心形。

　　(2)湿生植物景观　　在自然界中,这类植物的根常淹没于浅水中或湿透了的土壤中,常见于水体的港湾或热带潮湿、荫蔽的森林里。这是一类抗旱能力最小的陆生植物,不适应空气湿度有很大的变动。这类植物绝大多数也是草本植物,木本的很少。在植物造景中可用的有落羽松、池杉、墨西哥落羽松、水松、水椰、红树,白柳、垂柳、旱柳、黑杨、枫杨、沼生海枣、乌桕、白蜡、山里红、赤杨、梨、三角枫、丝棉木、棱柳、夹竹桃、榕属、水翁、千屈菜、黄花鸢尾、驴蹄草等。

　　(3)旱生植物景观　　在黄土高原、荒漠、沙漠等干旱的热带生长着很多抗旱植物。如海南岛荒漠及沙滩上的光棍树、木麻黄的叶都退化成很小的鳞片,伴随着龙血树、仙人掌等植物生长。一些多浆的肉质植物,在叶和茎中贮存大量水分。我国黄土高原,土层深厚,一些树种的根系可扎得很深。在沙漠干旱地区的樟子松,由于沙被风蚀,根露出地面高约2 m,却吹不倒,因其水平根的分布长达17～18 m。我国樟子松、小青杨、小叶杨、小叶锦鸡儿、柳叶绣线菊、雪松、白柳、旱柳、构树、黄檀、榆、朴、胡颓子、山里红、皂荚、柏木、侧柏、桧柏、臭椿、杜梨、槐、黄连木、君迁子、白栎、栓皮栎、石栎、苦槠、合欢、紫藤、紫穗槐等都很抗旱,是旱生景观造景的良好树种。

3)光照对植物的生态作用及景观效果

　　植物是依靠叶绿素吸收太阳光能,并利用光能进行物质生产,把二氧化碳和水加工成糖和淀粉,放出氧气供植物生长发育,这就是光合作用,亦是植物与光本质的联系。光的强度、光质以及日照时间的长短都影响着植物的生长和发育。

　　(1)不同光强要求的植物生态类型　　根据植物对光强的要求,传统上将植物分成阳性植物、阴性植物和居于这二者之间的耐阴植物。在自然界的植物群落组成中,可以看到乔木层、灌木层、地被层。各层植物所处的光照条件都不相同,这是长期适应的结果,从而形成了植物对光的不同生态习性。

　　①阳性植物:要求较强的光照,不耐庇荫。一般需光度为全日照70%以上的光强,在自然植物群落中,常为上层乔木,如木棉、梭树、木麻黄、椰子、芒果、杨、柳、桦、槐、油松及许多一二年生植物。

　　②阴性植物:在较弱的光照条件下,比在强光下生长良好。一般需光度为全日照的5%～20%,不能忍受过强的光照,尤其是一些树种的幼苗,需在一定的庇荫条件下才能生长良好。在自然植物群落中常处于中、下层,或生长在潮湿背阴处。在群落结构中常为相对稳定的主体,如红豆杉、三尖杉、粗榧、香榧、铁杉、可可、咖啡、肉桂、萝芙木、珠兰、茶、柃木、紫金牛、中华常春藤、地锦、三七、草果、人参、黄连、细辛、宽叶麦冬及吉祥草等。

　　③耐阴植物:一般需光度在阳性和阴性之间,对光的适应幅度较大,在全日照下生长良

好,也能忍受适当的庇荫,大多数植物属于此类,如罗汉松、竹柏、山楂、锻、栾、君迁子、桔梗、白笈、棣棠、珍珠梅、虎刺及蝴蝶花等。

必须指出,植物的耐阴性是相对的,其喜光程度与纬度、气候、年龄、土壤等条件有密切关系。在低纬度的湿润、温热气候条件下,同一种植物要比在高纬度较冷凉气候条件下耐阴。

(2)空气对植物的生态作用及景观效果 空气中二氧化碳和氧都是植物光合作用的主要原料和物质条件。这两种气体的浓度直接影响植物的健康生长与开花状况。碳、氧都来自二氧化碳,则大大提高植物光合作用效率。空气中还常含有植物分泌的挥发性物质,其中有些能影响其他植物的生长。如铃兰花朵的芳香能使丁香萎蔫,还有的具有杀菌驱虫作用。

(3)风对植物的生态作用及景观效果 风的有害的生态作用表现在台风、焚风、海潮风、冬春的旱风、高山强劲的大风等。沿海城市树木常受台风危害,如厦门台风过后,冠大荫浓的榕树可被连根拔起,大叶桉主干折断,凤凰木小枝纷纷吹断。盆架树由于大枝分层轮生,风可穿过,只折断小枝,只有椰子树和木麻黄最为抗风。四川渡口、金沙江的深谷、云南河口等地,有极其干热的焚风,焚风一过植物纷纷落叶,有的甚至死亡。青岛海边口红楠、山茶、黑松、大叶黄杨的抗性就很强。北京早春的干风是植物枝梢干枯的主要原因。由于土壤温度还没提高,根部没恢复吸收机能,在干旱的春风下,枝梢失水而枯。强劲的大风常在高山、海边、草原上遇到。由于大风经常性地吹袭,使直立乔木的迎风面的芽和枝条干枯、侵蚀、折断,只保留背风面的树冠,如一面大旗,故形成旗形树冠的景观。在高山风景点上,犹如迎送游客。有些吹不死的迎风面枝条,常被吹弯曲到背风面生长,有时主干也常年被吹成沿风向平行生长,形成扁化现象。为了适应多风、大风的高山生态环境,很多植物生长低矮、贴地,株形变成与风摩擦力最小的流线型,成为垫状植物。

(4)大气污染对植物的影响 随着工业的发展,工厂排放的有毒气体无论在种类和数量上都越来越多,对人民健康和植物都带来了严重的影响。尤其是油漆厂、染化厂等有机化工厂中一些苯酚、醚化合物的排放物,对植物和人体的影响巨大。

(5)土壤对植物的生态作用及景观效果 植物生长离不开土壤,土壤是植物生长的基质。土壤对植物最明显的作用之一就是提供植物根系生长的场所。没有土壤,植物就不能生长发育。根系在土壤中生长,土壤提供植物需要的水分、养分。

6. 园林植物的文化含义

在传统的植物观赏中,植物会被拟人化,如"爱莲说"等,描绘了对莲的喜爱,"俏也不争春"则是对梅的赞叹。园林美中的意境美是景观设计中层次上的一个上升,而其中园林植物其特殊的含义则起到画龙点睛的作用,尤其在纪念性园林、文化广场、庭园设计中要着重考虑,有些植物也成为风水中讲究的因素。不同的国家地区对植物的人文含义也会有所变化,因此在一些植物设计中要充分考虑一些植物的文化含义。

**任务实施**

（1）就近选择一处小型绿地，班级分组分片进行植物调查，设计调查表格，确定调查内容。如调查表格内容设计如下：

园林植物素材调查表

调查地点			调查日期		调查人员		
序号	名称	生态习性	规格大小	树形姿态	观赏特性	生长环境、状况	备注
……	……	如：常绿乔木 落叶乔木 常绿灌木 落叶灌木 ……	如：胸径 冠幅 树高 ……	如：塔形 伞形 ……	如：观花 观叶 ……	主要记录光照条件、生长是否良好或有无病虫害等情况	古树名木等观赏特征或价值的
……	……	……	……	……	……	……	……

（2）收集资料

根据所调查到的树种，在图书馆或者网上查阅相关树种的详细资料，如生长中对环境的要求、观赏特征的具体描述、应用的形式等。

教学效果检查

1. 你是否明确学习目标？
2. 你是否达到了学习任务对学生知识和能力的要求？
3. 你了解园林中植物的基本类型吗？
4. 你了解乔、灌、草一般的体量大小吗？
5. 你能列举当地常见的植物应用种类及其观赏特征吗？
6. 你了解光照等环境条件对植物选择的影响吗？
7. 你熟悉植物的传统文化寓意吗？
8. 你了解关于风水对植物的选择要求吗？
9. 你是否喜欢这种上课方式？
10. 你对自己在本学习任务中的表现是否满意？
11. 你对本小组成员之间的团队合作是否满意？
12. 本学习任务对你将来的工作会有帮助吗？
13. 你认为本学习任务还应该增加哪些方面的内容？
14. 你阅读了学习资源库的内容了吗？
15. 你还有哪些问题需要解决？

园林植物的功能 1

任务 2 园林植物的功能

[学习目标]

知识目标:

(1)理解掌握园林植物的生态、美化、营造功能的含义。

(2)可以列举园林植物功能的实际案例。

技能目标:

(1)能在园林植物设计中按照园林植物的美化功能选择植物。

(2)能在图纸上对园林植物的建造功能进行平立面表达。

 工作任务

任务提出(植物功能实地考察)

选择一公园绿地进行植物功能实地考察,用相机及草图形式记录植物生态、美学、营造功能在实际案例中的体现。

 任务分析

植物在实际案例中生态改善作用的体会,如温度的调节、对噪声的改善、水体的保护等;植物景观中美学特点,如观赏特性、组合的艺术美;植物的空间特点等的认识。在应用植物之前,先对植物的功能有个整体的了解,并能通过图纸的形式进行表达和说明。

任务要求

(1)熟悉植物功能包含的内容。

(2)选取绿地中典型的植物功能体现进行分析。

(3)利用图示及照片进行分析说明。

材料及工具

手工绘图工具、绘图纸、皮尺、相机、温度计等。

 知识准备

1. 园林植物的生态功能

园林植物优于其他园林景观要素在于它对环境改善起到的作用。

1) 植物光合作用吸收二氧化碳, 放出氧气

绿色植物通过光合作用, 能从空气中吸收二氧化碳, 放出氧气, 所以绿色植物是氧气的天然制造工厂。根据测定的数据表明, 每公顷公园绿地每天能吸收 900 kg CO_2 并生产 600 kg O_2; 每公顷阔叶林在生长季节每天可吸收 1 000 kg 的 CO_2 和生产 750 kg O_2, 可供 1 000 人一天呼吸所用。因此增加城镇中的绿地面积能有效地解决城镇中的 CO_2 过量和 O_2 不足等问题。

2) 吸收有毒气体

随着工业的发展, 工厂排放的"三废"日益增多, 对大气, 水体, 土壤产生污染, 严重影响人类的生产和生活。这些有害气体种类很多, 如二氧化硫、氯气、氟化氢、氨气等, 其中以二氧化硫的污染为最广泛。这些有害气体对植物生长是不利的, 甚至引起植物枯萎死亡。而当有害气体的浓度较低时, 某些植物对它则有吸收和净化作用, 且不会导致其自身枯死。根据实验数据表明: 松林每天可从 1 m^3 空气中吸收 20 mg 的二氧化硫; 每公顷柳杉每天能吸收 60 kg 的二氧化硫。还有臭椿、夹竹桃、罗汉松、龙柏等树种对二氧化硫气体都有一定的吸收能力, 特别是臭椿最为显著。因此, 在有害气体的污染源附近, 选择对其吸收和抗性强的树种作为绿化主栽树种, 可降低污染程度, 达到净化空气的目的, 如刺槐、丁香、女贞、大叶黄杨、泡桐、垂柳、榉树、榆树、桑树、紫薇、石榴、广玉兰、夹竹桃、紫穗槐等。

因此, 近年来环境保护越来越被人们重视。由于很多植物具有一定程度的吸收不同有毒气体的能力, 使空气得以净化, 在环境保护上发挥其作用。如在厂区周边进行植物景观设计时要充分考虑周边环境中有毒气体的种类及含量高低以选择抗性强的植物。

3) 吸滞尘埃

绿色植物具有阻挡、吸附尘埃的作用, 树木由于枝冠茂密, 能较大程度地减低风速, 控制尘粒的飞扬和扩散。植物的叶面不平或有绒毛, 有的还能分泌黏液, 当空气流动受叶面阻挡时, 叶面可吸收大量的飘尘。植物黏附的尘埃, 经雨水冲洗后, 叶面又能恢复其吸尘功能。根据研究, 裸露的土地易被扬起飞尘。如某工厂区粉尘($d > 10$ μm)降尘量较其附近公园高达 6 倍, 而绿地中的含尘量比城镇街道少 1/3 ~ 2/3, 可见, 草坪或地被植物, 可以固定尘土, 滞留尘埃。因此, 多种植树木、花卉, 铺设草坪, 尽可能地扩大绿地面积, 可达到防止尘埃污染, 净化空气的目的, 如刺槐、国槐、泡桐、木槿、悬铃木、臭椿等。据有关资料记载, 每公顷(1 km^2 = 100 公顷)云杉每年可吸附灰尘 32 t, 每公顷松林可吸附灰尘 36 t, 每公顷水青冈可以吸附灰尘 68 t。据测定, 每平方米的榆树叶, 一昼夜大约能滞留尘埃 3 g; 每平方米夹竹桃叶片, 每昼夜可滞留尘埃 5 g 多。草坪绿地也具有明显的减尘作用, 一些粗糙、长有绒毛的叶片, 也能够过滤和黏滞粉尘。据测定, 草坪滞留尘埃的能力要比无植被上地大 70 倍; 没有绿化的地区比已绿化的地区, 空气中的尘埃要多 15 倍, 所以人们称赞树木和绿地是空气的"滤尘器"。因此在园林绿化中我们的基本原则是"黄土不露天"。

4) 调节温度和空气湿度

"大树底下好乘凉", 在炎热的夏季, 绿化状况好的绿地中的气温比没有绿化地区的气温要低 3 ~ 5 ℃。绿地能降低环境的温度, 是因为绿地中园林植物的树冠可以反射掉部分太阳辐射带来的热能(20% ~ 50%), 更主要的是绿地中的园林植物能通过蒸腾作用(植物吸收辐射的 35% ~ 75%, 其余 5% ~ 40% 透过叶片), 吸收环境中的大量热能, 降低环境的温度, 同时释放大量的水分, 增加环境空气的湿度(18% ~ 25%), 对于夏季高温干燥的北京地区, 绿地的这种作

用,可以大大增加人们生活的舒适度。1 hm² 的绿地,在夏季(典型的天气条件下),可以从环境中吸收 81.8 MJ 的热量,相当于 189 台空调机全天工作的制冷效果。在严寒的冬季,绿地对环境温度的调节结果与炎热的夏季正相反,即在冬季绿地的温度要比没有绿化地面高出 1 ℃ 左右。这是由于绿地中的树冠反射了部分地面辐射,减少了绿地内部热量的散失,而绿地又可以降低风速,进一步减少热量散失的缘故。

5) 植物对水土保持有一定的作用

植物茂密的枝叶和强大的根系,能够起到缓冲的作用,在保持水土、防风固沙、涵养水源等方面有重要作用。如在风害区营造防护林带,防护范围内的风速可降低 30% 左右;有防护林的农田比没有的要增产 20% 左右。

6) 杀菌抑菌

植物杀菌作用是指绿色植物具有的抑制或杀死细菌的功能。利用这一功能栽植适当的绿化植物,可使大气中细菌数量下降。一方面绿化地区空气中灰尘减少,细菌失去滋生的场所,从而使细菌数量下降;另一方面植物的分泌物本身具有杀菌作用。已经发现许多植物能分泌出具有杀死细菌、真菌和原生动物能力的挥发物质,例如洋葱的碎糊能杀死葡萄球菌、链球菌及其他细菌;柠檬桉分泌的杀菌素可杀死肺炎球菌、痢疾杆菌、结核病和流感病毒;1 hm² 圆柏林,1 昼夜能分泌 30 mg 杀菌素,可以杀死白喉、伤寒、痢疾等病菌。具有较强杀菌能力的树种有悬铃木、紫薇、圆柏等,所以在疗养院的选址及树种设计上,应充分考虑绿化效能,以求更大程度地发挥杀菌功能。有的花卉和草本植物也能分泌一定的杀菌素,如景天科的植物和红狐茅草等。

7) 降低噪声

绿化降噪,栽植树木和草皮以降低噪声的方法。树木的叶、枝、干是决定树木降噪效用的主要因素。声波射向树叶的初始角度和树叶的密度决定树叶对声音的反射、透射和吸收情况。大而厚、带有绒毛的浓密树叶和细枝对降低高频噪声有较大作用。树干对低频噪声反射很少,成片树林可使高频噪声因散射而明显衰减。不同的树种、组合配植方式和地面的覆盖情况也对降噪有一定影响。声音经过疏松土壤和草坪的传播,会有超过平方反比定律的附加衰减。从遮阴和减弱城市噪声的需要考虑,配植树木应选用常绿灌木与常绿乔木树种的组合,并要求有足够宽度的林带,以便形成较为浓密的"绿墙"。沿城市干道散植的行道树一般没有降噪效用。

2. 园林植物的美化功能

1) 利用园林植物表现时序景观

园林植物的功能 2

园林植物随着季节的变化表现出不同的季相特征,春季繁花似锦,夏季绿树成荫,秋季硕果累累,冬季枝干遒劲。这种盛衰荣枯的生命节律,为我们创造园林四时演变的时序景观提供了条件。根据植物的季相变化,把不同花期的植物搭配种植,使得同一地点在不同时期产生某种特有景观,给人不同的感受,体会时令的变化。

利用园林植物表现时序景观,必须对植物材料的生长发育规律和四季的景观表现有深入的了解,根据植物材料在不同季节中的不同色彩来创造园林景色供人欣赏,引起人们不同感觉。自然界花草树木的色彩变化是非常丰富的,春天开花的植物最多,给人以山花烂漫、生机盎然的景观效果。夏季开花的植物也较多,但更显著的季相特征是绿荫,林草茂盛。金秋时节开花植物较少,却也有丹桂飘香,秋菊傲霜,而丰富多彩的秋叶秋果更使秋景美不胜收。隆冬草木凋零,山寒水瘦,呈现的是萧条悲壮的景观。四季的演替使植物呈现不同的季相,而把植物的不同季相应用到园林艺术中,就构成四时演替的时序景观(图1.12)。

图1.12　春"华"秋"色"

2)利用园林植物形成空间变化

植物本身是一个三维实体,是园林景观营造中组成空间结构的主要成分。枝繁叶茂的高大乔木可视为单体建筑,各种藤本植物爬满棚架及屋顶,绿篱整形修剪后颇似墙体,平坦整齐的草坪铺展于水平地面,因此植物也像其他建筑、山水一样,具有构成空间、分隔空间、引起空间变化的功能。植物造景在空间上的变化,也可通过人们视点、视线、视境的改变而产生"步移景异"的空间景观变化。造园中运用植物组合来划分空间,形成不同的景区和景点,往往是根据空间的大小,树木的种类、姿态、株数多少及配置方式来组织空间景观。一般来讲,植物布局应根据实际需要做到疏密错落,在有景可借的地方,植物配置要以不遮挡景点为原则,树要栽得稀疏,树冠要高于或低于视线以保持透视线。对视觉效果差、杂乱无章的地方要用植物材料加以遮挡。大片的草坪地被,四面没有高出视平线的景物屏障,视界十分空旷,空间开朗,极目四望,令人心旷神怡,适于观赏远景。而用高于视平线的乔灌木围合环抱起来,形成闭锁空间,仰角越大,闭锁性也随之增大。闭锁空间适于观赏近景,感染力强,景物清晰,但由于视线闭塞,容易产生视觉疲劳。所以在园林景观设计中要应用植物材料营造既开朗、又有闭锁的空间景观,两者巧妙衔接,相得益彰,使人既不感到单调,又不觉得疲劳。用绿篱分隔空间是常见的方式,在庭院四周、建筑物周围,用绿篱四面围合可形成独立的空间,增强庭院、建筑的安全性、私密性;公路、街道外侧用较高的绿篱分隔,可阻挡车辆产生的噪音污染,创造相对安静的空间环境;国外还很流行用绿篱做成迷宫,增加园林的趣味性(图1.13)。

园林中地形的高低起伏,增加了空间的变化,也易使人产生新奇感。利用植物材料能够强调地形的高低起伏。例如在地势较高处种植高大乔木,可以使地势显得更加高耸,植于凹处,可以使用权地势趋于平缓。在园林景观营造中可以应用这种功能巧妙配置植物材料,形成起伏或平缓的地形景观,与人工地形改造相比,可以说是事半功倍。

图 1.13　植物围合的小庭园

3)利用园林植物创造观赏景点

园林植物作为营造园林景观的主要材料,本身具有独特的姿态、色彩、风韵之美。不同的园林植物形态各异,变化万千,既可孤植以展示个体之美,又能按照一定的构图方式配置,表现植物的群体美,还可根据各自的生态习性,合理安排,巧妙搭配,营造出乔、灌、草结合的群落景观。如银杏、毛白杨树干通直,气势轩昂,油松曲虬苍劲,铅笔柏则亭亭玉立,这些树木孤立栽培,即可构成园林主景。而秋季变色叶树种如枫香、银杏、重阳木等大片种植可形成"霜叶红于二月花"的景观。许多观果树种如海棠、山楂、石榴等的累累硕果呈现一派丰收的景象。

色彩缤纷的草本花卉更是创造观赏景观的好材料,由于花卉种类繁多,色彩丰富,株体矮小,园林应用十分普遍,形式也是多种多样。既可露地栽植,又能盆栽摆放组成花坛、花带,或采用各种形式的种植钵,点缀城市环境,创造赏心悦目的自然景观,烘托喜庆气氛,装点人们的生活。

不同的植物材料具有不同的景观特色,棕榈、大王椰子、假槟榔等营造的是一派热带风光;雪松、悬铃木与大片的草坪形成的疏林草地展现的是欧陆风情;而竹径通幽,梅影疏斜表现的是我国传统园林的清雅(图1.14)。

图 1.14　不同植物塑造的风光

　　许多园林植物芳香宜人,能使人产生愉悦的感受。如桂花、腊梅、丁香、兰花、月季等香味的园林植物种类非常多,在园林景观设计中可以利用各种香花植物进行配置,营造成"芳香园"景观;也可单独种植成专类园,如丁香园、月季园;也可种植于人们经常活动的场所,如在盛夏夜晚纳凉场所附近种植茉莉花和晚香玉,微风送香,沁人心脾。

4)利用园林植物形成地域景观特色

　　植物生态习性的不同及各地气候条件的差异,致使植物的分布呈现地域性。不同地域环境形成不同的植物景观,如热带雨林及阔叶常绿林相植物景观、暖温带针阔叶混交林相景观等具有不同的特色。根据环境气候等条件选择适合生长的植物种类,营造具有地方特色的景观。各地在漫长的植物栽培和应用观赏中形成了具有地方特色的植物景观,并与当地的文化融为一体,甚至有些植物材料逐渐演化为一个国家或地区的象征。如日本把樱花作为自己的国花,大量种植,樱花盛开季节,男女老少涌上街头、公园观赏,载歌载舞,享受樱花带来的精神愉悦,场面十分壮观。我国地域辽阔,气候迥异,园林植物栽培历史悠久,形成了丰富的植物景观。例如北京的国槐和侧柏、云南大理的山茶、深圳的叶子花等,都具有浓郁的地方特色。运用具有地方特色的植物材料营造植物景观对弘扬地方文化、陶冶人们的情操具有重要意义。

5)利用园林植物进行意境的创作

　　利用园林植物进行意境创作是中国传统园林的典型造景风格和宝贵的文化遗产。中国植物栽培历史悠久,文化灿烂,很多诗、词、歌、赋和民风民俗都留下了歌咏植物的优美篇章,并为各种植物材料赋予了人格化内容,从欣赏植物的形态美升华到欣赏植物的意境美,达到了天人合一的理想境界。

　　在园林景观创造中可借助植物抒发情怀,寓情于景,情景交融。松苍劲古雅,不畏霜雪严寒的恶劣环境,能在严寒中挺立于高山之巅;梅不畏寒冷,傲雪怒放;竹则"未曾出土先有节,纵凌云处也虚心"。三种植物都具有坚贞屈、高风亮节的品格,所以被称作"岁寒三友"。其配置形式、意境高雅而鲜明,常被用于纪念性园林以缅怀前人的情操。兰花生于幽谷,叶姿飘逸,清香淡雅,绿叶幽茂,柔条独秀,无娇弱之态,无媚俗之意,摆放室内或植于庭院一角,意境何其高雅。

6)利用植物能够起到烘托建筑、雕塑的作用

　　植物的枝叶呈现柔和的曲线,不同植物的质地、色彩在视觉感受上有着不同差别,园林中经常用柔质的植物材料来软化生硬的几何式建筑形体,如基础栽植、墙角种植、墙壁绿化等形式。一般体型较大、立面庄严、视线开阔的建筑物附近,要选干高枝粗、树冠开展的树种;在玲珑精致的建筑物四周,要选栽一些枝态轻盈、叶小而致密的树种。现代园林中的雕塑、喷泉、建筑小品等也常用植物材料做装饰,或用绿篱作背景,通过色彩的对比和空间的围合来加强人们对景点的印象,产生烘托效果。园林植物与山石相配,能表现出地势起伏、野趣横生的自然韵味,与水体相配则能形成倒影或遮蔽水源,造成深远的感觉(图1.15)。

　　掌握植物中园林景观营造中的这些作用,是我们顺利开展植物造景工作的前提,而各种植物材料更是植物造景的基石。

3.园林植物的建造功能

　　植物的建造功能对室外环境的总体分布和室外空间的形成非常重要。在　**园林植物的功能3**　设计过程中,首先要研究的因素之一便是植物的建造功能。它的建造功能在设计中确定以后,才考虑其观赏特性。植物在景观中的建造功能是指它能充当构成因素,如像建筑物的地面、顶

棚、围墙、门窗一样。从构成角度而言,植物是一种设计因素或一种室外环境的空间围合物。然而"建造功能"一词并非是将植物的功能仅局限于机械的、人工的环境中。在自然环境中,植物同样能成功地发挥它的建造功能。

图 1.15　植物做雕塑小品的基础配置

1)构成空间

园林空间通常是山、水、建筑、植物等许多因素包括不同大小、不同场景的各种形式的空间组合。同时,园林空间根据时间的变化会产生相应的改变,所以景观空间不是我们看到的三维空间,是一个包含时间的四维空间,这主要表现在植物的季相变化方面。园林植物空间主要由基面、垂直分隔面、覆盖面和时间这四维构成。

- 基面:基面形成了最基本的空间范围物,即植物生长的基本载体地面。
- 垂直分隔面:园林植物空间构成的最重要的性能,是由一定高度的植物组成的一个面。垂直分隔面形成清晰的空间范围和强大的空间封闭的感觉。
- 覆盖面:大中型树冠相互连接构成覆盖的园林植物空间。植物空间的覆盖面通常由分支点在人身高以上的枝叶形成,这限制了人们看向天空的视线。
- 时间:园林植物空间和建筑空间最大的区别取决于"时间"这一维度,即植物随着时间的推移和季节的变化生长、发育到成熟的生命周期。

在地平面上,以不同高度和不同种类的地被植物或矮灌木来暗示空间的边界。此情形中植物虽不是以垂直面的实体来限制着空间,但它确实在较低的水平面上围起一定范围。一块草坪和一片地被植物之间的交界处,虽不具有实体的视线屏障,但它却暗示着空间围合的不同。在垂直面上,植物能通过几种方式影响空间感。首先,空间封闭程度随树干的大小、疏密以及种植形式而不同。其次,叶丛的疏密度和分枝的高低也影响着空间的闭合感。最后,植物同样能限制、改变一个空间的顶平面,植物的枝叶犹如室外空间的顶棚,限制了伸向天空的视线,并影响着垂直面上的尺度(图 1.16)。

(1)开敞空间　开敞植物空间是指在一个特定的区域范围内,人们的视线高出植物景观的空间。这个空间没有覆盖面的限制,其大小空间形式只是由基面和垂直分隔面来决定的,但在这个空间内,垂直分隔面只以地被植物和较为低矮的灌木作为空间的限制因素(图 1.17)。一般用低矮的灌木、地被植物、草本花卉、草坪可以形成开敞空间。在较大面积的开阔草坪上,除了低矮的植物以外,有几株高大乔木点缀其中,并不阻碍人们的视线,也称得上开敞空间。但在庭园中,由于尺度较小,视距较短,四周的围墙和建筑高于视线,即使是疏林草地的配置形式也不能形成有效的开敞空间。开敞空间在开放式绿地、城市公园等园林类型中非常多见,像草坪、开阔水面等,视线通透,视野辽阔。

图1.16　植物、建筑、水体组织的园林空间

图1.17　大草坪形成的开敞空间

(2)半开敞空间　半开敞植物空间是在一定的区域范围内,四周并不完全开敞,部分的视角被植物阻隔了人们的视线,是开敞空间向封闭空间的过渡,是出现在园林中最多的空间类型。它还可以使用地形、岩石和小品等景观元素和植物配置在一起来实现(图1.18)。半开敞空间的封闭面能够抑制人们的视线,从而引导空间的方向,达到"障景"的效果。比如从公园的入口进入另一个区域,设计者常会在开敞的入口某一朝向用植物小品来阻挡人们的视线,待人们绕过障景物,进入另一个区域就会豁然开朗,心情愉悦。

(3)覆盖空间　覆盖植物空间通常位于树冠与地面之间,通过枝干分枝点高低和密集的树冠形成空间。大型乔木是形成覆盖空间的好材料,这种植物分枝点较高,树冠较大,有很好的庇荫效果,孤植或群植,均可为人们提供更大的活动空间和遮阴休息区(图1.19)。此外,攀援植物利用花架、拱门、木廊等攀附在其上生长,也能够构成有效的覆盖空间。

(4)纵深植物空间　窄而长的纵深空间因为两侧的景物不可见,更能引导人们的方向,人们的视线会被引向空间的一端。在现代景观设计中,经常见到运用植物材料来兴建的纵深空间,如溪流峡谷等两边种植着高大的乔木形成密林,道路两旁整齐地种植着高大挺拔的行道树(图1.20)。

(5)垂直植物空间　垂直面被植物封闭起来,顶平面开敞,中间空旷,便能形成向上敞开的植物空间。分支点低、树冠紧密的小型和中型的乔木形成的树列,高大的修剪整齐的绿篱,都可以构成一个垂直植物空间。这种空间只有上方是开放的,使人仰视,视线被引导向空中(图1.21)。

图1.18　植物结合地形做了空间的围合形成半开敞空间

图1.19　乔草的组合形成了亲和的覆盖空间

图1.20　两侧植物的配置起到了很好的视线导向作用

　　(6)郁闭植物空间　垂直植物的株型能构成竖向上紧密的空间边界,当这种植物和低矮型平铺生长的植物或灌木搭配使用时,人的视线会被完全闭锁。大型乔木作为上层的覆盖物,整个空间就会完全封闭。这种空间类型在风景名胜区、森林公园或植物园中最为常见。一般不作为人的游览活动范围(图1.22)。

图1.21　直立向上的树形成了垂直空间

图1.22　湖岸用乔灌草密植形成空间封闭

2)园林植物景观空间的特征

园林植物景观是户外空间的一个重要的性能表现,它与园林建筑、水、地形和其他元素一起来构建的园林中的不同空间。其特征体现在以下方面:

(1)植物景观空间具有第四维界面　园林植物景观空间和建筑空间最大的区别是在植物景观空间的第四维界面"时间"。时间因素包括时期、季节和年限等,是园林植物景观至关重要的因素。植物景观在不同时期、不同季节和不同的年限里都表现不同。不一样的气候特点,同

一植物景观也会有较大差异的表现,一天的不同时期,光影的变化也会带来植物景观的异质性。在落叶植物围合的空间里,随着季节的变化,围合性会产生很大的变化。如在夏天,封闭感很强烈的植物空间,在冬天却是通畅、开放的。植物从幼苗期向成熟期的转化,显示为园林植物景观特征的阶段性变化。

(2)空间形态复杂和多样化　在园林植物的空间结构中,主要是自然形态的树和花灌木,使得空间形式更自由和富于变化,增加了景观的不确定性和流动性。

(3)空间形态的变化和活动　园林植物景观空间形式体现在植物从幼苗到成熟期的转换,景观植物群落生态因子的调节和变化,植物根据季节产生的不同的空间形态。

(4)园林植物空间尺度变化幅度大　建筑空间是基于建筑物的功能设计,它的规模并没有改变。但作为主体种植的植物景观空间尺度变化很大,每个阶段都有不同的空间感受。

3)现代园林植物空间营造手法

在现代景观设计中,植物的空间营造首先应考虑其生态功能,模拟自然植物群落空间构建,其次应使用一定的艺术手法进行合理的配置。

(1)植物空间的生态化营造　植物空间的生态化营造就是要模拟自然界植物的生长状态,充分利用立体空间,以地带性植物为主,适当引入植物新品种,构成以乔木为主体,灌木、草本植物、藤本植物相结合的复合群落,形成"近自然"植物群落景观。乔木、灌木与适量的空旷草坪结合,针叶与阔叶结合,季相景观与空间结构相协调,充分利用立体空间,大大增加绿地的绿量,是城市绿地的最佳结构。城市绿化需突出乔木,但如果为了采光、通风,遮阴的比例也不宜过大,绿地内灌木需占一定比例,地面力争全部为草坪或地被植物所覆盖。

乔灌草藤相结合营造生态化的植物空间,主要是模仿自然界中的植物生长条件,充分利用三维空间,以乡土植物为主,适当引入植物新品种,构成以乔木为主体,灌木和草本植物、藤本植物搭配的复合型植物群落,形成一个"亲近自然"植物群落景观。乔木、灌木、藤本植物和适度的开放草坪搭配,针叶和阔叶搭配,季节性景观和空间结构相和谐,充分利用植物立体空间是城市绿地最好的结构。

群落多样性与特色基调树种相结合物种的多样性可以增加植物群落的稳定性,有效地防止害虫和疾病的传播,更决定了城市景观的丰富度和城市绿色空间的生态效益。城市绿地的多样性可以根据现场条件和植物物种之间的关系,合理引进外来物种,在不同的位置精心挑选的树冠美丽、寿命长的基调树种,加上某些速生的树种,并引入蜜源类绿化植物,形成一个稳定的、各具特色的植物群落类型。

(2)植物空间的艺术化营造　"柳暗花明又一村"的形象显示了园林空间通过活动来产生富有变化的艺术效果,如光与影产生的虚实对比,使空间有吸引力。蜿蜒曲折的河道宽窄富有变化,两边种植树冠大、树阴茂密的大型乔木,使整个河道空间变化万千,由于空间的对比,景观效果显得更加富有动感。植物也可以形成明暗对比的空间,如树木密集的空间显得黑暗,而一块开放的草坪却显得明亮,都因为对比使它们的空间特征被加强了。植物构成的虚实空间对比是通过艺术的手法搭配所有种类的植物营建出或开敞或封闭的灵活的空间环境。

①植物空间的分隔与引导:在园林中,经常使用植物材料来分隔和指导空间。在现代自然式园林,使用植物分隔空间可以不受任何约束。几个不同大小的空间可以通过群植列植的乔木或者灌木来分离,使空间层次和意境得到加深。在规则式园林中通常利用植物做成几何图形来划分空间,使空间显得整洁明亮。绿篱是应用最广泛的分隔空间的形式,不同形态不同高度的

绿篱可以实现多个空间分隔效果。不同的植物的空间组合和渗透,也需要不同的指导方式,给人以心理暗示。强调节点和空间是可以使用更多的造型植物,可以实现功能的指导和提示。

②植物空间的渗透与流通:园林植物通过树干、树枝和树叶,形成一种限制空间的界面,通过在不同密度的界面结合在一起,加入透视效果,形成围合感和透视感参差交错的空间,人们去往其中,会产生兴奋和新鲜的感觉。相邻空间之间的半开敞、半闭合和空间的连续、循环等,使空间的整体富有层次感和深度。一般来说,植物布局应注意疏密有致,在可以借景的地方,应该稀疏地种植树木,树冠上方或下方要保持透视,使空间景观互相渗透。园林植物以其柔和的线条和多变的造型,往往比其他的造园要素更加灵活,具有高度的可塑性,一丛竹、半树柳,夹径芳林,往往就能够造就空间之间含蓄、灵活、多变的互相掩映、穿插与流通。

(3)障景   植物材料如直立的屏障,能控制人们的视线,将所需的美景收于眼里,而将俗物障之于视线之外障景的效果依景观的要求而定,若使用不通透植物,能完全屏障视线通过,而使用枝叶较疏透的植物,则能达到漏景的效果。

(4)控制私密性   与障景功能大致相似的作用是控制私密的功能。私密性控制就是利用阻挡人们视线高度的植物,进行所限区域的围合。私密控制的目的,就是将空间与其环境完全隔离开。私密控制与障景二者间区别在于前者围合并分割一个独立的空间,从而封闭了所有出入空间的视线。而障景则是慎重种植植物屏障,有选择地屏障视线。在进行私密场所或居住民宅的设计时,往往要考虑到私密控制。齐胸高的植物能提供部分私密性,而齐腰的植物是不能提供私密性的,即使有也是微乎其微的。

在园林的构成要素中,植物是不可缺少的要素之一。利用植物的各种天然特征,如色彩、形态、大小、质地、季相变化等,本身就可以构成各种各样的自然空间,再根据园林中各种功能的需要,与小品、山石、地形等的结合,更能够创造出丰富多变的空间类型。这里,简单从形式角度出发对园林植物构成的空间作具体分类。

任务实施

(1)选择一公园绿地进行实地考察,要求记录植物的生态、美化、营造功能的园景实例,可用照片记录,美化及营造功能附上平立面分析图。如生态功能、绿地内外温差的变化、铺装及植物覆盖地面温差变化等;植物空间时序变化、植物的季相体现;不同植物空间的体现(可做平、立面分析图)等。

(2)资料、数据整理,查阅相关植物、造景的详细资料,对调查照片、数据、图纸补充文字说明。

(3)完成PPT一份,要求说明内容包括生态、美化、营造功能三方面的认识体会。

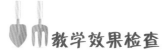

教学效果检查

1.你是否明确本任务的学习目标?

2.你是否达到了本学习任务对学生知识和能力的要求？

3.你了解园林中植物功能包含的内容吗？

4.你了解植物对环境的改善包括哪些方面吗？

5.你能列举植物对环境美化包含的内容吗？

6.你可以图示园林植物空间类型吗？

7.你认为本学习任务还应该增加哪些方面的内容？

8.你课下阅读了学习资源库的内容吗？

9.本学习任务完成后,你还有哪些问题需要解决？

项目 2 园林植物景观形式

任务 1 园林植物景观风格

[学习目标]

知识目标:
(1)理解及标识自然式、规则式及混合式植物景观风格。
(2)能说出自然式植物景观及规则式植物景观的代表国家及体现。

技能目标:
(1)根据园林绿地、场地风格确定园林植物景观风格。
(2)可以选择体现植物景观风格的植物配置类型。

工作任务

任务提出(中国传统园林实地考察)

选择当地一古典传统园林进行实地考察,要求以照片形式记录园林植物景观风格的景观体现,查阅资料,完成 1 000 字小论文一篇,表达你对园林植物景观风格的认识。

任务分析

园林植物景观风格的确立是景观设计师根据园林绿地、功能、场地特征首先要明确的基本思路。现在大多绿地采用的是混合式的园林植物景观分割。从整体而言绿地形式是规则式或自然式大体上确定了园林植物配置的风格,但在个别细处仍会有所变化,如中国古典园林整体

是自然式风格,但门厅入口处会有严格对称的对植;规则式园林中也会出现自然栽植的形式。因此需要理解整体风格的确立及根据场地特征,要求植物设计上的变化。

任务要求

(1)理解自然式园林植物景观及规则式园林植物景观的内容。

(2)正确理解并记录实地考察园林植物景观风格的体现。

(3)书籍或上网查阅、收集相关文献资料。

(4)完成 1 000 字小论文 1 篇。

材料及工具

照相机等。

知识准备

1.园林植物景观风格

园林植物景观风格的基本形式有 3 种,即规则式、自然式和混合式。

1)自然式园林植物景观风格

自然式又称风景式、不规则式,是指园林植物景观的布置没有明显的轴线,各种植物的分布自由变化,没有一定的规律性。树木种植无固定的株行距,形态大小不一,充分发挥树木自然生长的姿态,不求人工造型;充分考虑植物的生态习性、植物种类的丰富多样性,以自然界植物生态群落为蓝本,创造生动活泼、清幽典雅的自然植被景观,如自然式丛林、疏林草地、自然式花境等。自然式种植设计常用于自然式的园林景观环境中,如自然式庭园、综合性公园的安静休息区、自然式小游园、居住区绿地等。传统园林中中国的自然山水园、英国的自然风景园都是自然式园林植物景观风格的典型代表。

(1)中国自然山水园

①中国传统园林植物造景在植物选择上十分重视"品格",形式上注重色、香、韵,不仅仅为了绿化,而且还力求能入画,要具有画意,意境上求"深远""含蓄""内秀",情景交融、寓情于景。传统造园植物造景普遍运用诗画理论,使自然景物蕴含人文情感,并通过楹联、匾额、题咏等手段,将花草树木与文学艺术同园林主人或观赏者的思想感情联系起来,达到托物言志、借景抒怀、触景生情、情景交融的艺术境界。同时通过听觉、嗅觉等其他感观,并通过它们表现出优美精深的意境美,如"留得残荷听雨声""夜雨芭蕉"。

②中国自然山水园巧妙地充分利用植物形体、线条、色彩、质地进行构图,并通过植物的四季生命周期变化,使之成为一幅活的动态构图。而园林植物造景中艺术原理的运用,同样遵循绘画艺术和造园艺术的基本原则。树种配植,应根据栽培的目的和生长习性,尽量做到乔、灌、地被相结合,要突出"草铺底、乔遮阴、花藤灌木巧点缀"的绿化特点。植物造景,或直接利用自然植被,或在园林中模仿自然山林植被景观,将厅堂亭榭等建筑与山、池、树、石融为一体,成为"虽由人作,宛自天开"的自然山水园。

③中国自然山水园借助自然气象的变化和植物自身的生物学特性,来创造春夏秋冬四季不同的景观效果,植物配置利用有较高观赏价值和鲜明特色的植物的季相,能给人以时令的启

示,增强季节感,表现出园林景观中植物特有的艺术效果(图2.1)。

图2.1　园中植物丰富的季相景观

(2)英国自然风景园　英国自然风景园指英国在18世纪发展起来的自然风景园。这种风景园以开阔的草地、自然式种植的树丛、蜿蜒的小径为特色。不列颠群岛潮湿多云的气候条件、资本主义生产方式造成的庞大城市,促使人们追求开朗、明快的自然风景。英国本土丘陵起伏的地形和大面积的牧场风光为园林形式提供了直接的范例,社会财富的增加为园林建设提供了物质基础。这些条件促成了独具一格的英国式园林的出现。这种园林与园外环境结为一体,又便于利用原始地形和乡土植物,所以被各国广泛地用于城市公园,也影响现代城市规划理论的发展(图2.2)。

图2.2　自然式的栽植也体现了"没有量就没有美"的理念

2)规则式园林植物景观风格

规则式又称整形式、几何式、图案式等,是指园林景观中植物成行成列等距离排列种植,或做有规则的简单重复,或具规整形状。多使用植篱、整形树、模纹景观及整形草坪等。花卉布置以图案式为主,花坛多为几何形,或组成大规模的花坛群;草坪平整而具有直线或几何曲线型边缘等。通常运用于规则式或混合式布局的园林环境中,具有整齐、严谨、庄重和人工美的艺术特色。传统园林中意大利的台地园、法国的规则式古典园林都是规则式园林植物景观风格的典型代表。

(1)意大利台地园　意大利园林一般附属于郊外别墅,园林分两部分:紧挨着主要建筑物的部分是花园,花园之外是林园。意大利境内多丘陵,花园别墅造在斜坡上,花园顺地形分成几层台地,跌水和喷泉是花园里很活跃的景观。外围的林园是天然景色,树木茂密。别墅的主建筑物通常在较高或最高层的台地上,可以俯瞰全园景色和观赏四周的自然风光。意大利园林常被称为"台地园"。

(2)法国古典园林   17世纪法国古典园林的最大特点是利用建筑、道路、花圃、水池以及形状修剪得十分整齐的花草树木,如同刺绣一般编织出美丽的图案,形成极为有组织有秩序的古典主义风格园林。在这里大自然仿佛被完全驯服了,风景似乎变成了人工塑造的艺术品(图2.3)。

图2.3   花坛及整齐修剪的乔木

3)混合式园林植物景观风格

混合式是规则式与自然式相结合的形式,通常指群体植物景观(群落景观)。混合式园林植物造景就是吸取规则式和自然式的优点,既有整洁清新、色彩明快的整体效果,又有丰富多彩、变化无穷的自然景色;既有自然美,又具人工美。

混合式园林植物造景根据规则式和自然式各占比例的不同,又分3种情形:自然式为主,结合规则式;规则式为主,点缀自然式;规则式与自然式并重。

2. 园林植物景观类型

无论是自然式或者是规则式植物景观风格都通过不同的植物类型组合去综合形成风格类型。常见的园林植物景观类型分类有:

园林植物景观风格2

1)根据园林景观植物应用类型分类

(1)树木种植设计   它是指对各种树木(包括乔木、灌木及木质藤本植物等)景观进行设计。具体按景观形态与组合方式又分为孤景树、对植树、树列、树丛、树群、树林、植篱及整形树等景观设计。其中孤景树、树丛、树群及树林可为自然式植物景观设计;孤景树、对植树、树列、植篱及整形树可用在规则式植物景观设计(图2.4)。

(2)草花种植设计   它是指对各种草本花卉进行造景设计,可以着重表现草花的群体色彩美、图案装饰美,并具有烘托园林气氛、创造花卉特色景观等作用。具体设计造景类型有花坛、花境、花台、花池、花箱、花丛、花群、花地、模纹花带、花柱、花箱、花钵、花球、花伞、吊盆以及其他装饰花卉景观等,多用在规则式场地、规则式园林植物风格的体现;也可以用以表现花朵盛开自然高低错落的景致,如花境、花缘等,多用于林缘,或自然式植物风格的体现中(图2.5)。

(3)蕨类与苔藓植物设计   利用蕨类植物和苔藓进行园林造景设计,具有朴素、自然和幽深宁静的艺术境界,多用于林下或阴湿环境中,如贯众、凤尾蕨、肾蕨、波斯顿蕨、翠云草、铁线蕨等。因其生长环境要求,一般为自然式植物景观风格。

图2.4　孤植树在规则式、自然式植物风格中均可运用

图2.5　草本花卉景观

2)按植物生境分类

园林景观植物种植设计按植物生境不同,分为陆地种植设计和水体种植设计两大类。

(1)陆地种植设计　园林景观陆地环境植物种植,内容极其丰富,一般园林景观中大部分的植物景观属于这一类。陆地生境地形有山地、坡地和平地3种。山地宜用乔木造林;坡地多种植灌木丛、树木地被或草坡地等;平地宜做花坛、草坪、花境、树丛、树林等各类植物造景。

(2)水体种植设计　水体种植设计是对园林景观中的湖泊、溪流、河沼、池塘以及人工水池等水体环境进行植物造景设计。水生植物虽没有陆生植物种类丰富,但也颇具特色,历来被造园家所重视。水生植物造景可以打破水面的平静和单调,增添水面情趣,丰富园林水体景观内容。水生植物根据生活习性和生长特性不同,可分为挺水植物、浮叶植物、沉水植物和漂浮植物4类。水体的形式一般会影响植物风格类型,但就多数来说以自然式植物配置为主(图2.6)。

图2.6 水体边富于自然趣味的植物配置

3)按植物应用空间环境分类

(1)户外绿地种植设计 它是园林景观种植设计的主要类型,一般面积较大。植物种类丰富,并直接受土壤、气候等自然环境的影响。现在植物造景趋势强调设计时除考虑人工环境因素外,更加注重运用自然条件和规律,创造稳定持久的植物自然生态群落景观。植物景观风格的应用空间也以户外绿地种植设计为主。

(2)室内庭园种植设计 室内庭园种植设计的方法与户外绿地具有较大差异,设计时必须考虑到空间、土壤、阳光、空气等环境因子对植物景观的限制,同时也注重植物对室内环境的装饰作用。多运用于大型公共建筑等室内环境布置。以点、线、面形式进行布置,如能有一定"面"的布置形式,多采用自然式植物风格设计形式。

(3)屋顶种植设计 它是在建筑物屋顶(如平房屋顶、楼房屋顶)上进行植物种植的方法。屋顶种植又分非游憩性绿化种植和屋顶花园种植两种形式。在植物配置上要考虑屋顶的立地条件进行,除此以外植物风格和户外绿地种植形式相似,但一般植物体量及数量考虑到屋顶承重会少些。植物配置上常以草坪为主以减少覆土厚度。

 任务实施

(1)选择中国传统园林绿地进行实地考察,用照片及文字记录对园林植物景观类型及风格的体会。

(2)收集资料,查阅收集中国传统园林及西方传统园林植物景观风格上的特点及相应的植物景观类型的体现。

(3)结合实地考察所得及所收集的资料,撰写1 000字左右的论文,谈谈对园林植物景观类型及风格的体会。建议主题有中国传统园林乔灌木的配置、中国传统园林草本植物景观类型、中国传统园林植物景观风格探讨,等等。

教学效果检查

1. 你是否明确本任务的学习目标？

2. 你是否达到了本学习任务对学生知识和能力的要求？

3. 你了解园林中植物景观风格有哪几类？

4. 你熟悉中国传统园林植物景观风格吗？

5. 你知道法国传统园林植物景观风格吗？

6. 你了解英国传统园林植物景观风格吗？

7. 你了解现代绿地园林绿地常见风格吗？

8. 你熟悉从植物种类来说常见的植物景观类型吗？

9. 你了解不同的生境中植物景观的类型吗？

10. 你是否喜欢这种上课方式？

11. 你对自己在本学习任务中的表现是否满意？

12. 你对本小组成员之间的团队合作是否满意？

13. 你课下阅读了自主学习资源库的内容吗？

14. 你认为本学习任务还应该增加哪些方面的内容？

15. 本学习任务完成后，你还有哪些问题需要解决？

任务2 园林植物造景的原则

园林植物造景的原则1,2

[学习目标]

知识目标：

(1)熟悉植物造景的生态要求。

(2)理解植物造景空间构造要求。

(3)理解植物景观、季相、文化含义等对植物配置的影响。

技能目标：

(1)能根据环境要求选择适宜生长的植物。

(2)能根据绿地设计风格、功能性质、艺术观赏要求选择适当的植物。

(3)能根据绿地空间的要求,选择适当的植物。

工作任务

任务提出(庭园设计植物选择菜单设计)

如图2.7所示为某地区某别墅庭园植物景观设计平面图,根据当地环境对植物要求、庭园

风格、空间、景观创造要求等设计可选用植物选择菜单。

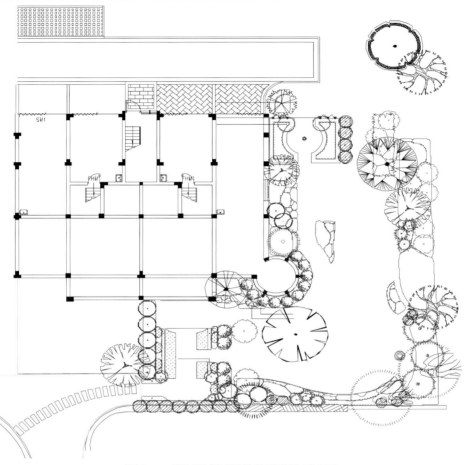

图2.7　某别墅庭园植物景观设计平面图

任务分析

　　根据设计的艺术要求及立地条件特点,选择合适的植物以使得其正常生长,展示观赏特性。并在空间围合、渗透、植物季相性、文化性等特征方面,通过已有的植物平面设计及绿地对植物的选择要求设计植物选择菜单,将适宜的植物做一分类及列举当地可用的常见植物。

任务要求

　　(1)分析图中植物配置形成不同空间的要求选择植物,如基本树形、分枝点高低、枝叶繁密情况等。

　　(2)分析图中光照、土壤、风向等对植物生长的影响。

　　(3)分析图中对植物观赏性的要求。

　　(4)按照不同的植物选择要求列举归类植物的选择要求。

　　(5)根据当地绿地常见植物完成植物选择菜单(每类植物选择5~10种,可重复)。

材料及工具

手工绘图工具、绘图纸。

知识准备

园林植物造景是按照园林植物的生态习性和园林艺术布局的要求,合理配置植物,创造各种优美景观的过程,它是园林设计的十分重要的组成部分。在植物配置时既满足艺术美的欣赏又保证植物的良好生长,总体表现在植物造景中须遵循的五大原则:植物造景的生态性、空间性、季相性、景观性、文化性等。

1. 植物造景的生态性

1)适地适树

植物造景必须遵循植物的生态性。由于每一种植物具有一定的生态学特性和生物学特性,因此,植物造景时要力求适地适树,才能使植物生长良好,表现出应有的魅力和色彩,同时在养护管理上可以减少人力物力的投入。一方面植物造景时提倡乡土树种的应用,另一方面对引进的植物必须了解原产地与引进地的立地条件、耐寒抗旱的性能、树形树姿的生长情况和发展趋势等。如南方,常绿花木广玉兰、香樟、含笑、棕榈、南天竹等抗寒性差,在北方栽植必须选择背风向阳之地;金银木、腊梅、珍珠梅、常春藤等比较耐阴,可以用作背阴面栽种植物等。在适地适树的基础上,要选择易成活、便于管理、耐修剪、寿命长、色彩丰富、形态优美、病虫害少、移栽容易、管理粗放的植物种类。配置中要乡土树种与外来树种相结合,增加美化效果,提高景观功能的多样性。

2)树种搭配

考虑植物的生物特征,注意将喜光与耐阴、速生与慢生、深根性与浅根性等不同类型的植物合理地搭配,在满足植物生态条件的基础上创造优美、稳定的植物景观。

3)种植密度

在平面上要有合理的种植密度,使植物有足够的营养空间和生长空间,从而形成较为稳定的群体结构,一般应根据成年树木的冠幅来确定种植点的距离。为了在短期内达到配置效果,也可适当加大密度,过几年后再逐渐减去一部分植物。

2. 植物造景的空间性

植物同建筑材料一样都有建造构成空间的功能,所不同的是植物造景的空间组成是在遵循自然群落生长规律的基础上,使用植物群落围合场所,以某种方式衔接在一起营造出的空间形式。植物景观质量的优劣除受到单体植物特性影响外,其整体效果往往还取决于植物空间的营造。植物景观的空间形式是种植首要考虑的因素,对营造优美的园林景观具有决定性作用。

1)构成空间

植物可以用于空间中的任何一个平面,在地平面上,以不同高度和不同种类的地被植物或矮灌木来暗示空间的边界。在此情形中,植物虽不是以垂直面上的实体来限制着空间,但它确实在较低的水平面上筑起一道范围。在垂直面上,植物能通过几种方式影响着空间感。空间封闭程度随树干的大小、疏密以及种植形式而不同。树干越多,空间围合感越强。植物同样能限制、改变一个空间的顶平面。植物的枝叶犹如室外空间的天花板,限制伸向天空的视线,并影响着垂直面上的尺度。地平面、垂直面、顶平面作为空间的 3 个构成界面(图 2.8)在室外环境中，以不同的方式变化组合，形成各种不同的空间类型。

图 2.8　各类植物在组织空间中的作用

2)构成空间的方法

(1)空间分隔、限定　植物在景观中的建造功能像建筑物的地面、天花板、围墙、门窗一样。在园林中常用建筑物、构筑物来分隔空间，同时利用植物分隔园林空间是园林中重要的手法。在自然式园林中，利用植物分隔空间可不受任何几何图形的约束，具有较大的随意性。若干个大小不同的空间可通过成丛、成片的乔灌木相互隔离，使空间层次深邃，意味无穷。在规则式园林中则常见植物按几何图形划分空间，使空间显得整洁明朗。其中绿篱在分隔空间中的应用最为广泛，不同形式、高度的绿篱可以达到多样的空间分隔效果(图 2.9)。

图 2.9　植物高篱形成的迷宫平面图案

分隔空间时植物同时具有屏蔽视线的作用，因而对空间的私密程度，将直接受植物的影响。私密性控制就是利用高于人视线的植物对人们的视线进行阻挡，进行对明确的所限区域的围合。如果植物的高度高于 2 m，则空间的私密感最强。与此同时，植物空间的私密性与植物枝叶的疏密、植物株距的大小等因素密切相关。

(2)空间对比　通过空间的形体变化、明暗虚实等的对比，常能产生多变而富有感染力的艺术效果，使空间富有吸引力。植物按整齐规则的形状围合出的空间与自然、曲折、富于变化的植物空间之间气氛迥然不同，产生强烈的对比。尤其对经过修剪后的植物形成的空间来说，人工创造与自然的空间对比更为强烈。勒·诺特的凡尔赛宫，垂直的林墙与水平铺展的刺花草坪、大草坪等相互对比，从而勾勒出花园独立的空间和宏伟的轴线(图 2.10)。植物也能形成空间明暗的对比,如枝繁叶茂的空间显得幽暗,而一片开阔的草坪则显得明朗,二者通过对比能使各自的空间特征得到加强。对植物空间组合进行一系列的对比手法处理能够显著增强植物景观的艺术感染力,也可利用植物的规则及自然应用形成空间感的对比。

图 2.10　垂直面与水平面形成的对比

（3）空间的渗透与层次　植物空间的渗透与层次变化,主要通过处理空间的划分与空间的联系两者之间的关系所取得。两个相邻的植物空间如果没有明确的划分界线,则缺乏层次变化,而完全隔绝的两个相邻植物空间也不会产生空间的相互渗透,只有相邻空间之间呈半敞半合、半掩半映的状态,以及空间的连续和流通等,才能使空间的整体富有层次感和深度感。选用通透的植物可以使视线流通,但空间仍被阻隔。如使远景从树木枝叶的缝隙里透漏过来形成漏景;利用乔木的树冠、枝干与另一空间中的景观共同形成框景;利用竖向植物空间形成夹景,甚至可以直接将其他空间中的植物景观引入到空间中来形成借景。在园林植物空间中,漏景、框景、夹景和借景的运用,使空间之间产生流动感,增加景深,丰富空间的层次。游人在某一植物空间中游赏时,空间之外的景观时隐时现,画面断续地在人们面前展开,达到“步移景异”的效果,也引发了游人进一步探求的欲望(图 2.11)。

图 2.11　植物形成的空间虽有阻隔但仍保持连续性

一个绿地其本身的性质常常决定了其植物空间的类型,如森林公园、防护林常以封闭空间为主,而公园则是多种类型相组合。

3. 植物造景的季相性

园林植物造景的原则3,4,5

植物所构成的空间除现实中的立体三维空间外,还包括时间这一不可或缺的维度,统称四维空间。随着时间的改变,空间的大小、形状、色彩、质感等也会相应地发生变化。在现实工作实践中,设计师除了要对植物的空间特性、构成属性、组织方式等作为艺术表现的多方面特性了然于胸外,营造植物空间时,还需要具备植物在分布、习性、花期、体量、形态、色彩等方面的知识,完美地将艺术性与科学性有机结合在一起,共同致力于营造生态效应良好、景观视觉优美、空间特性鲜明、变化丰富多样的植物景观。

植物配置利用有较高观赏价值和鲜明特色的植物的季相,能给人以时令的启示,增强季节感,表现出园林景观中植物特有的艺术效果。如春季山花烂漫,夏季荷花映日,秋季硕果满园,冬季腊梅飘香等。要求园林具有四季景色是就一个地区或一个公园总的景观来说;在局部景区往往突出一季或两季特色,以采用单一种类或几种植物成片群植的方式为多。如杭州苏堤的桃、柳是春景,曲院风荷是夏景,满觉陇桂花是秋景,孤山踏雪赏梅是冬景。为了避免季相不明显时期的偏枯现象,可以用不同花期的树木混合配置、增加常绿树和草本花卉等方法来延长观赏期。如进行植物造景时以常绿植物作为背景,配以色叶、明显花期的树种,可四季连续开花,也可以突出某个季节的景观。植物除明显的花期、色叶期、果期等观赏的一段时间外,其他时间仍以其树形姿态为主在空间中展示自己,因此,需进行综合考虑植物本身树形、树高特点与其他植物进行配置。

4. 植物造景的景观性

园林绿地不仅有实用功能,而且能形成不同的景观,给人以视觉、听觉、嗅觉上的美感,属于艺术美的范畴。因此在植物配置上也要符合艺术美的规律,合理地进行搭配,最大程度地发挥园林植物"美"的魅力。园林植物造景是创造优美环境的过程,体现了一定的艺术设计。除了植物本身具有良好的观赏内容,如植物的形、色彩、芳香、质地、季相等方面的观赏性,还包括植物个体所带来的景观性,以及植物配置时所形成的丰富多彩的组合方式和观赏效果。要求考虑总体布局、四季变化、植物的观赏特性体现、植物的构图等,其中遵守的形式美法则有:

1)统一的原则

植物景观设计时,树形色彩、线条、质地及比例都要有一定的差异和变化,在显示其多样性的同时,又要使它们之间保持一定的相似性。如上海浦江迎宾大道绿化带的苗木设计,采用每40 m配以相同的色块穿插花灌木的反复手法,形成了浦江东大门一道独特的亮丽风景。

2)均衡的原则

根据设计环境,植物配置有规则式均衡和自然式均衡。规则式均衡常用于规则式建筑及庄严的陵园或雄伟的皇家园林中,如门前两旁栽植对称的两株桂花;陵园主路两侧栽植对称的松柏等。自然式均衡常用于公园、植物园、风景区等环境中,如公园内一条蜿蜒曲折的园路,路右侧种植了一株高大的香樟,临近的左侧则植以成丛的红花继木、金叶女贞等花灌木,以求平衡。

3)调和的原则

要注意各种植物素材之间的近似和一致、差异和变化,使人具有不同的美感。差异小为协调,形成的植物景观效果协调、平和、舒适;差异大为对比效果,视觉冲击较大,令人印象深刻。如在植物景观设计中,专类园松柏园因其树形、叶形等近似亦形成协调感,但体量大小、生长高低的差异都形成变化对比,因而形成园中协调又有变化的植物景观(图2.12)。

图2.12　园林中协调又有变化的植物景观

4）韵律与节奏的原则

植物配植中设计有规律的变化,就会产生韵律感,这种韵律节奏通常产生于线性的植物景观设计,或者在游览路线设计中考虑的因子。杭州白堤上桃红柳绿的种植形式就是范例(图2.13)。

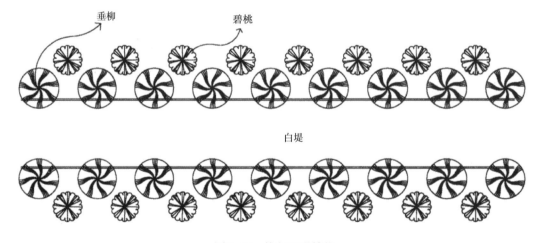

图2.13　杭州白堤植物

5）比例与尺度

比例是指物体实际大小或相对另一物体的相对大小,在不同尺度空间中,要确定植物材料的大小比例及配置尺度,使之色彩、气魄等相协调。在设计中从空间的大小、与人的亲和程度等考虑植物的尺度,同时植物配置时相互之间的比例协调,这个是植物景观设计成败的关键因素。

5. 植物造景的文化性

植物造景与民族的文化传统、各地的风俗习惯、文化教育水平、社会的历史发展有关,亦与设计师的情感息息相关,文化性是其内涵所在。缺乏文化性的植物景观是空洞无味的、缺乏生命力的。植物造景的文化性是渗透着植物"性格"和个人文化认知及情感的植物景观序列,是

文化情结的共鸣。植物造景有三境,即生境、画境、意境,而文化性主要是通过意境来表达。意境是造景与欣赏的共鸣和升华,其主要表达方式是"意"和"境"。也因此有人将园林空间说成是"五维空间"。植物造景的文化性体现主要通过以下两个传达方式:

1) 植物的人格化

由植物自然属性人格化后形成的文化属性,即植物的性格表现意境美。例如,竹子象征虚心节高,传统园林植物造景中多用其造景,中国宋代苏轼有"宁可食无肉,不可居无竹"的造园与居住理想,表达中国文人淡泊、清高、正直的品格;外国也同样,法国梧桐意味着神圣,柏拉图时代就为争论的学者遮风挡雨。

2) 地域传统文化对植物的要求

例如,纪念性景观植物多用常绿松柏类规则造景,象征被纪念者的品格,营造庄重、肃穆的文化氛围,突出纪念性园林的个性。植物造景文化性属于社会属性的范畴,形式比较复杂,有较大的差异性,文化认知的时空差异形成植物造景的文化内涵区别。例如中国天人合一的哲学观形成模山范水的自然园林,西方人定胜天的哲学观形成规则整齐的园林;再如梅花以疏影横斜的外表、孤芳自赏的情调被古代文人所钟爱,而现在随时间变化又赋予梅"待到山花烂漫时,她在丛中笑"的积极意义和高尚理想。因此在做植物造景时要了解地域文化、民族传统、个人情感等因素对植物的要求。

在不同绿地中,植物的选择配置和绿地功能紧密联系。如街道绿地的主要功能是庇荫、吸尘、隔音、美化等,因此要选择易活,对土、肥、水要求不高,耐修剪,树冠高大挺拔,叶密荫浓,生长迅速,抗性强的树种作行道树,同时也要考虑组织交通市容美观的问题。综合性公园,从其多种功能出发,要有集体活动的广场或大草坪,有遮阴的乔木,有艳丽的成片的灌木,有安静休息需要的密林、疏林等;医院庭园则应注意周围环境的卫生防护和噪声隔离,在周围可种植密林。而在病房、诊治处附近的庭园多植花木供休息观赏。工厂绿化的主要功能是防护,而工厂的厂前区、办公室周围应以美化环境为主;远离车间的休息绿地主要是供休息。

 任务实施

(1) 选择一植物种植设计平面图(图 2.7),为一庭园植物景观设计平面图,根据上面植物的设计类型,分析不同位置植物选择的建造功能及美学功能要求,拟定植物景观的基本特色,如以果树为主,或者以某一季节观赏为主要观赏内容的植物为主等形成一有识别特色的植物选择菜单的设计。

(2) 按不同植物组合列举可选用植物,并将此处植物选择考虑到的因子标注清楚。

(3) 完成植物菜单设计,表格设计可如下(对应图纸标注序号):

庭园植物选择菜单					
序　号	应用位置	植物作用	生态习性	观赏特性	备　注	可选用植物
1	庭园边界	与外界隔离，范围边界	灌木	常绿观叶	分枝点低、可修剪	组合配置方式
2	入口处	焦点，引导视线	小乔木	观姿态、观花、观叶、观果	树形优美，观赏价值高	单个观赏或组合配置方式
3	墙基	基础栽植	灌木、竹类、地被植物、藤本植物	观叶、观花	有窗位置生长高度不宜高于窗台、建筑北侧需一定耐阴性	单个观赏或组合配置方式
4	庭园花境	丰富庭园色彩、景观	灌木、多年生花卉	观花为主，兼以观叶植物	多年生、易养护	组合配置方式
……	……	……	……	……	……	

教学效果检查

1. 你是否明确本任务的学习目标？

2. 你是否达到了本学习任务对学生知识和能力的要求？

3. 你了解园林中植物造景的基本原则包括哪些方面？

4. 你了解空间构成的几种方法吗？

5. 你能列举植物造景的形式美原则有哪些？

6. 你了解植物的季相性对植物配置的影响吗？

7. 你是否喜欢这种上课方式？

8. 你课下阅读了学习资源库的内容了吗？

9. 你认为本学习任务还应该增加哪些方面的内容？

10. 本学习任务完成后，你还有哪些问题需要解决？

任务3　乔木和灌木景观设计

乔木和灌木景观设计1

[学习目标]

知识目标：

(1) 理解乔木和灌木的孤植、对植、列植、丛植、群植、绿篱等的含义。

(2) 能进行乔木和灌木的孤植、对植、列植、丛植、群植、绿篱的设计要点。

技能目标:

(1)应用乔木和灌木植物景观设计相关内容,对城市绿地中植物景观灵活应用。

(2)根据乔木和灌木景观设计的设计要点进行具体项目的景观的设计。

 工作任务

任务提出(街头小游园树木景观设计)

如图2.14所示为某城市街道小游园景观设计平面图,根据植物景观设计的原则和基本方法以及小游园的功能要求,选择合适的植物种类和植物配置形式进行小游园的植物景观初步设计。

 任务分析

根据绿地环境和功能要求选择合适的植物种类进行树木景观的设计是植物配置师从业人员职业能力的基本要求。在了解绿地的周边环境、绿地的服务功能和服务对象的前提下进行植物景观的设计,首先要了解当地常用园林植物的生态习性和观赏特性,掌握乔木、灌木、植物的配置方法和设计要点等内容。

任务要求

(1)植物的选择适宜当地室外生存条件,满足其景观和功能要求。

(2)正确采用树木景观构图基本方法,灵活运用植物景观设计的基本方法,树种选择合适,配置符合规律。

(3)立意明确,风格独特;图纸绘制规范。

(4)完成街头小游园树木景观设计平面图一张。

材料及工具

测量仪器、手工绘图工具、绘图纸、绘图软件(AutoCAD)、计算机等。

 知识准备

在整个园林植物中,乔、灌木是骨干材料,在园林绿化工程中起骨架支柱作用。乔、灌木具有较长的寿命、独特的观赏价值、经济生产作用和卫生防护功能,并且乔、灌木的种类多样,既可单独栽种,也可与其他材料组成丰富多变的园林景观。在园林绿地中占的比重较大。

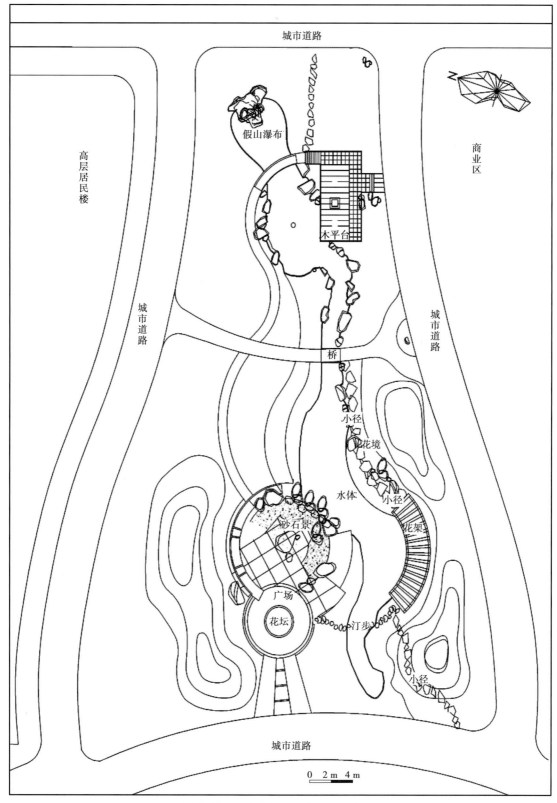

图2.14　街头小游园景观设计平面图

1. 孤植

孤植树又称为独赏树、标本树或园景树,是指乔木或灌木的孤立种植类型。但并非只能栽种一棵树,也可将2~3株同一树木紧密地种在一起(必须是同一树种且栽植距离小于1m),形成一个单元。孤植在园林中是为了体现个体美,做主景或为构图需要而种植。常布置在空旷地或局部空间的观赏主景,或以蔽荫为主做侧景选择树冠荫浓、体态潇洒、秀丽多姿、花繁色艳,观叶观果类树种,反映树木的个体美。

1) 园林功能

孤植是中西园林中广为采用的一种自然式种植形式。在设计中多处于绿地平面的构图中心或构图的自然重心上而成为主景,也可起引导视线的作用,并可烘托建筑、假山或水景,具有强烈的标志性、导向性和装饰作用。如选择得当、配置得体,孤植树可起到画龙点睛的作用(图2.15、图2.16)。

图2.15 开敞草坪中的孤植树常为主景   图2.16 孤植树在植物丛中为主景树

2) 孤植树种选择

孤植树作为景观主体、视觉焦点,一定要具有与众不同的观赏效果。适宜作孤植树的树种,一般需树木高大雄伟,树形优美,具有特色,且寿命较长,通常具有美丽的花、果、树皮或叶色的种类。因此在树种选择时,可以从以下几个方面考虑:

(1)树形高大,树冠开展 如国槐、悬铃木、银杏、油松、合欢、香樟、榕树、无患子、七叶树等。

(2)姿态优美、寿命长 如雪松、白皮松、金钱松、垂柳、龙爪槐、蒲葵、椰子、海枣等。

(3)开花繁茂、芳香馥郁 如白玉兰、樱花、广玉兰、栾树、桂花、梅花、海棠、紫薇等。

(4)硕果累累 如木瓜、柿、柑橘、柚子、构骨等。

(5)彩叶树木 如枫香、黄栌、银杏、白蜡、五角枫、三角枫、鸡爪槭、白桦、紫叶李等。

选择孤植树除了要考虑造型美观、奇特之外,还应该注意植物的生态习性,不同地区可选择的植物有所不同。

3)孤植树布置场所

孤植树往往是园林局部构图的主景,规划时位置要突出。孤植树种植的地点,要求比较开阔,不仅要保证树冠有足够的空间,而且要有比较合适的观赏视距和观赏点,让人有足够的活动场所和恰当的欣赏位置。一般适宜的观赏视距大于等于4倍的树木高度(图2.17)。最好还要有像天空、水面、草地等自然景物作背景衬托,以突出孤植树在形体、姿态等方面的特色。

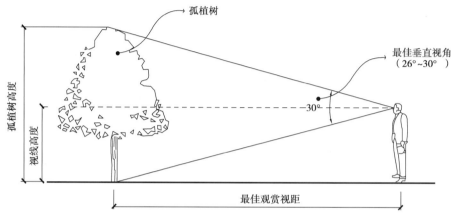

图2.17　孤植树观赏视距的确定

(1)开朗的大草坪或林中空地构图的重心上　开朗的大草坪是孤植树定植的最佳地点,但孤植树一般不宜种植在草坪的几何中心,而应偏于一端,安置在构图的自然重心上,与草坪周围的景物取得均衡与呼应的效果,以增强其雄伟感,满足风景构图的需要(图2.18)。

(2)开阔的水边或可眺望远景的山顶、山坡　孤植树以明亮的水色做背景,游人可以在树冠的庇荫下欣赏远景或活动,孤植树下斜的枝干自然也成为各种角度的框景(图2.19)。孤植树配置在山顶或山冈上,既有良好的观赏效果,又能起到改造地形、丰富天际线的作用。

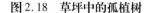

图2.18　草坪中的孤植树

图2.19　以水面为背景的孤植树

(3)自然园路转弯处和花坛中心　可作为自然式园林的诱导树、焦点树,有诱导游人的作用(图2.20)。

孤植树作为园林构图的一部分,必须与周围的环境和景物相协调。开阔的空间如开敞宽广的草坪、高地、山冈或水边应选择高大的乔木作为孤植树,并要注意树木的色彩与背景的差异性。狭小的空间如小型林中草坪、较小水面的水滨以及小的庭院中应选择体形与线条优美、色彩艳丽的小乔木或花灌木作为主景(图2.21)。

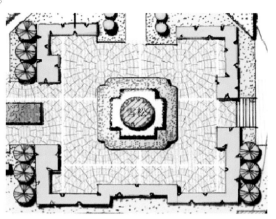

图2.20　道路转弯处的孤植树起引导作用　　　　图2.21　花坛中的雪松成为构图中心

2. 对植

对植是指两株或两树丛相同或相似的树,按照一定的轴线关系,做相互对称或均衡的种植方式(图2.22、图2.23)。

乔木和灌木景观设计2,3

图2.22　对称式对植　　　　　　　　　图2.23　非对称式对植

1)对植的功能

对植常用于建筑物前、广场入口、大门两侧、桥头两旁、石阶两侧等,起烘托主景的作用,给人一种庄严、整齐、对称和平衡的感觉,或形成配景、夹景,以增强透视的纵深感,对植的动势向轴线集中。

2)对植树种选择

对植多选用树形整齐优美、生长缓慢的树种,以常绿树为主,但很多花色、叶色或姿态优美的树种也适于对植。常用的有松柏类、南洋杉、云杉、大王椰子、假槟榔、苏铁、桂花、白玉兰、广

玉兰、香樟、国槐、银杏、蜡梅、碧桃、西府海棠、垂丝海棠、龙爪槐等,或者选用可进行整形修剪的树种进行人工造型,以便从形体上取得规整对称的效果,如整形的黄杨、大叶黄杨、石楠等也常用做对植(图2.24、图2.25)。

图2.24　厅堂前龙爪槐对植　　　　　　图2.25　入口处整形黄杨对植

3)对植的设计形式

(1)对称栽植　将树种相同、体型大小相近、树木相同的乔木或灌木对称配置于中轴线两侧,两树连线与轴线垂直并被轴线等分。这种对植常在规则式种植构图中应用,多用于宫殿、寺庙、纪念性建筑前,体现一种肃穆气氛。

(2)非对称式栽植　树种相同或近似,大小、姿态、数量有差异的两株或两丛植物在主轴线两侧进行不对称均衡栽植。动势向中轴线集中,与中轴线垂直距离是大树近,小树远。非对称栽植常用于自然式园林入口、桥头、假山登道、园中园入口两侧,既给人以严整的感觉,又有活泼的效果,布置比对称栽植灵活。

3. 列植

列植是乔木或灌木按照一定的株距成行栽植的种植形式,有单行、环状、顺行、错行等类型(图2.26)。列植形成的景观比较整齐、单纯,气势庞大,韵律感强。如行道树栽植、基础栽植、"树阵"布置,就是其应用形式。

1)列植的功能

列植在园林中可发挥联系、隔离、屏障等作用,可形成夹景或障景,多用于公路、铁路、城市道路、广场、大型建筑周围、防护林带、水边,是规则式园林绿地中应用最多的基本栽植形式(图2.27、图2.28)。

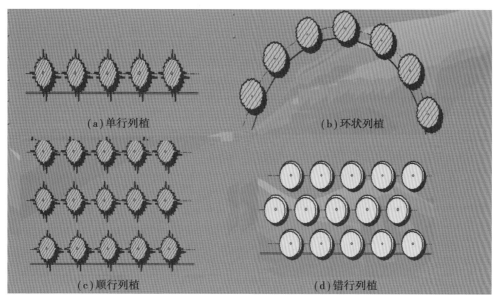

(a) 单行列植　　　　　　　　　(b) 环状列植

(c) 顺行列植　　　　　　　　　(d) 错行列植

图 2.26　列植的类型

图 2.27　入口广场上的列植

图 2.28　公园的树阵列植

2) 列植的树种选择

　　列植宜选用树冠体形比较整齐、枝叶繁茂的树种,如圆形、卵圆形、椭圆形等的树冠。道路边的树种的选择上要求有较强的抗污染能力,在种植上要保证行车、行人的安全,还要考虑树种生态习性、遮阴功能和景观功能。常用的树种中,大乔木有油松、圆柏、银杏、国槐、白蜡、元宝枫、毛白杨、悬铃木、香樟、臭椿、合欢、榕树等;小乔木和灌木有丁香、红瑞木、黄杨、月季、木槿、石楠等;绿篱多选用圆柏、侧柏、大叶黄杨、雀舌黄杨、金边大叶黄杨、红叶石楠、水蜡、小檗、蔷薇、小蜡、金叶女贞、黄刺玫、小叶女贞、石楠等。

3) 列植的构图要求

　　列植分为等行等距和等行不等距两种形式。等行等距的种植从平面上看是正方形或正三角形,多用于规则式园林绿地或混合式园林绿地中的规则部分。等行不等距的种植,从平面上看种植呈不等边的三角形或四边形,多用于园林绿地中规则式向自然式的过渡地带,如水边、路边、建筑旁等,或用于规则式的栽植到自然式栽植的过渡。

4)列植栽植要求

株行距大小取决于树种的种类、用途和苗木的规格以及所需要的郁闭度而定。一般情况大乔木的株行距为 5～8 m,中、小乔木为 3～5 m;大灌木为 2～3 m,小灌木为 1～2 m;绿篱的种植株距一般为 30～50 cm,行距也为 30～50 cm。

列植多应用于硬质铺地及上下管线较多的地段,所以在设计时要考虑多方情况,要注意处理好与其他因素的矛盾。如周围建筑、地下地上管线等,应是适当调整距离以保证设计技术要求的最小距离。

4.丛植

乔木和灌木景观设计 4

丛植是由两株到十几株同种或异种,乔木或灌木组合种植而成的种植类型。在园林绿地中运用广泛,是园林绿地中重点布置的种植类型,是组成园林空间构图的骨架。丛植是具有整体效果的植物群体景观,主要反映自然界植物小规模群体植物的形象美(群体美)。这种群体美又是通过植物个体之间的有机组合与搭配来体现的(图 2.29)。丛植除可作为局部空间的观赏主景外,也可有庇荫、诱导、配景等作用。可布置在大草坪的中央、水边、土丘等地作为主景,还可以布置在出入口。园路的交叉口和转弯处,诱导游人欣赏园林景观,丛植树种的设计应注意当地的自然条件和总的设计意图,掌握树种个体的生态习性和个体主景的相互影响与周围环境主景的关系,选择树种少,保持树丛的稳定,才能达到理想效果。丛植的几种基本形式:两株配合、三株配合、四株配合、五株配合。

图 2.29　丛植

1)丛植的功能

丛植是自然式园林中最常用的方法之一,它以反映树木的群体美为主,这种群体美又要通过个体之间的有机组合与搭配来体现的,彼此之间既有统一的联系,又有各自的形态变化。在空间景观构图上,树丛常作局部空间的主景,或配景、障景、隔景等,还兼有分隔空间和遮阴的作用。

　　树丛常布置在大草坪中央、土丘、岛屿等地做主景或草坪边缘、水边点缀;也可布置在园林绿地出入口、路叉和弯曲道路的部分,诱导游人按设计路线欣赏园林景色;可用在雕像后面,作为背景和陪衬,烘托景观主题,丰富景观层次,活跃园林气氛;运用写意手法,几株树木丛植,姿态各异,相互趋承,便可形成一个景点或构成一个特定空间。

2)丛植树种选择

　　以遮阴为主要目的的树丛常选用乔木,并多用单一树种,如香樟、朴树、榉树、国槐,树丛下也可适当配置耐阴花灌木。以观赏为目的的树丛,为了延长观赏期,可以选用几种树种,并注意树丛的季相变化,最好将春季观花、秋季观果的花灌木以及常绿树配合使用,并可于树丛下配置耐阴地被。

3)树丛造景形式设计

　　(1)两株配合　两株树必须既有调和又有对比,使两者成为对立的统一体。因此,两株配合首先必须有通相,即采用同一种树或外形相似树种;同时,两株树必须有殊相,即在姿态、大小动势上有差异,使两者构成的整体活泼起来。如明朝画家龚贤所论"二株一丛,必一俯一仰,一猗一直,一向左一向右,一有根一无根,一平头一锐头,二根一高一下"。二株树栽植距离应该小于两树冠半径之和,以使之成为一个整体(图2.30—图2.32)。

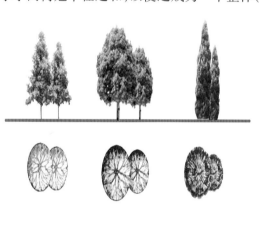

图2.30　两株树丛植平面图和立面图

图2.31　两株树丛植大小的差异

图2.32　两株树丛植动势的呼应

（2）三株配合

①相同树种：三株树的配置分成两组，数量之比是2∶1，体量上有大有小。单株成组的树木在体量上不能为最大，以免造成机械均衡而没有主次之分（图2.33）。

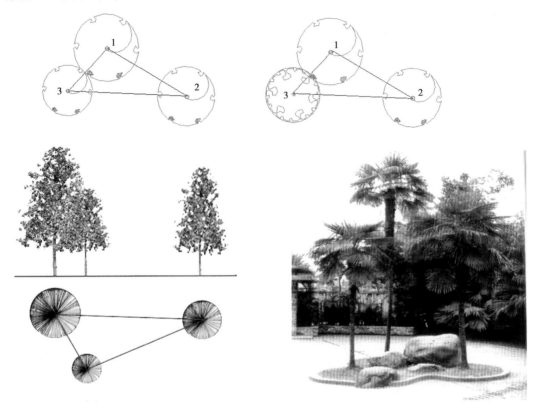

图2.33 三株树丛构图与分组形式

②不同树种：如果是两种树最好同为常绿树，或同为落叶树，或同为乔木，或同为灌木。三株数的配置分成两组，数量之比是2∶1，体量上有大有小，其中大、中者为一种树，距离稍远，最小者为另一种树，与大者靠近。

③构图：三株树的平面构图为任意不等边三角形，不能在同一直线上或等边三角形或等腰三角形。

（3）四株配置

①相同树种：四株树木的配置分两组，数量之比为3∶1，切忌2∶2，体量上有大有小，单株成组的树木既不能为最大，也不能为最小（图2.34）。

②不同树种：四株配置最多为两种树，并且同为乔木或灌木。四株树木的配置分成两组，数量之比为3∶1，体量上有大有小，树种之比是3∶1，切忌2∶2。单株树种的树木在体量上既不能为最大，也不能为最小，不能单独成组，应在三株一组中，并位于整个构图的重心附近，不宜偏置一侧。

③构图：四株树的平面构图为任意不等边三角形和不等边四边形，构图上遵循非对称均衡原则，忌四株成一直线、正方形或菱形或梯形。

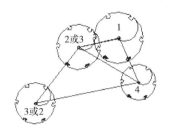

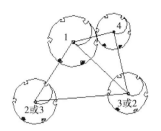

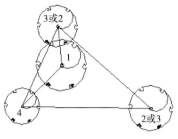

同一树种的不等边四边形构图　　　　　　　　　　　同一树种的不等边三角形构图

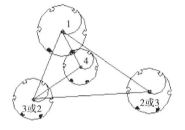

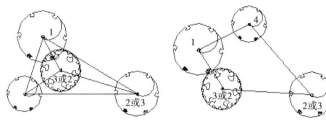

同一树种的不等边三角形构图　　　　　　两种树种，单株的树种位于三株树种的构图中部

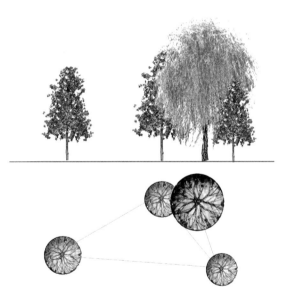

图2.34　四株树丛构图与分组形式

（4）五株配置

①相同树种：五株树木配置分两组，数量之比为4:1,切或3:2,体量上有大有小,数量之比为4:1时,单株成组的树木在体量上既不能为最大,也不能为最小。数量之比是3:2时,体量最大一株必须在三株一组中(图2.35)。

②不同树种：五株配置最多为两种树,并且同为乔木或灌木。五株树木的配置分成两组,数量之比为4:1或3:2,每株树的姿态、大小、株距都有一定的差异。如果树种之比是4:1,单株树种的树木在体量上既不能为最大,也不能为最小,不能单独成组,应在四株一组中。如果树种之比是3:2,两株树种的树木应分散在两组中,体量大的一株应该是三株树种的树木(图2.36)。

③构图:五株树的平面构图为任意不等边三角形和不等边四边形和不等边五边形,忌五株排成一直线或成正五边形。

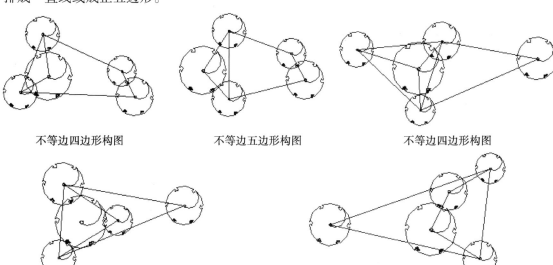

不等边四边形构图　　　　　　不等边五边形构图　　　　　　不等边四边形构图

不等边三边形构图　　　　　　　　　　不等边三边形构图

图 2.35　五株同种树丛构图与分组形式

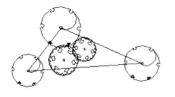
两株居同组的4:1分组

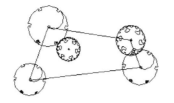
两株者分局两组不单独成组者，要居它组包围之中

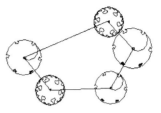
3:2分组最大株要在三株单元中，每单元均为两个树种

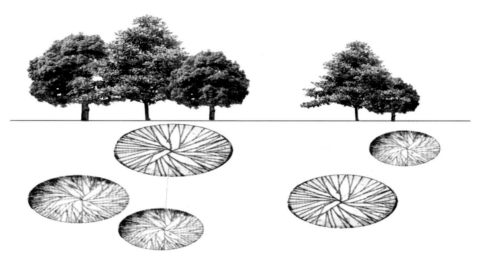

图 2.36　五株不同种树丛构图与分组形式

六株以上配合实际上就是二株、三株、四株、五株几个基本形式的相互合理组合。6~9 株树木的配置，其树种数量最好不要超过两种。10 株以上树木配置，其树种数量最好不要超过 3 种。

3）丛植设计中应注意的问题

①树丛应有一个基本的树种，树丛的主体部分、从属部分和搭配部分清晰可辨。

②树木形象的差异不能过于悬殊，但又要避免过于雷同。树丛的立面在大小、高低、层次、疏密和色彩方面均应有一定的变化。

③种植点在平面构图上要达到非对称均衡，并且树丛的周围应给观赏者留出合适的观赏点和足够的观赏空间。

④同孤植树一样，树丛也要选择合适的背景。比如在中国古典园林中，树丛常以白色墙为背景；再如，树丛为彩叶植物组成，则背景可以采用常绿树种，在色彩上形成对比。

5.群植

由二三十株以上至数百株的乔木、灌木成群配置时称为群植。树群可由单一树种组成，亦可由数个树种组成。

乔木和灌木景观设计 5,6,7

1）树群的功能

树群所表现的主要为群体美，观赏功能与树丛相似，在园林中可作背景用，在自然风景区中可做主景（图 2.37、图 2.38）。两组树群相邻时又可起到透景、框景的作用。树群的组合方式一般采用郁闭式、成层的组合，树群内部通常不允许游人进入，因而不利于作庇荫休息之用，但树群的北面,树冠开展的林缘部分,仍可作庇荫之用。

图 2.37　树群景观　　　　　　　　　　　图 2.38　树群热带风光景观

　　树群应布置在有足够面积的开朗的场地上,如靠近林缘的大草坪、宽广的林中空地、水中的小岛上、宽广水面的水滨、小山的山坡、土丘上等,其观赏视距至少为树高的 4 倍,树群宽度的1.5 倍以上。

2)树群的类型

　　(1)单纯树群　单纯树群由一种树木组成,为丰富其景观效果,树下可用耐阴地被,如玉簪、萱草、麦冬、常春藤、蝴蝶花等(图 2.39)。

　　(2)混交树群　混交树群具有多重结构,层次性明显,水平与垂直郁闭度均较高,为树群的主要形式,可分为 5 层(乔木、亚乔木、大灌木、小灌木、草本)或 3 层(乔木、灌木、草本)。与纯林相比,混交林的景观效果较为丰富,并且可以避免病虫害的传播(图 2.40)。

图 2.39　单纯群植　　　　　　　　　　　图 2.40　混交树群

　　(3)带状树群　当树群平面投影的长度大于 4∶1 时,称为带状树群,在园林中多用于组织空间。既可是单纯树群,又可是混交树群(图 2.41)。

3)树群设计注意事项

　　(1)品种数量　树木种类不宜太多,1～2 种骨干树种,并有一定数量的乔木和灌木作为陪衬,种类不宜超过 10 种,否则会显得凌乱。

　　(2)树群的栽植要求　树群栽植标高应高于草坪、道路、广场,以利于排水。

　　(3)树群的结构层次　群植属多层结构,水平郁闭度大,林内不宜游人休息,因此不应在树

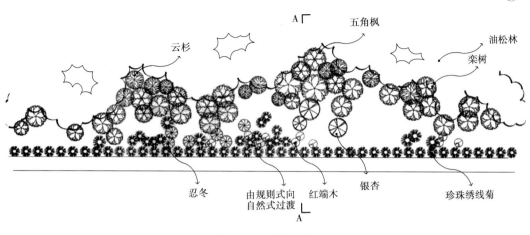

图 2.41　带状树群

群里安排园路。

（4）树种的选择和搭配　树群应选择高大、外形美观的乔木构成整个树群的骨架，以枝叶密集的植物作为陪衬，选择枝条平展的植物作为过渡或者边缘栽植，以求取得连续、流畅的林冠线和林缘线。乔木层选用树种树冠姿态要特别丰富，亚乔木层选用开花繁茂或叶色艳丽的树种，灌木一般以花木为主，草本植物则以宿根花卉为主。

（5）布置方法　群植多用于自然式园林中，植物栽植应有疏有密，不宜成行成列或等距栽植。林冠线、林缘线要有高低起伏和婉转迂回的变化，树群外围配置的灌木花卉都应成丛分布，交叉错综，有断有续，树群的某些边缘可以配置一两个树丛及几株孤植树，表现树木的整体美，观赏树木的层次、外缘、林冠等，在园林中可做主景和背景。在构图设计时应注意长度小于50 m，树木种植距离疏密有致，任意三株构成斜三角形，且忌成行、成排、成带状种植。单纯群植由同种树种组成，林下可配耐阴的宿根花卉或地被植物作点缀。

6. 林植

成片、成块地大量栽植乔、灌木称为林植，构成林地或森林景观的称为风景林或树林。

1）林群的功能与布置

风景林的作用是保护和改善环境气候，维持环境生态平衡；满足人们休息、游览与审美要求；适应对外开放和发展旅游事业的需要；生产某些林副产品。在园林中可充当主景或背景，起着空间联系、隔离或填充作用。此种配置方式多用于风景区、森林公园、疗养院、大型公园的安静区及卫生防护林等。

2）风景林设计

风景林设计中，应注意林冠线的变化、疏林与密林的变化、林中树木的选择与搭配、群体内及群体与环境间的关系，以及按照园林休憩游览的要求留有一定大小的林间空地等措施，特别是密度变化对景观的影响（图 2.42）。

（1）密林　水平郁闭度在 0.7～1.0，阳光很少透入林中，土壤湿度很大。地被植物含水量高，经不起踩踏，容易弄脏衣物，不便游人活动。密林又有单纯密林和混交密林之分。

①单纯密林：是由一个树种组成的，它没有垂直郁闭度景观美和丰富的季相变化（图2.43）。密林纯林应选用富有观赏价值而生长强健的地方树种，简洁、壮观，适于远景观赏。在种植时，可以用异龄树种，结合利用起伏地形的变化，同样可以使林冠得到变化。林内外还可以

选同一树种的树群、树丛或孤植树,增强林缘线的曲折变化。林下配置一种或多种开花的耐阴或半耐阴的草本花卉,以及低矮开花繁茂的耐阴灌木。为了提高林下景观的艺术效果,水平郁闭度不可太高,最好在0.7～0.8,以利地下植被正常生长和增强可见度。

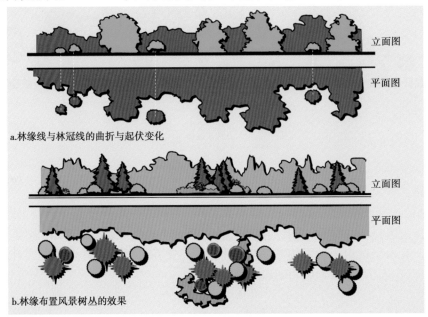

a.林缘线与林冠线的曲折与起伏变化

b.林缘布置风景树丛的效果

图2.42　风景林林缘的处理

图2.43　单纯林

②混交密林:是一个具有多层结构的植物群落,不同植物类型根据自己的生态要求,形成不同的层次,其季相变化比较丰富。供游人欣赏的林缘部分,其垂直层构图要十分突出,但也不能全部塞满,影响游人欣赏林下特有的幽邃深远之美(图2.44)。密林可以有自然路通过,但沿路两旁垂直郁闭度不可太大,必要时可以留出空旷的草坪,或利用林间溪流水体,种植水生花卉,也可以附设一些简单构筑物,以供游人做短暂的休息或躲避风雨之用。

密林种植,大面积的可采用片状混交,小面积的多采用点状混交。要注意常绿与落叶、乔木与灌木林的配合比例,还有植物对生态因子的要求等,混交密林中一般采用常绿树占40%～80%、落叶树占20%～60%、花灌木占5%～10%。

图2.44　混交密林

　　单纯密林和混交密林在艺术效果上各有特点,前者简洁壮观,后者华丽多彩,两者相互衬托,特点突出,因此不能偏废。从生物学的特性看,混交密林比单纯密林好,园林中纯林不宜太多。

　　(2)疏林　水平郁闭度在0.4～0.6,常与草地结合,故又称草地疏林,是园林中应用最多的一种形式。疏林中的树种应具有较高的观赏价值,树冠应开展,树阴要疏朗,生长要强健,花和叶的色彩要丰富,枝条要曲折多变,树干要好看,常绿与落叶树搭配要合适。树木的种植要三五成群,不污染衣服,尽可能让游人在草坪上活动。作为观赏用的嵌花草地疏林,应该有路可通,不能让游人在草地上行走,为了能使林中花卉生长良好,乔木的树冠应疏朗一些,不宜过分郁闭。

7.绿篱

　　凡是由灌木或小乔木以近距离的株行距密植,栽成单行或双行的,其结构紧密的规则种植形式,称为绿篱或绿墙。

1)绿篱的功能

　　(1)防护与界定功能　绿篱最古老、最原始、最普遍的作用是防范作用;绿篱的防护和界定功能是绿篱最基本的功能,一般采用刺篱、高篱或在篱内设置铁丝的围篱形式,一般不用整形,但观赏要求较高或进出口附近仍然应用整形式。绿篱可用作组织游览路线,不能通行的地段,如观赏草坪、基础种植、果树区、规则种植区等用绿篱加以围护、界定,通行部分则留出路线(图2.45)。

图2.45　绿篱防护与界定

　　(2)分割空间和屏障视线　作为规则式园林的区划线,规则式园林中,常以中绿篱作为分界线,以矮篱作为花境的镶边。花坛和观赏性草坪的图案花纹,作为屏障和组织空间之用。园林中常以绿篱屏障,分隔组成不同功能的空间,园林的空间有限,往往又需要安排多种活动用地。为减少互相干涉,常用绿篱或绿墙进行分区和屏障视线,以便分割不同的空间。这种绿篱最好用常绿树组成高于视线的绿墙,如把综合性公园中的儿童游乐区、露天剧场、体育运动区与安静休息区分割开来,这样才能减少相互干扰(图2.46)。在混合式绿地中的局部规则式空间,也可用绿墙隔离,使风格对比强烈的两种布局形式彼此分开(图2.47)。

图 2.46　绿篱将活动空间与其他区域分割　　　图 2.47　绿篱将规则式空间与自然式空间分割

　　(3)作为花境、喷泉、雕像的背景　园林中常用常绿树修剪成各种形式的绿墙,作为喷泉和雕像的背景,其高度一般要高于主景,色彩以选用没有反光的暗绿色树种为宜。作为花境背景的绿篱,一般为常绿的高篱和中篱(图2.48)。

图 2.48　绿篱做背景

　　(4)美化挡土墙或建筑物墙体　绿篱可美化挡土墙,在园林绿地中,有高差的两地间的挡土墙前面为避免其立面上的单调,常种植绿篱,使挡土墙的立面得以美化,起到立体的装饰作用。在各种绿地中,为避免挡土墙和建筑物墙体的枯燥,常在其前方栽植绿篱,避免硬质的墙面影响园林景观(图2.49)。一般用中篱或矮篱,可以是一种植物,也可以是两种以上植物组成高低不同的色块(图2.50)。

图2.49　绿篱做基础装饰　　　　　　　　图2.50　绿篱美化建筑物墙体

2) 绿篱的分类及其特点

（1）根据高度不同分类　绿篱可分为绿墙、高绿篱、中绿篱、矮绿篱（表2.1）。

表2.1　按高度划分绿篱的类型及植物选择

分类	功能	植物特性	可供选择的植物材料
矮绿篱 <0.5 m	构成地界；形成植物模纹，如组字、构成图案；花坛、花境镶边	植株低矮，观赏价值高或色彩艳丽，或香气浓郁，或具有季相变化	小叶黄杨、矮栀子、六月雪、紫叶小檗、月季、夏娟、龟甲冬青、雀舌黄杨、金山绣线菊、金焰绣线菊、金叶莸、金叶女贞等
中绿篱 0.5~1.2 m	分割空间（但视线仍然通透）、防护、围合、建筑基础种植	枝叶密实，观赏效果较好	栀子、金叶女贞、小蜡、海桐、火棘、构骨、红叶石楠、洒金桃叶珊瑚变叶木、绣线菊、胡颓子、茶梅等
高绿篱 1.2~1.8 m	划分空间，遮挡视线，构成背景，构成专类园，如迷园	植株较高，群体结构紧密，质感强	法国冬青、大叶女贞、桧柏、榆树、锦鸡儿等
绿墙 >1.8 m	替代实体墙用于空间围合，多用于绿地的防范、屏障视线、分隔空间等	植株高大，群体结构紧密，质感强	龙柏、法国冬青、女贞、山茶、石楠、侧柏、桧柏、榆树等

（2）根据功能要求与观赏要求不同分类　绿篱分类见表2.2。

表2.2　按观赏特性和功能划分绿篱的类型及植物选择

分类	功能	植物特性	可供选择的植物材料
常绿篱	阻挡视线、空间分割、防风	枝叶密集、生长速度较慢、有一定的耐阴性的常绿植物	侧柏、桧柏、圆柏、龙柏、大叶黄杨、翠柏、冬青、珊瑚树、蚊母、小叶黄杨、海桐、月桂、茶梅、杜鹃等
落叶篱	分割空间、围合、建筑基础种植	春季萌芽较早或萌芽力较强的植物	榆树、丝绵木、小檗、紫穗槐、沙棘、胡颓子

续表

分 类	功 能	植物特性	可供选择的植物材料
花篱	观花、划分空间、围合、建筑基础种植	多数开花灌木、小乔木或者花卉材料,最好兼有芳香或药用价值	绣线菊、锦带花、金丝桃、迎春、黄馨、栀子花、木槿、紫荆、米兰、九里香、月季、贴梗海棠、棣棠、珍珠梅、溲疏等
彩叶篱	观叶,空间分割、围合、建筑基础种植	以彩叶植物为主,主要为红叶、黄叶、紫叶和斑叶植物,能改善园林景观,在少花的冬秋季节尤为突出	金叶女贞、紫叶小檗、洒金桃叶珊瑚、金边大叶黄杨、红叶石楠、金森女贞、金山绣线菊、金叶小檗、金边桑、黄斑变叶木、红桑、彩叶杞柳
果篱	观果,吸引鸟雀,空间分割、阻挡视线等	植物果形、果色美观,最好经冬不落,并可以作为某些动物的食物	枸杞、冬青、枸骨、火棘、枸桔、忍冬、沙棘、荚蒾、紫衫等
刺篱	避免人、动物的穿越,强制隔离,防范	植物带有钩、刺等	玫瑰、月季、黄刺玫、山皂荚、枸骨、山花椒等
蔓篱	防范和划分空间	攀援植物,需事先设置供攀附的竹篱、木栅栏或铁丝网篱	金银花、凌霄、山荞麦、蔷薇、鸟萝等
编篱	分隔和划分空间	枝条韧性较好的灌木	紫穗槐、枸杞、雪柳

(3)根据是否修剪分类

①整形绿篱:绿篱修剪成具有几何形体的形式,称为整形篱,一般选用生长慢分枝点低,结构紧密,不需大量修剪或耐修剪的常绿小乔木或灌木,它常用于规则式园林中。

②不整形绿篱:一般不加修剪或仅作一般修剪,分枝点低,下部枝叶保持茂密,呈半自然生长的绿篱,它多用于自然式的园林中。

(4)根据生态习性分类 绿篱可分为常绿绿篱、半常绿绿篱和落叶性绿篱。

3)绿篱的设计

绿篱的造型形式如下:

①整形式绿篱:即把绿篱修剪为具有几何形体的绿篱,其断面常剪成正方形、长方形、梯形、圆顶形、城垛、斜坡形等。整形式绿篱修剪的次数因树种生长情况及地点不同而异。

②不整形绿篱:仅做一般修剪,保持一定的高度,下部枝叶不加修剪,使绿篱半自然生长,不塑造几何形体。

4)绿篱植物的选择和养护

(1)绿篱植物的选择 从本地区的环境条件(气温、日照、土壤条件)出发,选择生长旺盛、抗性强、容易繁殖的植物做绿篱。生长速度缓慢,分枝点低,株丛紧密,萌蘖能力强,耐修剪等。植物材料本身应适合密植,在紧密栽植的条件下仍能正常生长或开花,其次是枝叶茂密。耐修剪和萌芽力强,修剪以后能较快布满枝叶,保持旺盛的生长势。一般绿篱株距为 0.3~0.5 m,行距为 0.4~0.6 m;绿墙的株距为 1~1.5 m,行距为 1.5~2 m。

（2）绿篱植物的养护　　栽植绿篱前要整地,施底肥。放样后挖出种植沟,一般深度为30～50 cm,栽植时期常绿春季及梅雨季节施工较为安全;落叶树种宜在萌动前和落叶后施工。修剪是绿篱的管理措施。每年最少修剪两次,才能维持较稳定的造型,通常根据绿篱植物的生态习性不同,在春季、雨季或晚秋进行。但对于花篱和观果篱来说,则要根据开花习性确定修剪时间。表2.3为绿篱植物应用一览表。

表2.3　绿篱植物应用一览表

中文名称	拉丁学名	科　名	习　性		类　型					备　注
			常绿篱	落叶篱	普通篱	花篱	果篱	刺篱	观叶篱	
大花六道木	Abelia X grandiflora	忍冬科		√		√				
日本冷杉	Abies firma	松科	√		√					高篱
槭	Acer spp	槭树科		√					√	多为高篱
阿穆尔小檗	Berberis amurensis	小檗科		√		√	√	√		
小檗	B. thunbergii	小檗科		√		√	√	√		
刺檗	B. unlgaris	小檗科		√		√	√	√		
雀舌黄杨	Buxus bodinieri	黄杨科	√		√					
小叶黄杨	B. microphylla	黄杨科	√		√					
锦熟黄杨	B. senpervirens	黄杨科	√		√				√	有斑叶品种
黄杨	B. sinica	黄杨科	√		√					
茶梅	Camellia sasanqua	茶科	√			√				
茶	C. sinensis	茶科	√		√					
树锦鸡儿	Caragana arborescens	蝶形花科		√		√		√		
小叶锦鸡儿	C. microphylla	蝶形花科	√			√				
北京锦鸡儿	C. pekinensis	蝶形花科	√			√				
金雀儿	C. rosea	蝶形花科	√			√				
锦鸡儿	C. sinica	蝶形花科	√			√				
日本贴梗海棠	Chaenomeles japonica	蔷薇科		√		√				
贴梗海棠	C. speciosa	蔷薇科		√		√				
日本花柏	Chamaecyparis pisifera	柏科	√		√					
变时木	Codiaeum variegatum	大戟科	√						√	
蜡瓣花	Corylopsis pauciflora	金缕梅科		√		√				
灰栒子	Cotoneaster acutifolia	蔷薇科		√			√			
多花栒子	C. multiflorus	蔷薇科		√			√			
瑞香	Daphne odora	瑞香科	√			√				

续表

中文名称	拉丁学名	科 名	习 性		类 型						备 注
			常绿篱	落叶篱	普通篱	花篱	果篱	刺篱	观叶篱		
小溲香	Deutzia gracilis	山梅花科		√		√				
小花溲香溲疏	D. parviflora	山梅花科		√		√				
溲疏	D. scabta	山梅花科		√		√				多为高篱
蚊母	Distylium racemosum	金缕梅科	√		√					
佘山胡颓子	Elaeagnus argyi	胡颓子科	√				√	√		
胡颓子	E. pungens	胡颓子科	√				√	√		
红脉吊钟花	Enkianthus campanulatus	杜鹃花科	半常绿						√	
吊钟花	E. pungens	杜鹃花科	半常绿			√				多浆植物
大叶黄杨	Euonymus japonicusa	卫矛科	√		√					
柃木	Eurya japonica	茶科	√		√					
霸王鞭	Euphorbia neriifolia	大戟科								
雪柳	Fontanesia fortunei	木犀科		√	√					
连翘	Forsythia suspensa	木犀科		√		√				
金钟花	F. virdissima	木犀科		√		√				
栀子花	Gardenia jasminoides	茜草科	√			√				
扶桑	Hibiscus rosa-sinensis	锦葵科		√		√				
木槿	H. syricus	锦葵科		√		√				
八仙花	Hydrangea macrophylla	八仙花科		√		√				
金丝桃	Hypericum monogynum	金丝桃科	半常绿			√				
金丝梅	H. patulus	金丝桃科	半常绿			√				
沙棘	Hippophae rhannoides	胡颓子科		√		√				
欧冬青（圣诞树）	Ilex aquifolium	冬青科	√			√				
波缘冬青	I. Crenata	冬青科	√		√			√		
冬青	I. Purpurea	冬青科	√		√			√		
茉莉	Jasminum sanbac	木犀科		√		√				
杜松	Juniperus rigida	柏科								
棣棠	Keria japonica	蔷薇科		√		√				
胡枝子	Lespedeza bicolor	蝶形花科		√		√				
多花胡枝子	L. florbunda	蝶形花科		√		√				
杭子梢	L. macrocarpa	蝶形花科		√		√				

续表

中文名称	拉丁学名	科 名	习 性		类 型					备 注
			常绿篱	落叶篱	普通篱	花篱	果篱	刺篱	观叶篱	
日本女贞	Ligustrum japonicum	木犀科	√		√					
女贞	L. lucidum	木犀科	√		√					
水蜡	L. ovalifolium	木犀科		√	√					
卵叶女贞	L. ovalifolium	木犀科	半常绿		√					
小叶女贞	L. sinense	木犀科	半常绿		√					
小蜡	Lonicera japonica	木犀科	半常绿		√					
金银花	L. sempervirens	忍冬科	半常绿			√				
贯月忍冬	L. sempervirens	忍冬科	半常绿			√				
十大功劳	Mahonia fortunei	小檗科	√		√					
日本十大功劳	M. japonica	小檗科	√							
南天竹	Nandina domestica	小檗科	√			√	√			多为高篱
刺桂	Osmanthus heterophyllus	木犀科	√				√		√	多为高篱
椤木	Photinia davidsoniae	蔷薇科	√							多为高篱
光叶石楠	P. glabra	蔷薇科	√		√					
倒卵叶石楠	P. lasiogyna	蔷薇科	√		√					高篱
石楠	P. serrulata	蔷薇科	√				√		√	
早园竹	Phyllostachys propinqua	禾本科	√		√					
马醉木	Pieris japonica	杜鹃花科	√			√				高篱
菲白竹	Sasa fortunei	禾本科	√						√	
罗汉松	Podocarpus macrophyllus	罗汉松科	√		√					
枸桔	Poncirus trifoliata	芸香科		√				√		
金露梅	Potentilla fruticosa	蔷薇科		√		√				
桂樱	Prunus laurocerasus	蔷薇科	√			√				
窄叶火棘	Pyracanths angustifolia	蔷薇科	√				√			
全缘火棘	P. atalantioides	蔷薇科	√				√			
火棘	P. fortuneana	蔷薇科	√				√			
石斑木	Raphiolepis indica	蔷薇科				√				
野蔷薇	Rosa maliiflora	蔷薇科		√		√		√		
翅刺峨眉蔷薇	R. omeiensis f. ptercantha	蔷薇科		√				√		
玫瑰	R. mgosa	蔷薇科		√		√		√		

续表

中文名称	拉丁学名	科　名	习　性		类　型					备　注
			常绿篱	落叶篱	普通篱	花篱	果篱	刺篱	观叶篱	
黄刺梅	R. xanthina	蔷薇科		√		√		√		
石岩杜鹃	Rhododendron dbtusum	杜鹃花科	半常绿			√				
杜鹃	R. simsii	杜鹃花科		√		√				
桧柏	Sabina chinensis	柏科	√		√					
雀梅藤	Sageretia theeians	鼠李科		√						
大月雪	Serissa japonica	茜草科	半常绿			√				
山地六月雪	S. serissoides	茜草科	半常绿			√				
蓝丁香	Syringa meyeri	木犀科		√		√				
小叶丁香	S. microphlla	木犀科		√		√				
华丁香	S. chinensis	木犀科		√		√				
珍珠绣球	Spiraea blumei	蔷薇科		√		√				
中华绣线菊	S. chinensis	蔷薇科		√		√				
粉花绣线菊	S. japonica	蔷薇科		√		√				
石棒绣线菊	S. media	蔷薇科		√		√				
柳叶绣线菊	S. salicifolia	蔷薇科		√		√				
三丫绣球	S. trilobata	蔷薇科		√		√				
菱叶绣线菊	S. vanhouttei	蔷薇科		√		√				
紫杉	Taxus cuspidata	红豆杉科	√		√					高篱
矮紫杉	Taxus cuspidata cv. Nana	红豆杉科	√		√					
榆枬	Ulmus pumila	榆科		√	√					高篱
珊瑚枬	Viburnum awabuki	忍冬科	√		√					
欧洲荚蒾	V. lantana	忍冬科		√		√	√			
欧洲琼花	V. opulus	忍冬科		√				√		

乔木和灌木景观
设计 8 任务实施

1. 选择适宜的园景树

在本案例中,综合分析绿化地的气候、土壤、地形等环境因子及园林植物景观的需要,利用植物景观设计基本方法和树木景观的配置形式,创作宜人的植物景观,满足游人游憩和赏景的需要。树种选择时,乔灌木、常绿或落叶树相互搭配,层次和季相要有变化,可以考虑的园景树有:黑松、香樟、白皮松、日本五针松、榉树、银杏、鸡爪槭、合欢、垂柳、日本早樱、合欢、栾树、白玉兰、刚竹、蜡梅、桂花、垂丝海棠、紫薇、木槿、华盛顿棕榈、加纳利海枣、八角金盘、山茶、春鹃、夏娟、花叶锦带花、金丝桃、石楠、紫叶李、紫藤、梅花、桃花等。

2.确定配置技术方案

在选择好园景树树种的基础上,确定其配置方案,绘出树木景观初步设计平面图(图2.51)。本小游园的树木景观配置形式为混合式,采用孤植、列植、丛植、群植、绿篱等方式。

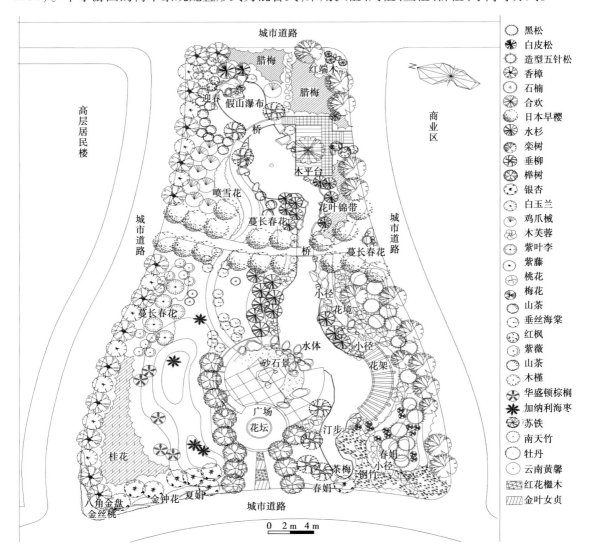

图2.51　街道小游园树木景观初步设计平面图

知识拓展

园林植物的栽培与养护

1. 园林乔灌木栽植与养护

乔灌木栽植工程的特点:在充分了解植物个体的生态习性和栽培习性的前提下,根据规划意图,按照施工的程序和具体实施要求进行操作,才能保证较高的成活率。园林中乔灌木栽植与养护施工程序一般分为:现场准备、定点放线、挖穴、苗木运输、苗木假植、栽植与养护管理等。

1) 施工现场准备

(1) 现场调查　调查施工现场的地上与地下情况。

(2) 清理障碍物　施工现场内,对有碍施工的设施和废弃建筑物应进行拆除和迁移,并予以妥善处理。

(3) 整理地形　对有地形要求的地段,应按设计图纸规定范围和高程进行整理,其余地段应在清除杂草后进行整平,但要注意排水畅通。

2) 现场施工

(1) 定点放线　进行栽植放线前务必认真领会设计意图,并按设计图纸放线。由于乔灌木栽植类型方式各不相同,定点放线的方法也很多,常用的有下面两种。

①规则式栽植放线:成排成列式栽植乔灌木称为规则式栽植(如行道树栽植)。特点是行列轴线明显,株距相等,放线比较简单,可以选在地面上某一固定设施为基点,直接用皮尺定出行位或列位,再按株距定出株位。

②自然式栽植放线:特点是植株间距不等,呈不规则栽植(如公园绿地类型)。常用的方法有:

a. 交会法:以建筑物的两个固定位置为依据,根据设计图上与该两点的距离相交会,定出植株位置,以白灰点表示,适用于范围较小、原有建筑或其他标记与设计图相符绿地。

b. 网格法:按一定比例在设计图上打好方格网,并将其测放到施工现场,再根据乔灌木在图纸方格网中的位置测设到地上进行定位。网格法也称为坐标定点法。

c. 小平板定点法:根据基点将植株位置按设计依次定出,用白灰点表示,适用于范围较大、测量基点准确的绿地。

d. 平行法:适用于带状铺地植物绿化放线,特别是流线型花带实地放线。先定出中线,然后用垂直中线法将花带边线放出,石灰定线。

e. 目测法:对于设计图上无固定点的绿化种植(如灌木丛、树群等),用方格法或仪器测放法划出栽植范围,其中范围内每株树木的栽植位置和排列可根据设计要求在所在范围内用目测法进行定点。定点时应注意植物的生态要求和景观效果。

(2) 设置标桩　为了使栽植的树种、规格与设计效果一致,在定点放线的同时,应在白灰点处钉以木桩,标明编号、树种、挖穴规格。

3) 挖穴

挖穴的质量好坏对植株以后的生长有很大影响,根据所定灰点为中心,沿四周往下挖穴,挖穴的穴径应大于根系或土球直径0.3~0.5 m,形状一般为圆形或正方形,穴口与穴底口径一致。

4)起苗

起苗是种植绿化工程的关键工序之一,起苗的质量好坏直接影响树木的成活率和最终绿化效果,包括准备工程和起苗方法两个部分。

(1)准备工作　选好苗木(挂牌)→灌水(起苗前2~3 d进行)→拢冠(捆拢树冠)→断根(挖深15~20 cm即可)。

(2)起苗方法　起苗方法为裸根法和带土球法。

①裸根法:适用于处于休眠状态的落叶乔木、灌木和藤本。特点:操作简便,节省人力、物力。

②带土球法:土球内须根完好,水分不易散失,有利于苗木成活和生长,适用于常绿树、名贵树木和较大的灌木、乔木。土球大小的确定:直径为苗木地径的7~10倍,灌木苗高的1/3,土球高度为土球直径的2/3。

(3)起苗时间　一般多在秋季休眠以后或者在春季萌芽前进行,也可以在雨季进行。

5)苗木运输

苗木运输也是影响树木成活率的因素,应做到随起、随运、随栽,是保障成活的有力措施。争取在短时间内将苗木运输到施工现场。在条件允许时,尽量做到傍晚起苗,夜间运苗,早晨栽植,这样可以减少风吹日晒,防止水分散失,有利于苗木成活率。

6)苗木假植

苗木运到施工现场后,未能及时栽植或未栽完时,视离栽植时间长短应采取“假植”措施。

(1)裸根苗木的假植

①覆盖法:时间短,可用苫布或草袋盖严,并在其上洒水。

②沟槽法:时间长,挖出深0.3~0.5 m,宽0.2~0.5 m,长度视情况而定。树梢应向顺风方向,斜放一排苗木于沟中,然后用细土覆盖根部,不得露根。

(2)带土球苗木的假植　苗木运到施工现场若不能很快栽完,应集中放好,四周培水,树冠用绳拢好。常绿苗木应进行叶面喷水。

7)栽植

(1)修剪　为了减少自然灾害,提高成活率,促进树形的培养,栽植前必须对苗木进行再次修剪。高大乔木应在栽前修剪,小苗灌木可于栽后修剪。剪口必须平滑,最好能及时涂抹防腐剂。

(2)散苗　散苗是将苗木按设计图纸或定点木桩,散放在定植穴旁边的工序。

(3)栽苗　栽植是将苗木植于穴内,分层填土,提苗木到合适高度,踩实固定的工序。

①裸根苗木的栽植:将苗木置于穴中央扶直,填入表土到一半时,将苗木轻轻提起,使根茎部位与地表相平,保持根系舒展,踩实,填土直到穴口处,再踩实,筑土堰。

②带土球苗木的栽植:土球入穴口,填土固定,扶植树干。剪开包装材料并尽量取出,填土至一半时,用木棍将土球四周夯实,再填土到穴口,夯实(不要砸碎土球),筑土堰。

③栽植的要求:

a.栽植的位置应符合设计要求。

b. 裸根苗木的栽植深度比原根茎土痕深 5～10 cm;带土球苗木比土球顶部深 2～3 cm;灌木则与原根茎土痕平齐。

c. 要注意树冠朝向,尽可能将树冠丰满完整的一面朝主要观赏方向。

d. 对于树干弯曲的苗木,其弯口应朝向当地主导风向。

e. 对于行列式栽植,应先在两端或四角栽上标准株,然后瞄准栽植中间各株。

8)养护管理

养护管理是保证成活的关键环节,必须予以足够的重视。

(1)立支柱　较大苗木为防止被风吹倒,应立支柱支撑,采用木杆或竹竿,长度为树高的 $\frac{1}{3}$～$\frac{1}{2}$ 处,支柱下端打入土中 20～30 cm。立支柱的方式有单支式、双支式、三支式 3 种。支柱的方位与当地主导风向相适应。

(2)浇水　栽植后 24 h 内必须浇水一遍,隔 2～3 d 后浇第 2 遍透水,隔 7 d 后浇第三遍水,以后 2 周浇一次,直到成活。

(3)扶正、中耕、封堰

①扶正:浇完第一次水后次日检查苗木是否歪斜,发现后及时扶正,并用细土将堰内缝隙填严,将苗木固定好。

②中耕:在浇前 3 遍水之间,待水分渗透后,将土堰内的表土锄松,以利保墒。

③封堰:铲去土堰,填入堰内,一般在浇完 3 遍水后进行。有利于保墒,防止风吹摇动。

(4)其他养护管理　包括围护、复剪、清理施工现场。

2.大树移植的施工与养护

大树移植在城市园林绿化建设中具有重要意义。有些重点工程,往往要求在较短时间就要体现绿化美化的效果。如新建公园、小游园、宾馆、饭店等重点大工程经常考虑采用大树移植的方法,使绿化尽快见效。

大树是指干径在 10 cm 以上,高度在 4 m 以上的大乔木,树种不同,可有所差异,对这些树种进行移栽的过程称为大树移植工程。大树由于树龄大、根深、干高、冠大,水分蒸发量较大,为保证移植后的成活率,在大树移植时,必须采取科学的方法,遵守一定的技术规程,以保证施工质量。

1)大树移植季节

(1)春季移植　早春是一年四季中最佳移植时间,成活率最高。

(2)夏季移植　最好在南方的梅雨期和北方的雨季进行,适用于带土球针叶树的移植。

(3)秋冬季移植　深秋及初冬,从树干落叶到气温不低于 -15 ℃ 的这段时间树木虽处于休眠状态,但地下根系尚未完全停止活动,这时移植有利于损伤根系的愈合,成活率较高。尤其在北方寒冷地区,易于形成坚固的土球,便于装卸和运输,同时也节省包装材料,但要注意防寒保护。

2)前期准备工作

(1)选树　根据设计规定的树种规格、树高、冠幅、胸径、姿态、花色、长势等进行选树,并编号。

(2)预掘　目的是促进树木的须根生长,利于移植后成活。方法有:

①多次移植:适用于专门培养大树的苗圃中。

②预先断根法:适用于一些野生大树或一些具有较高观赏价值的树木,这个方法常用。一般在移植前1~3年的春季或秋季,以树干为中心,2.5~3倍胸径或以较小于移植前时土球尺寸为半径划一个圆或方形,再在相对的两面向外挖30~40 cm的沟,然后用砂壤土或壤土填平,分层踩实,定期浇水,这样便会在沟中长出许多须根。第二年的春季或秋季又以相同的方法挖掘另外相对的两面,第三年便可移走。

③根据环状剥皮法:同断根法挖沟,但不切断大根,而采取环状剥皮的方法,剥皮的宽度为10~15 cm,这样也能促进须根生长。

(3)大树修剪

①修剪枝叶:为大树修剪的主要方式,凡病枯枝、过密交叉枝、徒生长枝、赶拢枝均应剪去,修剪量根据季节、气候、绿化要求而定。

②摘叶:为了减少蒸腾,可摘去部分树叶。移植时即可萌发出新芽。

③摘心:为了促进侧枝生长,控制主枝生长,可摘去顶芽。

④摘心、摘果:为了减少养分消耗,移植前应适当地摘去一部分花、果。

(4)定向枝柱　定向是在树干上标记出南北方向,使其在移植后能按原方向栽植。为了防止挖掘时树身倒伏,在挖掘前应立支柱支护。

(5)运输准备　由于大树移植所带土球较大,一般应配备吊车。

3)移植方法

(1)软材包装移植法　该法适用于移植胸径10~15 cm,土球直径不超过1.3 m的大树。一般工序为:

①挖掘土球;

②修整土球;

③包装土球;

④吊装运输;

⑤卸车;

⑥栽植。

(2)木箱包装移植法　该法适用于移植胸径15~30 cm,土球直径超过1.3m的大树。可以保证吊装运输安全而不散坨。

①移植时间:由于利用木箱包装,除新梢生长旺盛期外,一年四季均可进行移植。但为了确保成活率,还是应该选择适宜季节进行移植。

②机具准备:准备好需用的全部工具、材料、机械和运输车辆等。

③掘苗及包装

a.画线挖沟:以树干为中心,确定的土台尺寸大10 cm,画一正方形作为土台的外形轮廓线,沿此线的外开沟挖掘,沟宽0.6~0.8 m,沟深挖至土台高度即可。

b.修整土台:将土台四周修理平整,使土台每边比箱板长5 cm,使土台侧壁中间略微突出,以使上完箱板后,箱板能紧贴土台。

c.安装箱板。

d.支稳掏底,安装底板。

e.安装上板。

(3)机械法移栽　即用树木移植机(也称树铲)移栽。可以连续完成挖栽植坑、起树、运输、栽植等全部移植作业。主要用来移植带土球的树木。机械法移栽劳动强度低,安全高效,树木的成活率也高。

4)吊装运输

(1)吊装　起重机吊装(木箱包装的吊装,土球的吊装)和滑车吊装。

(2)运输　装车时要土块在前,树冠向后。

5)定植大树

(1)准备工作　对场地进行清理和平整,并按设计图纸定点放线,然后挖掘移植坑。尺寸应比土块稍大,坑上下一致。坑壁直而光滑,坑底平整,然后换土和施底肥。

(2)卸车　一般用起重机卸放于定植坑旁。

(3)定植　入穴→支撑→拆包→填土→筑土堰→灌水。

6)养护管理

养护管理对大树能否成活非常重要,所以定植后要做好。

(1)支撑　对冠幅较大的树木,栽后要立即支撑。

(2)浇水　栽后立即浇透水一遍,3 d内浇第2遍水,以后根据天气和灾情确定浇水时机。

(3)包扎树干　减少水分蒸腾过大,用草绳将树干全部包扎起来,早晚各喷水一次,保持湿润一次。

(4)搭设荫棚　为防止夏季过于强烈的日晒,可搭荫棚或挂草帘遮阴。

(5)根系保护　在北方带冻土块移植的树木,定植坑内需进行土面保温。

(6)施肥　移植后的大树为防止早衰和枯黄,或遭受病虫害侵袭,应2～3年在春季或秋季施肥一次。

 **教学效果检查**

1.你是否明确本任务的学习目标?

2.你是否达到了本学习任务对学生知识和能力的要求?

3.你了解园林中的树木与花卉的区别吗?

4.你理解了孤植、对植、丛植、群植、林植、绿篱的含义吗?

5.你能举例说明孤植、对植、丛植、群植、林植、绿篱在绿地中的应用吗?

6.你掌握了乔木和灌木的配置形式吗?

7.你掌握了绿篱的植物选择吗?

8.你熟悉当地常用园林植物的观赏特性和园林应用情况吗?

9.你能运用本节理论知识去调查分析已建成绿地树木景观吗?

10.你能运用本节学习内容进行具体项目的乔灌木景观设计和绘图表现吗?

11.你阅读了学习资源库的内容吗?

12.你是否喜欢这种上课方式?

13.对自己在本学习任务中的表现是否满意?

14. 你认为本学习任务还应该增加哪些方面的内容?

15. 本学习任务完成后,你还有哪些问题需要解决?

任务4　花卉景观设计

花卉景观设计 1

[学习目标]

知识目标:

(1)识记和理解专类花园、花坛、花境、活动花坛等基本的含义。

(2)能进行专类花园、花坛、花境、活动花坛的设计。

技能目标:

(1)应用花卉植物景观设计相关理论分析城市绿地中植物景观的适宜性。

(2)根据花卉景观设计的设计要点进行具体项目的景观的设计和绘图表达。

 工作任务

任务提出(校门花坛景观设计)

如图 2.52 所示,根据花卉景观设计的原则和基本方法及功能要求,选择合适的植物种类和植物配置形式进行植物景观初步设计。

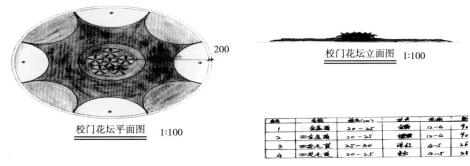

图 2.52　某学校校门口花坛景观设计平面图

 任务分析

根据绿地环境和功能要求选择合适的植物种类进行花卉景观的设计是植物配置师从业人员职业能力的基本要求。在了解绿地的周边环境、绿地的服务功能和服务对象的前提下进行植物景观的设计,首先要了解当地常用园林植物的生态习性和观赏特性,掌握花卉的配置方法和设计要点等内容。

任务要求

(1)花卉的选择适宜当地室外生存条件,满足其景观和功能要求。

(2)正确采用花卉景观构图基本方法,花卉选择合适,配置符合规律。

(3)立意明确,风格独特,图纸绘制规范。

(4)完成校园花坛景观设计平面图一张。

材料及工具

测量仪器、手工绘图工具、绘图纸、绘图软件(AutoCAD)、计算机等。

知识准备

花卉种类繁多,色彩鲜艳,繁殖容易,生育周期短,因此花卉是园林绿地中常用作重点装饰和色彩构图的植物材料,布置于出入口、广场的装饰,公共建筑附近的陪衬和道路两旁及拐角、树林边的点缀。花卉的种植形式有:专类花园、花坛、花境、花丛和花群、花台和花池以及活动花坛等。

1. 专类花园

一类是把同一属内不同种或同一个种内不同品种的花卉,按照它们的生态习性、花期的早晚的不同以及植株高低和色彩上的差异等种植在同一个园子,常见的专类花园有:月季园、丁香园、牡丹园、鸢尾园、杜鹃园等(图2.53)。

另一类是把同一个科或不同科的花卉,但具有相同的生态习性或花期一致,种植在同一园子里。常见的专类花园有:岩石园或高山植物专类园、水生植物专类园、多浆类植物专类园等(图2.54)。

专类花园通常由所搜集植物种类的多少、设计形式不同,建成独立性的专类公园;也可在风景区或公园里专辟一处,成为一独立景点或园中之园。中国的一些专类花园还常用富有诗意的园名点题,来突出赏花意境,如用"曲院风荷"描绘出赏荷的意境。专类花园的整体规划,首先应以植物的生态习性为基础,进行适当的地形调整或改选;平面构图可按需要采用规划式、自然式或混合式。在景观上既能突出个体美,又能展现同类植物群体美。在种植设计上,既要把不同花期、不同园艺品种植物进行合理搭配来延长观赏期,还可运用其他植物与之搭配,加以衬托,从而达到四季有景可观的效果。专类花园在景观上独具特色,能在最佳观赏期集中展现同类植物的观赏特点,给人以美的感受。

2. 花坛

花坛是一种古老的花卉应用形式,源于古罗马时代的园林,16世纪在意大利园林中广泛应用,17世纪在法国凡尔赛宫中达到高潮。花坛是在具有几何形轮廓的植床内种植各种不同色彩的花卉,运用花卉的群体效果来体现图案纹样,或观赏盛花时绚丽景观的一种花卉应用形式。它以突出鲜艳的色彩或精美华丽的纹样来体现其装饰效果。花坛在环境中可作为主景,也可作为配景。花坛的应用越来越广泛,形式也是多种多样。

花卉景观设计2

图2.53　专类花园

图2.54　专类花园

1)花坛的类型

　　(1)根据规划设计形式分类　　可分为:独立花坛、花坛群、花坛组群、带状花坛群、连续花坛群。

①独立花坛:在园林构图中作为局部的主体,常布置在建筑广场的中心、小型或大型公共建筑正前方、公园出入口的空旷处、道路的交叉口等地。独立花坛的平面构成总是对称的几何形状,有单面对称,也有多面对称。独立花坛以观赏为主,花坛内不设道路,所以为了使观赏纹样清晰,其面积也不宜过大,独立花坛的位置可布置在平面或斜坡上(图2.55)。

图2.55　独立花坛

②花坛群:是指由多个个体花坛组成的一个不可分隔的构图整体,个体花坛间为草坪或铺装地,并且个体花坛间的组合有一定的规则,表现为单面对称或多面对称,其构图中心可是独立花坛,还可配以其他园林景观小品,如水池、喷泉、纪念碑、园林雕塑,等等。花坛群常布置在建筑广场中心、大型公共建筑前面或规则式园林的构图中心(图2.56)。

图2.56　花坛群

③花坛组群:由几个花坛群组合成为一个不可分割的构图整体时,这个构图整体就称为花坛组群。花坛组群的规模要比花坛群更大。花坛组群通常布置在城市大型建筑广场上、大型的公共建筑前面,或是在大规模规则式园林中,花坛组群的构图中心是大型的喷泉、水池、假山、雕像(图2.57)。

④带状花坛群:带状花坛群是指宽度在1 m以上,长比宽大4倍以上的长条形花坛。带状花坛群是连续构图,在连续风景中带状花坛群可作为主体来运用,也可作为配景,如草坪花坛的镶边、道路两侧或建筑的墙基的装饰(图2.58)。带状花坛可以是模纹式、花丛式或标题式。

图 2.57　花坛组群

图 2.58　带状花坛群

⑤连续花坛群:许多个独立花坛或带状花坛,成直线排列成一行,组成一个有节奏规律的不可分割的构图整体时,称为连续花坛群。通常布置在两侧为通路的道路、林荫道、大型的铺装广场、草地上等。连续构图中,要有起点、高潮、结束等安排,常常用水池、喷泉、雕塑园林小品等来强调装饰(图 2.59)。

图 2.59　连续花坛群

(2)按表现主题不同分类　可分为:盛花花坛、模纹花坛、标题花坛、装饰物花坛。

①盛花花坛:盛花花坛是以观花草本植物花朵盛开时,花卉本身群体的华丽色彩为表现主题,选择盛花花坛栽植的花卉必须开花繁茂,在花朵盛开时,植物的枝叶最好全部为花朵所掩盖。所以花卉的花期必须一致。盛花花坛可以是由一种花卉的群体组成,也可以由好几种花卉的群体组成。盛花花坛由于平面长和宽的比例不同又可以分为:

a.花丛式花坛:花坛的长度与宽度的比在1:1到1:3之间,可以是平面的,也可以是立体的。这种花坛一般总是作为主景应用,放置在广场中央、建筑物正前方。

b.带状花丛花坛:作为配景或作为连续风景中的独立构图,其宽度一般有1 m以上,一般有一定的高出地面的植床,植床的周边由边缘石装饰起来。布置在城市街道、道路两侧。

c.花缘:花缘的宽度,通常不超过1 m以上,长轴的长度比短轴要大4倍以上。花缘由单独一种花卉做成,不作为主景处理,仅作为花坛、带状花坛、草坪花坛、草地、花境、道路、广场基础栽植等镶边之用。

②模纹花坛:包括毛毡式花坛、带状模纹花坛、采结式花坛、浮雕花坛等。

a.毛毡式花坛:应用各种观叶植物,组成精美复杂的装饰图案。花坛的表面常修剪得十分平整,成为平面或和缓的曲面,整个花坛好像是一块华丽的地毯,所以称为毛毡式花坛。红绿苋是毛毡式花坛中最理想的材料。也可以选择其他低矮的观叶植物,或花期较长花朵较小又密的低矮观花植物来组成,植物必须高矮一致,花期一致,而且观赏期要长,一般不常用。

b.采结式花坛:纹样主要是模拟由绸带编成的绳结式样而来。主要应用锦熟黄杨、紫罗兰、百里香、薰衣草等,按照一定的图案纹样种植起来,成为结子的纹样,要求图案的线条粗细都相等。绳结与绳结之间用其他植物材料。

c.浮雕花坛:浮雕花坛的装饰纹样一部分凸出于表面,另一部分凹陷好像木刻和大理石的浮雕一般。通常凸出的纹样由常绿小灌木组成,凹陷的平面栽植低矮的草本植物。

③标题花坛:标题花坛主要包括以下类型,每类都具有明确的表现主题。

a.文字花坛:最好设计在斜面上。

b.肖像花坛:技术难度最大。

c.图徽花坛:图徽是庄严的,设计必须严格符合比例尺寸,不能任意改动。

d.象征性图案花坛:图案要有一定的象征意义,但并不是像图徽花坛那样具有庄重及固定不变的意义,图案可以由设计者任意改变。

④装饰物花坛:装饰物花坛也是模纹花坛的一种类型,但是这些花坛具有一定实用的目的,包括日晷花坛、时钟花坛、日历花坛、毛毡瓶饰等。

(3)根据构图形式分类　可分为:规则式、自然式、混合式。

(4)按形态分类　可分为:平面花坛、主体花坛、花拱形体、组合花坛。

①平面花坛:花坛表面与地面平行,主要观赏花坛的平面效果,包括沉床花坛或稍高出地面的花坛。

②斜面花坛:花坛设置在斜坡或阶地上,也可以布置在建筑的台阶两旁或台阶上,花坛表面为斜面,是主要观赏面。

③立体花坛:立体花坛除了有平面上的表现能力外,立体花坛向空间伸展,具有竖向景观,常包括造型花坛、标牌花坛等形式。造型花坛是采用模纹花坛的手法,运用五色苋或小菊等草本观叶植物制成各种造型物,如动物、花篮、花瓶、亭、塔等。标牌式花坛是用植物材料组成的竖向牌式花坛,多为一面观,使图案成为距地面一定高度的垂直或斜面的广告宣传牌样式。

(5)按观赏季节分类　可分为:春花花坛、夏花花坛、秋花花坛、冬花花坛。

(6)按空间位置分类　可分为:平面花坛(图2.60)、斜面花坛、立体花坛(图2.61)。

图 2.60　平面花坛

图 2.61　立体花坛

（7）按花坛的观赏期长短不同分类　可分为：永久性花坛、半永久性花坛、季节性花坛、节日性花坛。

①永久性花坛：利用露地常绿木本植物、草坪和彩砂做的模纹花坛，是观赏期最长的花坛。这类花坛每年只要定期修剪、施肥，可以维持 10 年以上，在大面积的花坛群中应用最经济。这类花坛在纹样上虽然可以丰富，但色彩构图上不够华丽。

②半永久性花坛：

a. 以草坪花坛为主体，在草坪上用花卉点缀一些花纹或镶边的花坛。花卉是花叶兼美的常绿露地多年生花卉，通常管理只需稍加修剪并用利刀切去草皮的边缘及灌溉、施肥等。

b. 以常绿木本植物为主体，配以花叶兼美的露地多年生宿根花卉组成的花坛，观赏期可达 3 ~ 5 年。在管理上比永久性花坛费事些，但是色彩上可以华丽一些。

③季节性花坛：这类花坛维持的时间最长是 1 年，一般为 2 ~ 3 月，主要是由一年生的草本植物组成。多年生草本植物如果应用，也是短期的应用。这是最常见的花坛设计形式。

④节日性花坛：这是目前比较流行的一种形式，观赏期一般为 15 d 左右，多以活动花坛的形式出现。

2）花坛的设计

花坛的设计从花坛的应用方式来看有两种：即盛花花坛（突出色彩美）和模纹花坛（突出图案美）。

（1）盛花花坛的设计

①植物选择：适合作花坛的植物株丛紧密，花繁茂，要求花期长，开放一致，至少保持一个季节的观赏期。不同种花卉群体配合时，还要考虑花的质感相协调才能获得较好的效果，植株高度依种类不同而异，但以选用 10 ~ 40 cm 高度为宜，同时要移植容易，缓苗较快。以观花草本为主体，可以用一二年生花卉，也可用多年生球根或宿根花卉。可适当选用少量常绿及观花小灌木作辅助材料。

a. 一二年生花卉为花坛的主要材料，种类繁多，色彩丰富，成本较低。常用的有三色堇、金盏菊、金鱼草、紫罗兰、福禄考、石竹类、百日草、一串红、万寿菊、孔雀草、美女樱、凤尾鸡冠、翠菊、菊花等。

b. 球根花卉也是盛花花坛的优良材料，色彩艳丽，开花整齐，但成本较高。常用的有水仙类、郁金香、风信子等。

②色彩设计：盛花花坛表现的主题是花卉群体的色彩美，因此在色彩设计上要精心选择不

同花色的花卉巧妙搭配。一般要求鲜明、艳丽。盛花花坛常用的配色方法有:对比色应用;暖色调应用;同色调应用。

③图案设计:外部轮廓(即种植床)主要是几何图形或几何图形的组合。花坛大小要适度,一般观赏轴线以 8～10 m 为度。内部图案要简洁,纹样明显,要求有大色块的效果。

(2)模纹花坛的设计　模纹花坛主要表现植物群体形成的华丽纹样,要求图案纹样精美细致,有长期的稳定性,可供较长时间的观赏效果。

①植物选择:植物的高度和形状都与模纹花坛表现有密切关系,而且是选择植物材料的重要依据。低矮、细密的植物才能形成精美细致的华丽图案。因此模纹花坛材料要求:以生长缓慢的多年生植物为主;以枝叶细小、株丛紧密、萌蘖性强、耐修剪的观叶植物为主。通过修剪可使图案纹样清晰,并维持较长的观赏期。若植株矮小或通过修剪可控制在 5～10 cm,选择耐移植、易栽培、缓苗快的材料。用于模纹花坛的植物:五色苋类、白草、香雪球、三色堇、雏菊、半支莲、矮翠菊、孔雀草、矮一串红、矮万寿菊、荷兰菊、彩叶草及四季秋海棠等。

②色彩设计:模纹花坛的色彩设计应以图案纹样为依据,用植物的色彩突出纹样,做到清晰而精美。

③图案设计:模纹花坛以突出内部纹样精美华丽为主,因而植床的外轮廓以线条简洁为宜,面积不宜过大,否则在视觉上易造成图案变形的弊病。内部纹样可较盛花花坛精细复杂一些,但点缀或纹样不可过于窄细。因为花坛内部纹样过窄则难于表现图案,纹样粗宽色彩才会鲜明,使图案清晰。如文字花坛、肖像花坛、图徽花坛、象征性图案花坛、日晷花坛、时钟花坛及日历花坛等都是模纹花坛。

花坛的体量、大小也应与花坛的设置广场、出入口及周围建筑的高低成比例,一般不应超过广场面积的 1/3,不小于广场面积的 1/15。花坛中心宜选用高大而整齐的花卉材料,如美人蕉、扫帚草、毛地黄、高金鱼草;也有用树木的,如苏铁、蒲葵、凤尾兰、雪松、云杉及修剪的球形黄杨、龙柏。花坛的边缘常用矮小的灌木绿篱或常绿草本作镶边栽植,如雀舌黄杨、紫叶小檗、葱兰、沿阶草等。

3)花坛施工和养护

(1)平面花坛的施工

①整理地床:首先深翻整地。新床需要把床内土壤过筛,除去大的砖块、瓦片和垃圾等,加入腐熟的堆肥,使花坛植床成为花卉生长的良好场所。如果土质过差,需要换土,或加入适量腐殖土、泥炭土改良土质。有条件最好进行土壤消毒。

②放线:按设计图样及比例在植床上放线。放线工具可用绳子、木制直尺、皮尺、木桩及木圆规。拉线或画线后用干沙、木屑等做标志。花坛纹样复杂,直接放线不易准确或不便放线时,可直接用报纸或纸板盖在地上,镂空部分可洒白沙等标明,或者直接可勾画出图案轮廓。

③栽苗:在阴天或傍晚进行较为理想。提前两天将花圃地浸湿,以便起苗时少伤根。一般要带小土团,然后装于周转箱或竹筐中,运往施工地点。根据运输距离长短,采取不同的保护措施。按图案纹样,从里向外,先上后下栽种。栽苗时需根据设计要求选择植物,并不断调整,以准确表达图案纹样。模纹花坛,一般先种出图案轮廓,然后栽种内部的纹样。栽后立即浇透水,隔一天再浇一次,连续浇 3 次水,以保证成活。

(2)立体花坛的施工

①造型花坛:根据设计造型,先用石膏或泥做成小样,确定比例关系。然后按比例放大尺寸

做成造型骨架。造型的曲面可固定小木板。如果造型物高大,施工方便,可在周围搭脚手架,然后用稻草和泥铺到木板上,泥厚度要求 5～10 cm。做出造型要求的面,再用蒲席或麻包包在外部,用铁丝扎牢。再用竹片打孔,栽植五色草苗。先种花纹的边缘轮廓,勾出轮廓后再种内部纹样,施工完毕,浇一次透水,以后要保持适度浇水,并根据具体情况采取其他管理措施。部分纹样上花苗死亡要及时更换,还要及时剔除杂草,对观赏期较长的花坛用花可追施尿素。或者用钢筋、竹、木为骨架,在其上覆盖泥土,种植五色苋、黑麦草等观叶植物,创造成植物雕塑(图2.62)。

图 2.62 立体花坛

②标牌花坛:标牌花坛多用五色草类植物制成。把塑料箱装好培养土,依次放置在平面上,形成一整体植床,在上面按设计纹样放线,标出纹样上植物种类。然后按纹样要求分箱栽入五色草苗或者用钢棍、钢管搭成竖立的骨架,依情况在钢架上固定木板或直接绑扎塑料箱把编号依次序安装在立架上,显现整体纹样。固定方法多样,一般是从架子下部开始,用细铁丝从塑料箱表面拉过,固定于箱下的钢管上或木板的钉子上。日常管理主要是浇水。

3. 花境

花卉景观设计 3

花境是模拟自然界林地边缘地带多种野生花卉交错生长的状态。在园林中,不仅增加自然景观,还有分隔空间和组织游览路线的作用。花境在设计形式上是沿着长轴方向演进的带状连续构图,带状两边是平行或近于平行的直线或是曲线。其基本构图单位是一组花丛,每组花丛通常由 5～10 株花卉组成,一种花卉集中栽植。平面上看各种花卉的块状混植;立面上看高低错落,犹如林缘边的野生花卉交错生长的自然景观。由各种花卉共同形成季相景观,每季以2～3种花卉为主,形成季相景观;植物材料以耐寒的可在当地越冬的宿根花卉为主,间植一些灌木、耐寒球根花卉,或少量的一二年生草花。

在园林中,花境是一种作为从规则式构图到自然式构图的一种过渡形式,它主要表现园林观赏植物本身所特有的自然美,以及观赏植物自然组合的群体美。具有丰富的季相变化(南方季季有花可赏,北方三季有花可赏,四季常青),管理粗放(栽植后一般 3～5 年不更换)。其平面构成与带状花坛相似,种植床两边平行的直线或有几何规划的曲线。种植床应高出地面,且产生小坡度,以利排水。其长轴较长,短轴较短,所以景观构图是沿着细长轴方向演进的连续风景。植物的选择是以花期较长的多年生花卉及可越冬的观花灌木为主,且应有丰富的季相变化,植物栽植后,一般 3～5 年不更换。

1)根据规划设计形式

(1)单面观赏花境 配置成一斜面,低矮的植物种在前面,高的种在后面,常常以建筑物或绿篱作为背景,背景的高度可以超过人的视线,但也不能超过太多(图2.63)。

(2)双面观赏花境　植株低矮的种在两边,较高的种在中间,中间植物高度不宜超过人的视线,不需要设背景(图2.64)。

图2.63　单面观赏花境　　　　　　　　　　图2.64　双面观赏花境

2)花境的布置位置

(1)建筑物的墙基　建筑物与地面是垂直线与水平线构图,显得生硬,采用花境布置可以起到过渡和软化线条的作用,从而使建筑物与地面环境取得协调(图2.65)。

图2.65　花境基础的装饰

(2)在道路上的花境布置　在道路上适当地布置花境,可为环境及道路本身增加景色(图2.66)。这种布置形式有3种:

①在道路的中央,布置一列两面观赏的花境,道路两侧可配置简单的草地和行道树或绿篱和行道树。

②在道路的两侧,分别布置一列单面观赏花境,并使两列花境动势向中轴线集中,成为一个完整的构景,其背景为绿篱和行道树。

③在道路两侧布置花境的基础上,道路中央再布置一列两面观赏花境,在连续的景观构图中,中央的一列两面观赏花境为主调,道路两侧的两列单面观赏花境作为配景处理。

(3)花境和绿篱的配置　规则式园林中或城市道路边,常应用修剪的绿篱或树墙来分隔,虽然显得整齐,但从景观上来讲略显得单调。若在立面基部的前面布置单面观赏花境,这样便

使花境以绿篱为背景,绿篱以花境为点缀,不仅可弥补绿篱的单调,而且可构成绝妙一景,使二者相得益彰,在花境前设置园路通过,以供游人欣赏景观。

图 2.66   花境在道路上的布置

(4)花境与花架,游廊配景   花境是一连续的景观构图,可满足游人动态观赏的要求。而城市公共绿地中的花架,游廊又较多,所以沿着花架、游廊的建筑基台来布置花境,可大大地提高城市景观效果。同时还可以在花境前面设置园道路,使在花架、游廊内的游人和在道路上的游人均可观赏到景色。

(5)花境和围墙、挡土墙的配置   城市中的围墙和挡土墙由于距离较长,所以立面显得单一或不美观,所以可用植物来进行装饰。在其前面布置单面观赏花境,墙面作为花境的背景,丰富围墙、挡土墙的立面景观。除用花境装饰外,也可用藤本植物进行绿化,效果也较美观。

(6)花境与草坪的配合   宽阔的草坪上可设计花境,在这种绿地空间适宜设置双面观赏花境,可丰富景观,组织浏览路线。通常在花境两侧留出游步道,以便观赏。也可以在草坪的四周配置单面观赏花境。通常在花境的前面设计道路或者直接是草坪相接。

(7)花境与宿根园、家庭花园的配合   在宿根花卉园中或者面积较小的花园中,花境可周边布置,是花境最常用的布置方式。根据具体环境可设计成单面观赏、双面观赏或对应式花境。

3)花境的设计

(1)种植床设计   花境的种植床是带状的,单面观赏花境的后边缘线多采用直线,前边缘线可为直线或自由曲线。两面观赏花境的边缘线基本平行,可以是直线,也可以是流畅自由曲线。花境的朝向要求:单面观赏花境可以是东西走向或南北走向,但是对于双面观赏花境和对应式花境要求长轴沿南北向展开,以使左右两面花境光照均匀,从而达到设计构想。要注意到花境朝向不同,光照条件不同,因此在选择植物时要根据花境的具体位置有所考虑。花境大小的选择取决于环境空间的大小,通常花境的长轴长度不限,但为管理方便及体现植物布置的节奏、韵律感,可以把过长的植床分为几段,每段长度不超过 20 m 为宜。段与段之间可留 1～3 m的间歇地段,设置座椅或其他园林小品。

花境的短轴长度有一定要求,花境也应有一适当的宽度,过窄不易体现群落的景观,过宽超过视觉鉴赏范围造成浪费,也给管理造成困难。较宽的单面观赏花境的种植床与背景之间可留出70~80 cm的小路,以便于管理,又有通风作用,并能防止做背景的树和灌木根系侵扰花卉。

种植床根据环境土壤条件及装饰要求可设计成平床或高床,并且应有2%~4%的排水坡度要求。土质较好、排水力强的土壤,设置于绿篱、树墙前及草坪边缘的花境宜用平床,床面后部稍高,前缘与道路或草坪相平,给人整洁感。在排水差的土质上、阶地挡土墙前的花境,为了与背景协调,可用30~40 cm高的高床,边缘用不规则的石块镶边,使花境具有粗犷风格;若使用蔓性植物覆盖边缘石,又会给人柔和的自然感。

(2)背景设计　单面观赏花境需要背景。花境的背景根据设置场所不同而异。较理想的背景是绿色的树墙或高篱。用建筑物的墙基及各种栅栏做背景也可以,以绿色或白色为宜。如果背景的颜色或质地不理想,可在背景前选种高大的绿色观叶植物或攀援植物,形成绿色屏障,再设置花境。背景是单面花境的组成部分之一,设计时应从整体考虑。

(3)边缘设计　花境边缘不仅确定了花境的种植范围,也便于前面的草坪修剪和道路清扫工作,高床边缘也可用自然的石块、砖头、碎瓦、木条等垒砌而成。平床多用低矮植物镶边,以15~20 cm高为宜,可用同种植物,也可用不同种植物,后者更接近自然。若花境前面为道路,边缘用草坪带镶边,宽度至少30 cm以上;若要求花境边缘分明、整齐,还可在花境边缘与环境分界处挖20 cm宽、40~50 cm深的沟,填充金属或塑料条板,防止边缘植物侵蔓路面或草坪。

(4)种植设计　花境种植设计是把植物的株形、株高、花期、花色、质地等主要观赏特点进行艺术性的组合和搭配,创造优美的群落景观。

①植物选择:正确选择适宜材料是花境种植设计成功的根本保证。首先植物在当地能露地越冬,在花境中背景及高大材料宜选用耐阴植物;其次应根据观赏特征选择植物,因为花卉的观赏特征对形成花境的景观起决定作用。选择植物应注意以下几方面:

a. 以在当地露地能够安全越冬,不需特殊管理的宿根花卉为主,兼顾一些小灌木及球根和一二年生花卉;

b. 花卉有较长的花期,且花期能分散于各季节;

c. 花序有差异,有水平线条与竖直线条的交差;

d. 花色丰富多彩,有较高的观赏价值。

②色彩设计:花境的色彩主要由植物的花色来体现,宿根花卉是色彩丰富的一类植物,加上适当选用球根花卉及一二年生花卉,使得色彩更加丰富。花境色彩设计中主要有4种基本配色方法。

a. 单色系设计:这种配色法不常用,只为强调某一环境的某种色调或一些特殊需要时才使用。

b. 类似色设计:这种配色法常用于强调季节的色彩特征时使用。如早春的鹅黄色、秋天的金黄色等,有浪漫的格调,但应注意与环境协调。

c. 补色设计:多用于花境的局部配色,使色彩鲜明、艳丽。

d. 多色设计:这是花境常用的方法,使花境具有鲜艳、热烈的气氛。但应注意依大小选择花色、数量,若在较小的花境上使用过多的色彩反而产生杂乱感。

花境的色彩设计中还应注意与周围的环境色彩相协调,与季节相吻合,避免某些局部配色很好,但整个花境观赏效果差的情况。

③季相设计:花境的季相变化是它的主要特征。理想的花境应四季有景可观,寒冷地区可

做到三季有景。花境的季相是通过种植设计实现的,利用花期、花色及各季节所具有的代表性植物来创造季相景观,如早春的报春、夏日的福禄考、秋天的菊花等。植物的花期和色彩是表现季相的主要因素,花境中开花植物应连续不断,以保证各季的观赏效果。花境在某一季节中,开花植物应散布在整个花境内,以保证花境的整体效果。

具体设计方法:在平面种植图上标出花卉的花期,然后依月份或春、夏等时间顺序检查花期的连续性,并且注意各季节中开花植物的分布情况,使花境成为一个连续开花的群体。此项设计也可结合花境的色彩设计同时进行。

④立面设计:花境要有较好的立面观赏效果,应充分体现群落的美观。植株应高低错落有致,花色层次分明。立面设计应充分利用植株的株形、株高、花序及质地等观赏特性,创造丰富美观的立面景观。

a. 植株高度:宿根花卉依种类不同,高度变化极大,从几厘米到两三米,可供充分选择。花境的立面安排一般原则是前低后高,在实际应用中高低植物可有穿插。以不遮挡视线,实现景观效果为佳。

b. 株形与花序:株形与花序是与景观效果相关的两个重要因子。结合花序构成的整体外形,可把植物分成水平型、垂直型、独特型三大类。花境在立面设计上最好有这三大类植物的外形比较,尤其是平面与竖向结合的景观效果更应突出。

c. 植株的质感:不同质感的植物搭配时要尽量做到协调。粗质地的植物显得近,细质地的植物显得远等特点在设计中也可利用。

立面设计除了从景观角度出发外,还应注意植物的习性,才能维持生态的稳定性。

⑤平面设计:平面种植设计采用自然块状混植方式,每块为一组花丛,各花丛大小有变化。一般花后叶丛景观较差的植物面积宜小些。为使开花植物分布均匀,又不因种类过多造成杂乱,可把主花材植物分为数丛种在环境不同位置,可在花后叶丛景观差的植株前方配植其他花卉给予弥补。使用少量球根花卉或一二年生草花时,应注意该种植区的材料轮换,以保持较长的观赏期。

对于过长的花境,平面设计可采用标准化设计,首先绘一个演进花境单元,然后重复出现,或设计两个单元交替出现。

4) 施工及养护管理

(1)整床及放线　需有良好的土壤。对土质差的地段应换土,但应注意表层肥土及生土要分别放置,然后依次恢复原状。通常混合式花境土壤需深翻 60 cm 左右,筛出石块,距床面 40 cm 处混入腐熟的堆肥,再把表土填回,然后整平床面,稍加镇压。

按平面图纸用白粉或沙在植床内放线,对有特殊土壤要求的植物,可在其种植区采用局部换土措施。要求排水好的植物可在种植区土壤下层添加石砾。对某些根蘖性过强,易侵扰其他花卉的植物,可在种植区边界挖沟,埋入石头、瓦砾、金属条等进行隔离。

(2)栽植及养护管理　栽植密度以植株覆盖床面为限。若栽种小苗,则可种植密些,花前再适当疏苗;若栽植成苗,则应按设计密度栽好。栽后保持土壤湿度,保证成活。有时会出现局部生长过密或稀疏的现象,需及时调整,以保证其景观效果。早春或晚秋可更新植物(如分株或补栽),并把秋末覆盖地面的落叶及经腐熟的堆肥施入土壤。管理中注意灌溉和中耕除草。

4. 花丛和花群

花丛和花群在园林绿地中应用极为广泛,它们可以布置在大树下、岩旁、溪边、自然式的草地中、树林外缘、园路边等(图2.67)。平面和立面均为自然式,应有疏有密,高低错落,管理粗放。花丛栽植数量少,而花群栽植的数量多,一般均没有种植床。花丛在园林绿地中应用极为广泛,它可以布置在大树脚下、岩旁、溪边、自然式的草地中和悬崖上。花丛不仅欣赏植物的色彩,还要欣赏它的姿态。花丛在自然式的花卉布置中作为最小的组合单元使用,常布置在树林边缘或园路小径的两旁,一般每个花丛由3~5株组成。多则十几株,花卉种类可为同种,也可为不同混植。因花丛的管理较粗放,所以通常以多年生的宿根花卉为主,也可采用自播繁衍的一二年生花卉或野生花卉。在园林构图上,其平面和立面均为自然式布置,应疏密有致,高低错落,同一花丛的色彩应有所变化,但其种类不得太多,种植形式以块状混交为主,这也是将自然风景中野生于草坡的景观应用于园林中。适合做花丛的花卉有花大色艳或花小花茂的宿根花卉,灌木或多年生的藤本植物,如小菊、芍药、牡丹、旱金莲、金老梅、杜鹃类,各种球根植物中的郁金香类、百合类、喇叭水仙类、鸢尾类,萱草等以及匍匐性植物中的蔷薇类等。

图2.67　花丛和花群的应用

5.花台和花池

(1)花台　在40~100 cm高的空心台座中填土,在其上栽植观赏植物称为花台。在现代园林中应用在大型园林广场、道路交叉口、建筑物入口两侧、庭院的中央或两侧角隅等(图2.68)。

图2.68　花台的装饰应用

(2)花池　花池与花台相比较其高度低些,其功能与布置均相同。花池、花台设计造型应与周围的地形、地势、建筑相协调。平面要讲究简洁,边缘装饰要朴素(实),不能喧宾夺主。设

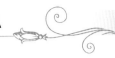

计时要周密考虑,科学安排。对于花池、花台的施工,施工时首先覆盖一层腐殖土作基肥,整地20~25 cm深,除去石块、树根和杂草。花池、花台四周都应使用建筑材料做成的边牙或边台,形成一定的轮廓,以防止水土流失和人流的践踏。具体栽植要认真按照施工设计图样进行。植物的选择:鸡冠花、万寿菊、一串红、郁金香、月季、天竺葵、铺地柏、南天竹、金叶女贞、迎春、麦冬、牡丹、芍药、玉簪、杜鹃等。

6. 活动花坛

花卉景观设计4,5,6

活动花坛是指在预制的容器中把花养到开花的季节,以一定形式摆设在广场、街边、道路的交叉口、公园等适当的位置组成的花坛(图2.69)。

图2.69　活动花坛

(1)设计要点　包括花盆设计、种植设计、摆放设计等。其特点是施工快捷,可以按季节进行更换和移动,能为城市景观增加新鲜感,是各国广泛应用的形式。

(2)施工及养护　依需要,对种植钵、植物材料及摆设现场分别绘出图纸和提出育苗计划。活动花坛的种植工程,全部在花圃地内预制,并注意浇水和养护管理,直至花期。

任务实施

1. 花坛设计

在本案例中,综合分析本地气候、土壤、地形等环境因子及园林植物景观的需要,利用观赏植物景观设计基本方法和花卉景观的配置要求,设计满足景观要求、功能要求的花坛(图2.70)。常用的花卉植物有三色堇、金盏菊、金鱼草、紫罗兰、福禄考、石竹类、百日草、一串红、万寿菊、孔雀草、美女樱、风尾鸡冠、翠菊、菊花、郁金香、风信子、香雪球、雏菊、半支莲、翠菊、荷兰菊、彩叶草及四季秋海棠等。

2. 确定配置技术方案

在选择好花卉植物的基础上,确定其配置方案,绘出花坛初步设计平面图。

3. 花坛设计图绘制

运用小钢笔墨线、水粉、水彩、彩笔等绘制均可。

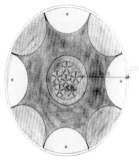

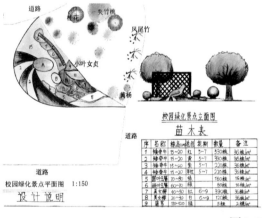

图 2.70　花坛设计

（1）环境总平面图　应绘出花坛所在环境位置的道路、建筑边界线、广场及绿地等，并绘出花坛平面轮廓，根据面积大小不同，通常可选用 1:100 或 1:1 000 的比例。

（2）花坛平面图　应绘出花坛的种植床外部轮廓以及内部图案纹样，并附所用植物材料表。如果用水彩、水粉或彩笔表现，则按所设计的花色上色。绘出花坛的图案纹样后，用阿拉伯数字或符号在图上依纹样使用的花卉，从花坛内部向外（即从中心向四周）依次编号，并与图旁的植物材料表相对应。表内的项目包括花卉名称、拉丁学名、株高、花色、花期、栽培类型、用花量等，这样便于阅图。若花坛植物材料随季节变化需要更换，应在平面图及材料表中予以绘制或说明。

花坛用苗量计算如下：

$$花卉用苗量 = \frac{栽植面积}{株距 \times 行距} = \frac{1 \text{ m}^2}{株距 \times 行距} \times 所占花坛面积$$

$$= 1 \text{ m}^2 \text{ 所栽株数} \times 花坛中占的总面积$$

实际用苗量算出后，要多留出 5%～15% 的耗损量。主要用于运输和栽植过程的损耗以及栽植后养护的补栽。

（3）立面效果图　用来表现花坛的效果及景观。花坛中某些局部，如造型花坛等细部必要

时需绘出立面放大图,其比例及尺寸应准确,为制作及施工提供可靠数据。

(4)设计说明书　对花坛表现的主题、构思以及设计图中难以表现的内容和景观效果加以说明。文字宜简练,也可附在花坛设计图纸内。对植物材料的要求,包括育苗计划、育苗方法、起苗、运苗及定植要求以及花坛建立后的一些养护管理要求。

 知识拓展

花坛与花境的施工与养护

1)花坛的施工与养护

(1)平面花坛的施工与养护

①整理地床:翻耕整地 → 床内土壤过筛 → 土壤消毒 → 施底肥 →按设计要求整成平面或有一定坡度的和缓曲面或斜面。

②放线:按设计图样及比例在植床上放线。工具可用绳子、木制直尺、皮尺、木桩、拉线,用干沙、白灰或木屑等做成标志。

③栽苗:在阴天或傍晚进行较为理想。

准备工作(提前两天将花圃地浸湿,以避免起苗时伤根) → 起苗(带小土团) → 装于周转箱或竹筐中 → 运至施工地点 → 栽植(根据设计图案纹样,先里后外,先上后下栽种,矮株浅栽,高株深栽,以准确表达图案纹样;若模纹花坛,先种出图案轮廓,然后栽植内部的材料)。

④养护管理:栽后浇透水,隔1天再浇1次,连浇3天,使花苗保证成活,要求花期较长,也可追液肥,满足花卉生长开花的需要。

(2)立体花坛的施工

①造型花坛:

准备工作(根据设计造型,找好比例关系,制出模型)→ 在钢筋骨架上固定密接的木板,板上钉钉,钉均匀 → 造型面用蒲席或麻包包在外部,用铁丝扎牢 → 打孔 →栽植五色苋 → 养护管理(施工完毕,浇一次透水,及时补栽,观赏期长可追肥尿素)。

②标牌花坛:

准备工作(塑料箱装好培养土,放在平面上,形成整体植床)→ 按设计纹样放线(方法同平面花坛),标出纹样上植物种类种植的区域范围 → 栽植 → 钢棍、钢管搭成竖立的骨架,在骨架上固定木板,或直接把塑料箱绑扎在骨架上→做出整体纹样→养护管理(浇水、修剪等)。

2)花境的施工与养护

准备工作(根据设计意图,清理场地内障碍物等)→ 整床(筛出石块,距床面40 cm处施入腐熟的堆肥,再把表土填回)→ 放线(按平面设计图用白灰或干沙在植床内放线)→ 栽苗(根据设计图案纹样,栽图案轮廓,再栽植内部组成)→养护管理(保持土壤湿度,过密或稀疏现象及时调整)。

教学效果检查

1.你是否明确本任务的学习目标?

2. 你是否达到了本学习任务对学生知识和能力的要求？

3. 你理解了专类花园、花坛、花境、花丛、花群、花台等的含义吗？

4. 你能举例说明专类花园、花坛、花境、花丛、花群、花台、活动花坛在绿地中的应用吗？

5. 你掌握了专类花园的景观设计形式吗？

6. 你熟悉花坛应用形式吗？

7. 你能运用本节理论知识进行花坛景观设计吗？

8. 你能理解本节学习内容中花境的概念吗？

9. 你对自己在本学习任务中的表现是否满意？

10. 你认为本学习任务还应该增加哪些方面的内容？

任务 5　攀援植物景观设计

攀援植物景观设计 1,2

[学习目标]

知识目标：

(1)从应用角度理解攀援植物的相关内容。

(2)熟悉常见攀援植物景观设计形式及要求。

技能目标：

(1)结合所在地区对攀援植物种类,从应用角度选择攀援植物进行景观设计。

(2)根据不同环境条件选择适宜的攀援植物进行布置。

(3)了解不同场地环境要求中对植物的寓意、配置等要求。

 工作任务

任务提出

　　就近区域范围对其攀援植物进行调查,并记录主要应用形式等内容,观察攀援植物的生长环境及生长状况,完成调查表格。

 任务分析

　　根据绿地环境和功能要求选择合适的攀援植物种类进行景观的设计是植物配置师从业人员职业能力的基本要求。对攀援植物的了解是从事植物景观设计最基本的能力,包括对攀援植物的观赏特性及寓意有充分的认识理解,能根据设计要求选择攀援植物,充分展示攀援植物的特性,营造一定的攀援植物空间环境。

任务要求

　　(1)就近选择绿地区域范围(如校园绿地、街头绿地),对攀援植物种类和景观形式进行调

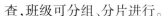

查,班级可分组、分片进行。

（2）设计调查表格,要求包括攀援植物名称、生态习性、主要观赏特征和应用形式等。

（3）每个小组利用照片记录攀援植物观赏特征体现以及在园林景观中的应用等。

（4）完成调查表格内容,提交收集的攀援植物种类及应用形式相关资料。

材料及工具

照相机、调查表格等。

知识准备

1. 攀援植物的功能

攀援植物不仅能提高城市及绿地拥挤空间的绿化面积和绿量,调节和改善生态环境,还可以美化建筑、护坡、园林小品,拓展园林空间,增加植物景观层次的变化,而且可以增加城市及园林建筑的艺术效果,使之与环境更加协调统一、生动活泼。

攀援植物依附建筑物或构筑物生长,所以占地面积少而绿化效果却很大。许多攀援植物对土壤、气候的要求并不苛刻,而且生长迅速,可以当年见效。

攀援及蔓性植物,具有降低温度、增加湿度、提高滞尘量和降低噪声等生物学效应,可以有效地提高环境质量。

2. 攀援景观设计

1）攀援植物景观配置原则

（1）选材适当,适地适栽　攀援植物种类繁多,在选择应用时应充分利用当地乡土树种,适地适树。应满足功能要求、生态要求、景观要求,根据不同绿化形式正确选用植物材料。缠绕类藤本,如紫藤、南蛇藤、中华猕猴桃等适用于栏杆、棚架;吸附类如爬山虎、扶芳藤、络石、凌霄等适用于墙面、山石等;卷须类如炮竹花、葡萄等适用于棚架、篱垣等;蔓生类如蔷薇、爬蔓月季、木香、叶子花、蔓长春花等适用于栏杆、篱垣、垂挂等。

（2）注意植物材料与被绿化物在色彩、风格相协调　如红砖墙不宜选用秋叶变红的攀缘植物,而灰色、白色墙面则可选用秋叶红艳的攀缘植物。

（3）合理进行种间搭配,丰富景观层次　考虑到单一种类观赏特性的缺陷,在木本攀援植物造景中,应尽可能利用不同种类之间的搭配以延长观赏期,创造出四季景观。如爬山虎、络石或常春藤合栽,络石或常春藤生于爬山虎下,既满足了其喜阴的生态特性,在冬季又可弥补爬山虎的不足。在考虑种间搭配时,重点应利用植物本身的生态特性,如速生与慢生、草本与木本、常绿与落叶、阴性与阳性、深根与浅根之间的搭配,同时还要考虑观赏期的衔接,如爬山虎 + 常春藤,爬山虎 + 络石,爬山虎 + 小叶扶芳藤,紫藤 + 凌霄,凌霄 + 络石或小叶扶芳藤,黄木香 + 蔷薇各变种,蔷薇 + 藤本月季不同花色品种。

（4）尽量采用地栽形式　一般种植带宽度 50 ~ 100 cm,土层厚 50 cm,根系距墙 15 cm。棚架栽植时,一般株距 1 ~ 2 cm,根据棚架的形式和宽度可单边列植或双边错行列植。墙垣绿化栽植时种植带宽大于 45 cm,长大于 60 cm,栽植株距一般为 2 ~ 4 m,为尽快收到绿化效果,种植间距根据植物的特性可适当调整。

2)藤本造景形式

（1）附壁式造景　附壁式为常见的垂直绿化形式,依附物为建筑物或土坡等的立面,如各种建筑物的墙面、断崖悬壁、挡土墙、大块裸岩、假山置石等(图2.71)。附壁式绿化能利用藤本植物打破墙面呆板的线条,吸收夏季太阳的强烈反光,柔化建筑物的外观。附壁式以吸附类藤本植物为主,北方常用爬山虎、凌霄等,近年来常绿的扶芳藤、木香等作为北方地区垂直绿化材料亦颇被看好。南方多用量天尺、油麻藤、倒地铃等来表现南国风情。附壁式在配置时应注意植物材料与被绿化物的色彩、形态、质感的协调,并考虑建筑物或其他园林设施的风格、高度、墙面的朝向等因素。较粗糙的表面,如砖墙、石头墙、水泥砂浆抹面等可选择枝叶较粗大的种类,如具有吸盘的爬山虎,有气生根的常春卫矛、凌霄等,而表面光滑、细密的墙面如马赛克贴面则宜选用枝叶细小、吸附能力强的种类,如络石、小叶扶芳藤、常春藤、蜈蚣藤等。建筑物的正面绿化时,还应注意植物与门窗的距离,并在生长过程中,通过修剪调整攀援方向,防止枝叶覆盖门窗。用藤本植物攀附假山、山石,能使山石生辉,更富自然情趣,使山石景观效果倍增。在山地风景区新开公路两侧或高速公路两侧的裸岩石壁,可选择适应性强、耐旱耐热的种类,如金银花、葛藤、五叶地锦、凌霄等。

图2.71　攀援植物附壁式造景

墙面的附壁式造景除了应用吸附类攀援植物类以外,还可使用其他植物,但一般要对墙体进行简单的加工和改造。如将镀锌铁丝网固定在墙体,或靠近墙体扎制花蓠架,或在墙体上拉上绳索,即可供葡萄、猕猴桃、蔷薇等大多数藤本植物缘墙而上。

（2）篱垣式造景　篱垣式造景主要用于篱架、矮墙、护栏、铁丝网、栏杆的绿化,它既具有围墙或屏障的功能,又具有观赏和分隔的功能(图2.72)。篱垣的高度有限,几乎所有的藤本植物都可用于此类绿化,但在具体应用时应根据不同的篱垣类型选择适宜的植物材料。竹篱、铁丝网、围栏、小型栏杆的绿化以茎柔叶小柔软木本种类为宜,如铁线莲、络石、金银花、千金藤等。栅栏绿化若为透景之用,种植植物宜以疏透为宜,并选择枝叶细小、观赏价值高的种类,如络石、铁线莲等,并且种植宜稀疏。如果栅栏起分隔空间或遮挡视线之用,则应选择枝叶茂密的木本种类,包括花朵繁茂、艳丽的种类,将栅栏完全遮挡,形成绿篱或花篱,如胶州卫矛、凌霄、蔷薇等。普通的矮墙、石栏杆、钢架等,可选植物更多,如缠绕类的使君子、金银花、探春,具卷须的炮仗花,具吸盘或气生根的爬山虎、蔓八仙、钻地枫等。蔓生类藤本植物如蔷薇、藤本月季、云实等应用于墙垣的绿化也极为适宜。在污染严重的工矿区宜选用葛藤、南蛇藤、凌霄等抗污染植物。

在矮墙的内侧种植蔷薇、软枝黄蝉等观花类,细长的枝蔓由墙头伸出,可形成"春色满园关不住"的意境。城市临街的砖墙,如用蔷薇、凌霄、爬山虎等混植绿化,既可衬托道路绿化景观,达到和谐统一的绿化效果,又可延长观赏期——春季蔷薇姹紫嫣红,夏季凌霄红花怒放,秋季爬山虎红叶似锦。

图2.72　攀援植物的篱垣式造景

（3）棚架式造景　棚架式造景是园林中应用最广泛的藤本植物造景方式,广泛应用于各种类型的绿地中(图2.73)。棚架式造景可单独使用,成为局部空间的主景,也可作为室内到花园的类似建筑形式的过渡物,均具有园林小品的装饰性特点,并具有遮阴的实用目的。棚架式的依附物为花架、长廊等具有一定立体形态的土木构架,此种形式多用于人口活动较多的场所,可供人们休息和谈心。棚架的形式不拘,可根据地形、空间和功能而定,"随形而弯,依势而曲",但应与周围的环境在形体、色彩、风格上相协调。棚架式藤本植物一般选择卷须类和缠绕类,木本的如紫藤、中华猕猴桃、葡萄、木通、五味子、炮仗花等。部分枝蔓细长的蔓生种类同样也是棚架式造景的适宜材料,如叶子花、木香、蔷薇等,但前期应当注意设立支架,人工绑缚以帮助其攀援。若用攀援植物覆盖长廊的顶部及侧方,以形成绿廊或花廊、花洞,宜选用生长旺盛、分枝力强、叶幕浓密而且花果秀美的种类,目前最常用的种类北方为紫藤,南方为炮仗花。但实际上可供选择的种类很多,如在北方还可选用金银花、木通、南蛇藤、凌霄、蛇葡萄等,在南方则有叶子花、鸡血藤、木香、扶芳藤、使君子等。花朵和果实藏于叶丛下面的种类如葡萄、猕猴桃、木通,尤其适于棚架式造景,人们坐在棚架下休息、乘凉的同时,又可欣赏这些植物的花果之美。绿亭、绿门、拱架一类的造景方式也属于棚架式的范畴,但在植物选择上更应偏重于花色鲜艳、枝叶细小的种类,如铁线莲、叶子花、蔓长春花、探春等。

（4）立柱式造景　攀援植物的依附物主要为电线杆、路灯灯柱、高架路立柱、立交桥立柱等(图2.74)。吸附式的攀援植物最适于立柱式造景,不少缠绕类植物也可应用。但由于立柱所处的位置大多交通繁忙、废气、粉尘污染严重,立地条件差,因此应选用适应性强、抗污染并耐阴的种类。五叶地锦的应用最为普遍,除此之外,还可选用木通、南蛇藤、络石、金银花、小叶扶芳藤等耐阴种类。一般电线杆及灯柱的绿化可选用观赏价值高的,如凌霄、络石、西番莲等。对于水泥电线杆,为防止因照射温度升高而烫伤植物的幼枝、幼叶,可在电线杆的不同高度固定几个铁杆,外附以钢丝网,以利于植物生长,此后,每年应适当修剪,防止植物攀援到电线上。古典园林中一些枯树如能加以绿化,也可给人以枯木逢春的感觉,如可在千年古柏上,分别用以凌霄、紫藤、栝楼等绿化,景观各异,平添无限生机。

（5）悬蔓式造景　攀援植物利用种植容器种植藤蔓或软枝植物,不让其沿引向上,而是凌

图 2.73　攀援植物的棚架式造景

图 2.74　攀援植物立柱式造景

空悬挂,形成别具一格的植物景观(图 2.75)。如为墙面进行绿化,可在墙顶做一种植槽,种植小型的蔓生植物,如探春、蔓长春花等,让细长的枝蔓披散而下,与墙面向上生长的吸附类植物配合,相得益彰。或在阳台上摆放几盆蔓生植物,让其自然垂下,不仅起到遮阳功能,微风徐过之时,枝叶翩翩起舞,别有一份风韵。在楼顶四周可修建种植槽,栽种爬山虎、迎春、连翘、蔷薇、蔓长春花、常春藤等植物,使它们向下悬垂或覆盖楼顶。

图 2.75　攀援植物悬蔓式造景

表 2.4　攀援植物应用一览表

中文名称	科　名	拉丁学名	习　性			应用形式			
			一年生	多年生	木质攀援	篱	垣	墙面	棚架
软枣猕猴桃	猕猴桃科	Actinidia arguta			√	√			√
中华猕猴桃	猕猴桃科	A. chinensis			√	√			√
狗枣猕猴桃	猕猴桃科	A. kolomikta			√	√			√
木天蓼	猕猴桃科	A. polyygama			√	√			√
木通	木通科	Akebia quinata			√				√
三叶木通	木通科	A. trifoliate			√				√
乌头叶蛇葡萄	葡萄科	Ampelopsis aconitifolia			√				√
葎叶蛇葡萄	葡萄科	A. humulifolia			√				√
白蔹	葡萄科	A. japonica	√		√	√			√
落葵	落葵科	Basella rubra							
叶子花	紫茉莉科	Bougainvillea glabra			√				√
三角花	紫茉莉科	B. spectabilis			√	√			√
月光花	旋花科	Calonyction aculatum		√					√
缠枝牡丹	旋花科	Calystegia dahurica f. anestia		√					√
凌霄	紫葳科	Ccampsis grandiflora			√		√		√
美国凌霄	紫葳科	C. radicans	√		√				√
风船葛	无患子科	Cardiospermum halicacabum							√
南蛇藤	卫矛科	Celastrus orbiculatus			√	√	√		√
铁线莲	毛茛科	Clematis floride			√	√			√
杂种铁线莲	毛茛科	C. Xjackmanii			√	√			√
山铁线莲	毛茛科	C. montana			√	√			√
转子莲	毛茛科	C. patens	√		√	√			√
观赏南瓜	葫芦科	Cuwrbita maxima	√			√			√
观赏南瓜	葫芦科	C. moschata	√			√			√
观赏南瓜	葫芦科	C. pepo				√		√	√
扶芳藤	卫矛科	Euonymus fortunei			√	√	√		√
常春藤	五加科	Hedera helix			√	√	√		√
中华常春藤	五加科	H. mepalemsis var			√				√
球兰	萝摩科	Hoya carmosa			√				√
素方花	木犀科	Jasminum officinalis var.			√	√			

续表

中文名称	科　名	拉丁学名	习　性			应用形式			
			一年生	多年生	木质攀援	篱	垣	墙面	棚架
多花素馨	木犀科	J. polyantunl			√	√			
南五味子	木兰科	Kadsura japonica	√			√	√		
葫芦	葫芦科	Lagenaria siceraria	√						√
小葫芦	葫芦科	L. s. var. microcarpa	√			√			√
香豌豆	蝶形花科	Lathyrus odoratus			√	√			
金银花	忍冬科	Lonicera japonicc	√			√			√
丝瓜	葫芦科	Luffa cylindrical			√	√			
蝙蝠葛	防己科	Menispermum dauricum			√		√		
五叶地锦	葡萄科	Parthenocissus quinquefolia			√			√	√
地锦	葡萄科	P. tricuspidata			√			√	√
杠柳	杠柳科	Periploca sepium	√			√			√
裂叶牵牛	旋花科	Pharbitis hoderacea	√			√			√
大花牵牛	旋花科	P. nil	√			√			√
红花菜豆	蝶形花科	Phaseolus coccineus		√					√
西番莲	西番莲科	Passiflora coerulea			√	√			√
炮仗花	紫葳科	Pyrostehia ignea	√			√	√		√
圆叶茑萝	旋花科	Quamoclit cooccinea			√				√
花旗藤	蔷薇科	Rosa American pilla			√	√			√
木香	蔷薇科	R. banksiae			√	√	√		√
多花蔷薇	蔷薇科	R. multiflora			√	√			√
野木瓜	木通科	Stauntonia hexaphylla	√						√
蛇瓜	葫芦科	Trichosanthes anquina			√				√
山葡萄	葡萄科	Vitis amurensis			√				√
葡萄	葡萄科	V. vinifera			√				√
紫藤	蝶形花科	Wisteria sinensis			√				√
藤萝	蝶形花科	W. villosa							√

表 2.5　常绿半常绿藤本植物

名　称	攀藤习性	观赏季节和特色	生长适地、分布	应　用
素馨 Jasminum officinale	茎细长,四棱	夏秋开花,白、黄、紫、红色	云南各地	枝干袅娜、庭园、门厅、池畔、窗前、花架、扶拉
红常春藤 Bouginvilla speciakilia	蔓生	冬春开花,苞片紫红色,黄绿色	广东、广西、台湾、云南、海南	柔条满架,紫花煞人,花篱墙,棚架盆
朝日藤 Corculum leptopus	蔓生灌木	夏季开花,白色	台湾、海南、广东	花架棚、篱墙
龙须藤 Bauhinia chnpion	蔓生灌木缠绕性	花白色,8—10 月开花;果 12 月,紫色	广东、台湾、福建	花棚架
常绿黎豆藤 Mucune senpervirens	蔓生灌木攀援	花紫色,4 月开,下垂	长江流域	花棚架
茉莉 Jasminum sambac		花白色,7 月开,花香	华南 、全国	花篱、花坛、盆栽
常春藤(爬山虎) Hdeera helix	气根攀附	花黄色,10 月开		
南五味子 Kadsura chinensis	藤本	花色白、黄,5—6月开,果深红色	广东、江西、台湾	墙垣隐蔽物
络石 Trachelospermum jasminaides		花白色,夏季开花香		
紫花络石 T. axillare	耐阴	花紫色	湖南、湖北、四川、贵州、云南、广东、广西、福建、浙江	攀石上,他树上
薜荔 Ficus pumilla	耐阴	花 3—4 月开	江苏、浙江、安徽、江西、湖北、广东、广西、福建、台湾	墙垣、岩石树上隐蔽
扶芳藤 Evonymus radicans	匍匐、攀缘	花白绿色,6—7月开	江苏、河南	岩石,老树
金银花 Lonicera japinica	藤本	花白色,6—7 月开,清香	全国	绿篱、绿廊、绿亭

　　攀援植物有其不同的生态习性和观赏价值,所以在绿化设计时要根据不同的环境特点、设计意图,科学地选择植物种类并进行合理的布置。如大门、花墙、亭、廊、花架、栅栏、竹篱等处,

可以选择蔷薇、木香、木通、凌霄、紫藤、薜荔、扶芳藤等,既美观又遮阴纳凉。在白粉墙及砖墙上,可以选择爬山虎、络石等,它们生长快,效果好,秋季还可观赏叶色的变化。

(1)所用的攀援及蔓性植物生长迅速,如爬墙虎,年生长量可达 5～8 m,而紫藤年生长量也达 3～6 m。此类植物经 3 年左右就能将支缚体或墙面遮盖起来,收到绿化效果,草本当年见效。

(2)依靠篱、垣、棚架的支撑,能最大限度地占据绿化空间。从目前城市现状来看,铺装路面占整个城市用地的 1/2～2/3,可供绿化的地面是有限的。采用篱、垣、棚架的设计形式,也可补偿因地下管道距地表近,不适栽树的弊病,有效地扩大了绿化面积。

3)攀援植物的牵引与固定

对攀援及蔓性植物首先应正确引蔓,若任其生长,往往出现基部叶片稀疏,横向分枝少的弊病。尤其是观花、观果类植物,应尽量朝横向牵引,或水平或盘曲向上,这样不仅枝叶密生,着花及挂果也会增加,在短期内达到最佳观赏效果。

任务实施

(1)就近选择一小型绿地,班级分组、分片进行植物调查,设计调查表格,确定调查内容。调查表格内容设计如下:

攀援植物调查表						
调查地点			调查日期		调查人员	
序　号	名　称	生态习性	生活型	应　用	观赏特性	生长环境、状况	地　点
……	……	如常绿、落叶……	如草本、木本……	如棚架式、柱干式……	如观花、观叶……	主要记录光照条件、生长是否良好或有无病虫害等情况	……
……	……	……	……	……	……	……	……

(2)收集资料

根据所调查到的植物,图书馆或者网上查阅相关树种的详细资料,如生长中对环境的要求、观赏特征的具体描述、应用的形式等。

知识拓展

基础装饰植物景观设计

1.基础装饰植物景观作用

在建筑物以及一些构筑物基础的周围栽植植物的设计方法,称为基础栽植。

(1)可以丰富建筑立面、美化周围环境和调剂室内外视线的作用,也有隐蔽和安全的作用。

（2）墙基外栽植植物,可以缓冲墙基、墙角与地面之间生硬的线条。墙基种植宿根花卉,攀援植物覆盖墙壁面,也可增加墙面的美观。

（3）在园林的构筑物和建筑物以及园林小品基础上栽植植物有烘托主题、渲染气氛,软化线条、增加生气,加强色彩对比、提高景观的效果。

（4）在园路边采用基础栽植有增加园路景观的作用,还兼有保护路基、防止水土流失等作用。

植物材料的选择,建筑物周围和基础可栽植绿篱植物、攀援植物,以及花坛和花境中的适宜材料（表2.6）。

表2.6　园路镶边植物选择

中文名称	拉丁学名	科　名	栽培类型	花　色
矮观赏葱	Allium sp	石蒜科	球根	粉、淡紫
白头翁	Anemone coronaria	毛茛科	宿根	白、粉、紫
雏菊	Bellis perennis	菊科	一二年生	白、粉、红
垫状石竹	Dianthus sp	石竹科	宿根	白、粉、红
屈曲花	Iberis anara	十字花科	一年生	白
麦冬属	Liriope app	百合科	宿根	淡紫
半边莲	Lobelia sussiliflora	桔梗科	宿根	淡紫
香雪球	Lobularia maritime	十字花科	宿根	白、紫
赛亚麻	Nierembergia ruvularis	茄科	宿根	白、紫
沿阶草	Ophiopogin japonicus	百合科	宿根	淡紫
酢浆草	Oxalis spp	酢浆草科	宿根	黄、粉
垫状福禄考	Phlox subulata	花葱科	宿根	白、粉
委陵菜	Potentilla spp	蔷薇科	宿根	白、黄
白草	Sedum lineare var. albo-marginatum	景天科	宿根	黄
垂盆草	S. sarmentosum	景天科	宿根	黄
蒲公英	Taraxacum mongolicum	菊科	宿根	黄
百里香	Thymas przewalskii	唇形科	宿根	淡紫
螃蜞菊	Wedelia prostrata	菊科	宿根	黄
葱兰	Zephyranthes candida	石蒜科	球根	白
韭兰	Z. grandiflora	石蒜科	球根	粉红

2.基础装饰植物景观设计

（1）基础栽植的形式和种植物材料的选择　应与建筑风格、雕像主题思想以及整体环境相协调。

如建筑物周围和墙基,通常做整形式配置或行列式种植;具有落地式玻璃窗前,则可选择自然式的形式;庄严肃穆的场所,可用整形的果篱;观叶篱及花朵素雅的宿根花卉、游乐场所,则多用花灌木、花朵鲜艳的宿根花卉。纪念性塑像基座可用五色草纹样表现伟人的高大形象,活泼的雕塑作品用草花做基座装饰更加潇洒自然。

(2)背景和前景的色彩搭配　以墙为例,墙面的颜色就形成了种植材料的背景色,背景色与植物材料的色彩应有对比,如果近似色或同色就不能收到良好的景观效果。对于塑像及各式标牌基座来说,还需要考虑朝向和主视面,即前景空间与背景衬托的问题。如用浓绿植物作为浅色塑像背景,用浅色植物作为深色塑像的背景,以突出作品的艺术形象。在塑像或标牌的主要欣赏面创造最好的视距和视角,使花卉装饰发挥更好的作用。

(3)要按植物的形态特征和生物学特性来选择适宜的植物　如在建筑北侧应选择玉簪、铃兰等喜阳性花卉,南侧选择射干萱草等喜阳性花卉。高墙墙基种植蜀葵、金光菊等株形高大的花卉,矮墙及路边多栽植麦冬、葱兰等低矮的花卉等。

教学效果检查

1. 你是否明确本任务的学习目标?

2. 你是否达到了本学习任务对学生知识和能力的要求?

3. 你了解本地区攀援植物的种类吗?

4. 你了解本地区攀援植物生长状况吗?

5. 你掌握了本地区攀援植物配置形式吗?

6. 你课下阅读了学习资源库的内容吗?

7. 你认为本学习任务还应该增加哪些方面的内容?

8. 本学习任务完成后,你还有哪些问题需要解决?

任务6　草坪和水生植物景观设计

草坪和水生植物
景观设计1

[学习目标]

知识目标:

(1)从应用角度理解草坪植物和水生植物的相关内容。

(2)熟悉常见草坪植物景观设计形式及要求。

(3)熟悉常见水生植物景观设计形式及要求。

技能目标:

(1)结合所在地区对草坪以应用角度选择草坪植物进行景观设计。

(2)能够根据环境条件进行草坪景观设计及草坪建植。

(3)了解水生植物景观设计要求。

 **工作任务**

任务提出

就近区域范围对其草坪植物和水生植物景观进行调查,并记录主要应用形式等内容,观察草坪植物和水生植物的生长环境及生长状况,完成调查表格。

 任务分析

根据园林环境和功能要求选择合适的草坪植物和水生植物进行景观的设计是植物景观设计从业人员职业能力的基本要求。对草坪植物和水生植物的了解是从事植物景观设计最基本的能力,包括对草坪植物和水生植物的观赏特性充分的认识理解,能根据设计要求选择草坪植物和水生植物营造一定的园林绿地空间环境。

任务要求

(1)就近选择绿地区域范围(如校园绿地、公园绿地)对草坪植物和水生植物种类和景观形式进行调查,班级可分组、分片进行。

(2)设计调查表格,要求包括草坪植物和水生植物名称、生态习性、主要观赏效果和应用形式等。

(3)每个小组利用照片记录草坪植物和水生植物观赏特征体现以及在园林景观中的应用等。

(4)完成调查表格内容,提交收集的草坪植物和水生植物种类及应用形式的相关资料。

材料及工具

照相机、调查表格等。

 知识准备

1. 草坪植物景观设计

草坪的园林功能是:具有覆盖地面、保持水土、防尘杀菌、净化空气、改善小气候等功能;同时为人们提供户外休闲活动的场地,也是园林的重要组成部分,与乔木、灌木、草花构成多层次的园林景观。

(1)草坪的类型

①根据用途分

a. 游息草坪:供休息、散步、游戏及户外活动用的草坪,多用在公园、小游园、花园中。

b. 观赏草坪:专供观赏,不准游人入内。绿色期较长,观赏价值高。

c.运动场草坪:专供体育活动之用,如高尔夫球场、足球场等。

d.交通安全草坪:主要设置在陆路交通沿线、立交桥、高速公路两旁、飞机场等,植物选择范围广泛。

e.护坡护岸草坪:用以防止水土流失,常布置在坡地、水岸,选择生长迅速、根系发达或具有匍匐性的草坪。

②根据草坪植物的组成分

a.单纯草坪:由一种植物组成的草坪。

b.混合草坪:由两种以上禾本科草本植物,或由一种禾本科草本植物混有其他草本植物所组成的草坪,在各类公园绿地应用较多。

c.缀花草坪:在以禾本科草本植物为主体的草地上混有少量开花艳丽的多年生草本植物,这些植物的数量一般不超过草坪的1/3,呈自然式分布,主要用于游息草坪、林中草坪、观赏草坪、护坡护岸草坪等。

③根据草坪的规划形式分

a.规则式草坪:表面平坦,外表采用几何图形布局的草坪,适用于运动场、城市广场及规则式绿地中(图2.76)。

b.自然式草坪:表面地形有一定的起伏,外形轮廓曲直自然,周围环境不规则的草坪,适用于公园中、路旁、滨水地带等(图2.77)。

图2.76　规则式草坪

图2.77　自然式草坪

④根据草坪与树木的不同组合分

a.空旷草坪:草坪上不栽任何乔灌木或点缀很少的树木。

b.稀疏草坪:在草坪上分布一些单株乔木,并且株距很大,树木覆盖面积为草坪总面积的20% ~30%(图2.78)。

c.疏林草坪:草坪上种植的乔木的株距为8 ~ 10 m,其覆盖面积为草坪总面积的40% ~ 60%(图2.79)。

d.林下草坪:在郁闭度大于70%的密林或树群内栽植草坪。

图2.78　稀疏草坪　　　　　　　　　　图2.79　疏林草坪

（2）草坪景观设计要求　以多年生和丛生性强的草本植物为主,选择具有繁殖容易、生长快、耐践踏、耐修剪、绿色期长、适应性强、能迅速形成草皮的植物,并且合理设置坡度,满足草坪的排水要求。一般普通的游息草坪的最小排水坡度不低于0.5%,不宜有起伏交替的地形出现。草坪的设计要点:

①游憩草坪:自然式草坪的坡度以5%~10%为宜,一般应小于15%,排水坡度为0.2%~5%。

②观赏草坪:平地观赏草坪坡度不小于0.2%,坡地观赏草坪坡度不超过50%,排水要求在自然安息角以下和最小排水坡度以上。

③足球场草坪:中央向四周的坡度以小于1%为宜,自然排水坡度0.2%~1%。

④网球场草坪:中央向四周的坡度为0.2%~0.8%,纵向坡度大,横向坡度小。

⑤高尔夫球场草坪:发球区坡度小于0.5%,障碍区有时坡度可达15%。

⑥赛马场草坪:直道坡度为1%~2.5%,转弯处坡度为7.5%,弯道坡度为5%~6.5%,中央场地为15%或更高。

2. 水生植物景观设计

水生植物是指生长在水体环境中的植物,从广泛的生态角度看还包括相当数量的沼生和湿生的植物。水生植物专类园,就是以水生的观赏植物和经济植物为材料,布置景点,分类种植的花园(图2.80)。

草坪和水生植物
景观设计2

图2.80　水生植物专类园

1）水生植物景观及作用

（1）以水生植物为景点主题，创造园林意境　中国园林中，常运用某些水生花卉作为种植材料，并与周围的其他景物配合，构成一种耐人寻味的意境。杭州西湖十景之一的"曲院风荷"就是立意成功的范例，是以夏景观荷而著称的专类园。从全园的布局上突出了"碧、红、香、凉"的意境，即荷叶的碧绿，荷花的粉红，熏风的清香，环境的凉爽。在植物材料的选择上，又与西湖景区的自然特点和历史古迹紧密结合，大面积栽种西湖红莲和各色芙蓉，使夏日呈现出"接天莲叶无穷碧，映日荷花别样红"的景观。还有以芦苇、香蒲等水生植物构成芦荡秋波的意境也富有野趣感，都说明了水生植物在园中造景上的作用。

（2）水生植物的观赏情趣　水生植物不仅观叶、赏花，还能欣赏映照在水中的倒影。原产中国东北地区的花菖蒲，于9世纪传入日本，现在每年6月份是日本的花菖蒲节，充足的雨水及晚春的气候催促着花菖蒲开放，人们在细雨蒙蒙中赏花，别有一番情趣。

（3）扩大空间，增加景观层次　水生植物与水面形成了方向对比，四周的景观映入水面，犹如对景观进行了一次再创作。水中的倒影，扩大了空间层次，使环境艺术更加完美和动人。

（4）科学普及，增长知识　从植物分类学上看既有低等的蕨类植物，又有单子叶植物和双子叶植物。从栽培类型上分，有宿根类、球根类、根茎类和一二年生植物。与水体的关系上，可分为挺水植物、浮水植物、沉水植物、漂浮植物、沼生植物和湿生植物。此外，水生植物在水体中还有生物学效应，如某些沉水植物可增加水体中氧气含量，或有抑制有害藻类繁衍能力，利于水体中的生物平衡等。

2）水生植物景观与设计

在园林中的水生植物一般都是栽植水生的观赏植物和水生的经济类植物，可以打破园林水面的平静，丰富水面的观赏内容，减少水面的蒸发，改善水质。

（1）水生植物的类型

①沼生植物：根生于泥中，植株直立挺出水面，一般生长在浅水区或沼泽地，如荷花、千屈菜、菖蒲、芦苇等。

②生浮植物：根生长在水底泥中，但茎不挺出水面，仅叶、花浮在水面上，一般生长在浅水或稍深一些的水面上，如睡莲、菱、芡实等。

③漂浮植物：植株均漂浮在水面上或水中，不需要泥而自生出，一般在浅水和深水中均能生长，如浮萍、水葫芦等。

（2）水生植物景观设计要求

• 因地制宜，合理搭配。根据水面的大小、深浅，水生植物的特点，选择集观赏、经济、水质改良为一体的水生植物。

• 数量适当，有疏有密。在园林设计时要留有充足的水面，以产生倒影和扩大空间感，水生植物的面积应不超过水面的1/3。

• 控制生长，安置设施。为了控制水生植物的生长，需在水中安置一些设施，如设水生植物的种植床等。

• 各种水生植物原产地的生态环境不同，对水位要求也有很大的差异，多数水生高等植物

分布在 100～150 cm 的水中,挺水及浮水植物常以 30～100 cm 为适,而沼生、湿生植物种类只需 20～30 cm 的浅水即可。

①水深 30～100 cm 的植物

● 荷花(Nelumbo nucifera)　生长的适合水位不得超过 100 cm;中、小型花宜种在 30～50 cm;碗莲在 20 cm 以下。水位过深只长少数浮叶,不见立叶则不易开花。若立叶被淹没持续 10 天上就会死亡。

● 睡莲(Nymphaea tetragona)、白睡莲(N. alba)及中大瓣粉(Var. rubra)、大瓣白(N. alba x N. odorata)、大瓣黄(N. alba X N. mexiana)、娃娃粉(N. alba X N. odorata var. rosea)等　为习见栽培的耐寒性睡莲,根茎可在冰冻下越冬。花期 6～8 月,需水深 30～60 cm。

● 芡实(Euryale ferox)　花紫色,花托多刺,叶片直径约 130 cm,我国南北各省均有分布。花期 7—8 月。

● 伞草(Cyperus alternifolius)　原为浅水植物,也可陆生,株高可达 200 cm 左右,30～50 cm 水深也可栽培。北方地区不能露地越冬。

● 香蒲(Typha angustifolia)　我国南北各省均有分布,西北东南部、华北可露地越冬。叶片挺拔,适于水边绿化。水位 30～50 cm。

● 千屈菜(Lythram salicaria)　水生或陆生,但水养株丛高大。我国南北各省均有野生,水深 30～40 cm。总状花序淡紫色,花期 7～9 月。

● 水葱(Scirpus tabernaemontani)、花叶水葱(Var. zebrinus)　南北各省多有分布。西北东南部、华北露地栽培可越冬。水深 30～40 cm。

● 黄菖蒲(Iris pseudacorus)　水生或陆生,但水生者长势尤好,花黄色,花期 5—6 月,是水景园中观花的好材料,需水深 30～50 cm。适应性强,西北、华北可露地越冬。

● 芦苇(Phragmites com mllnis)　常做野趣园配置,因株丛高大,也做遮视性应用。西北、华北露地越冬,需水深 30～40 cm。

● 王莲(Vtctoria amazornica)　热带原产水生宿根花卉,西北、华北地区做一年生栽培。成叶直径 100～250 cm,占据水面较大。花白色渐变红色,直径 25～35 cm,花期为夏秋季,是大型的水生观花、观叶植物。西北、华北不能露地越冬,常盆栽放置水池中观赏。室内式专类栽培,需专设王莲池,冬季水体应进行增温,适宜水温为 30～35 ℃。

②水深 10～30 cm 的植物

● 荇菜(Nymphoides peltatum)　多年生浮水植物,小花黄色,花径约 4 cm,花期 6—7 月。自繁能力强,应注意控制水面。西北、华北可露地越冬。

● 凤眼莲(Eichhornia crassipes)　又称水葫芦,多年生漂浮植物,花葶蓝色,花期 7～9 月。自繁能力强,生长期应控制水面。西北、华北不宜露地越冬,常在低温温室保留母株,晚霜过后放置水面即可繁殖起来。

● 萍蓬草(Nuphar pumilum)　多年生浮水植物,个花黄色,花径约 5 cm,花期 4—5 月及 7—8 月。长江流域不加保护可以越冬,西北、华北地区,根茎在冰冻下越冬。

● 菖蒲(Acorus calamus)　水生或陆生多年生植物,叶片具芳香全株入药。华北地区可露地越冬。

③10 cm 以下的植物

● 燕子花(Iris laevigata)　花蓝紫色,花期6—8月。宿根,湿生或沼生植物。

● 溪荪(Iris sanquinea)　花大,蓝色,花期6—7月。多年生,湿生或沼生植物。

● 花菖蒲(Iris kaempferi)　多年生草本植物,园艺品种近千种。花大,花型丰富,花期6月。常为水生专类应用。喜酸性土。

● 石菖蒲(Acorus gramineus)　多年生草本植物,株高30~40 cm,全株具香气,适于水边岩石上生长,为湿生观叶植物。

在种植设计上,除按水生植物的生态习性选择适宜的深度栽植外,专类园的竖向设计也可有一定起伏,在配置上应高低错落、疏密有致。从平面上看,应留出1/2~1/3水面,水生植物不宜过密,否则会影响水中倒影及景观透视线。为此常在水体中设池或设置金属网,控制水生植物的生长范围。

 任务实施 1

(1)就近选择本地区园林景观区,班级分组、分片进行草坪植物景观调查,设计调查表格,确定调查内容。如调查表格内容设计如下:

草坪景观调查表					
调查地点			调查人员		
序　号	名　　称	类　　型	景观应用	规划形式	地　点
……	……	如单位绿地、公园绿地 ……	如观赏草坪 ……		……
……	……	……	……	……	……

(2)收集资料

图书馆或者网上查阅相关资料。

 任务实施 2

根据所调查到的植物,图书馆或者网上查阅相关树种的详细资料,如生长中对环境的要求、观赏特征的具体描述、应用的形式等。

(1)就近选择一小型绿地,班级分组、分片进行植物调查,设计调查表格,确定调查内容。如调查表格内容设计如下:

水生植物调查表							
调查地点					调查人员		
序　号	名　称	生态习性	生活型	应用	观赏特性	生长环境、状况	地　点
……	……	如沼生植物、漂浮植物……	如草本、木本……	……	如观花、观叶……	主要记录光照条件、生长是否良好或有无病虫害等情况	……
……	……	……	……	……	……	……	……

（2）收集资料

根据所调查到的植物,图书馆或者网上查阅相关树种的详细资料,如生长中对环境的要求、观赏特征的具体描述、应用的形式等。

知识拓展

草坪施工与管理

草坪施工是园林绿地绿化种植工程中的一项主要内容,掌握草坪的施工过程和施工方法都是非常必要的。草坪的建植有两种方法:

（1）铺栽法　优点:成坪迅速,管理简便,主要适用于匍匐性强的草种;

（2）播种法　优点:具有均匀、整齐的外观,且投资少。

1）草坪施工程序

准备工作(草种、施工用具、人员及设计资料等) → 植草地处理(平整、施肥、耕翻、改良土壤、除草、布置排灌设施) → 栽植 → 管护(灌水、施肥、修剪、表施土壤、除杂草、打孔通气)。

2）草坪施工方法

（1）栽植前的准备工作　按照施工的要求,对种植地进行现场踏查,了解现场的施工条件。

（2）草种选择　适应当地的环境条件,不同场地选择不同草种,根据养护管理条件选择草种。

（3）植草地处理

①清除杂草。

②整地作业:

a. 翻土:深度要求不小于40 cm,土块必须打碎。

b. 筛土:将土深40 cm以内的表土全部过筛,确保栽植土壤疏松。

③基土施肥:为了提高土壤肥力,每亩施农家肥2 500～3 000 kg或过磷酸钙10～15 kg,粉碎后撒施,翻入土中。然后进行整地,注意排水坡度通常为3%～5%。

④土壤消毒:用高锰酸钾(浓度为0.5%～1%)水溶液喷洒即可。

3）草坪的建植方法

草坪栽植方法有播种法和铺栽法两种。

（1）播种法　　该法是用种子撒播而育成草坪的方法,目前在园林绿化工程中应用较为广泛。

①选种:播种用的草籽纯度要在90%以上,发芽率在60%以上。根据本地区气候条件和土壤条件选择优良草种。

②种子处理:为了提高种子发芽率,确保草苗健壮,在播种前应对种子进行处理,常用水浸泡法处理。

③播种时间:主要依据草种和气候条件来确定,暖季型草种宜用春播,冷季型草种多为秋播。

④播种方法:

a. 撒播法:可使草坪生长均匀,沟深0.5 cm,播种量一般为35～39 g/m^2。

b. 条播法:是在整好的场地上开沟,沟深0.05～0.1 m,沟距为0.15 m。用等量的细土或沙子与种子拌匀撒入沟中,播种后用碾子滚压和浇水等。

⑤覆盖:为了保持土壤湿润,促进种子发芽,可用草帘覆盖,或其他透气性好的材料覆盖。

⑥淋水保温:播种后应立即喷水,喷水要求均匀、雾状,浇水次数视天气情况确定,一般每天1～2次,早晚各1次。

（2）铺栽法　　该法是直接利用草皮(全铺或分株)种植草坪的方法,广泛应用于各类草坪栽植中。

①栽植时间:全年生长季均匀进行,最好于生长季的中期铺栽。能确保草坪成型,种植太晚,将影响景观效果。

②栽植方法:

a. 点栽法:也称穴植法,穴深6～7 cm,株距15～20 cm,呈三角形排列,将草皮栽入穴中,用细土填穴埋土,拍实,然后碾压一遍再灌水。此法比较均匀,形成草坪迅速,但费时费工。

b. 条栽法:先开沟,沟深20～25 cm。将草皮撕成小块排入沟内,埋土,再踩实、碾压和灌水。此法比较省工、省草、施工速度快,但形成草坪时间慢,成草不太均匀。

c. 密铺法:是指用成块带土的草皮连续密铺形成草坪的方法。先将草皮切成方形草块,按设计标高拉线打桩,沿线铺草,缝宽2 cm,缝内填满细土,用木板拍实,然后用碾子滚压,喷水养护。此法具有快速形成草坪,管理容易,不受季节限制的优点。常用于要求施工工期短、成型快的草坪作业。

d. 植生带栽植法:先将铺设地的土壤翻耕整平,将准备好的植生带铺于地上,再在上面覆盖1～2 cm厚的过筛细土,用碾子压实,洒水保养,10天后无纺布慢慢腐烂,草籽也开始发芽,1～2个月后即可形成草坪。此法具有出苗整齐,密度均匀,成坪迅速。适用于斜坡、陡坡的草坪施工。

e. 喷浆栽植法:既可用于播种法,也可用于铺栽法。

●用于播种时是利用装有空气压缩机喷浆机组,通过压力将混合有草籽、肥料、保湿剂、除草剂、颜料及适量的松软有机物和水等制成的绿色泥液,直接均匀地喷洒到已经整平的场地上而形成草坪的方法。此法可以做到不重复,不遗漏,还能保湿,快速形成草坪。适用于公路、铁路、水体护坡及飞机场等大面积草坪施工。

●铺栽时,先将草皮分松洗净,切成小段,一般4～6 cm,然后在栽植地上喷洒泥浆,再将草段均匀撒于泥浆上即可。此法成坪速度快,草坪长势良好。

4）草坪施工后的养护管理

草坪成活后,要取得预期的绿化景观,必须加强养护管理,俗话说"三分种七分养",这就是说明了草坪养护管理的重要性。

(1)浇灌　草坪草的根系较浅,需要经常补充水分,建成后必须合理灌溉。

①灌水方法:实践中常用的方法有地面漫灌(简单易行,投资省,不能用坡度大的草坪)和喷灌(高效节水,便于自动化的作业,劳动强度低,但建造成本偏高,可使用于地形复杂的地段)。

②灌水时间:对于新植的草坪,除雨季外,每周应淋水2~3次,水量要足,应渗入地下10 cm以上。浇水时间最好为早晨或傍晚,有利于根系的吸收,对已成型的草坪,应在春季返青前和秋季草枯黄时(北方于封冻前)各灌足水一次,要求渗入地下20 cm以上。在草坪的生长季节根据天气和土壤情况适当浇水,一般每月不少于3次。

③灌水量:根据土壤质地、生长期、草种等因素确定。

(2)施肥　草坪草主要是进行叶片生长,因此建成后草坪主要是追施氮肥。寒季型草种的追肥时间最好在早春和秋季,暖季型草种第一次追肥在晚春,最后一次追肥北方地区不晚于8月中旬,南方地区不晚于9月中旬。

(3)修剪　修剪是草坪养护管理的重点。适当的修剪可使草坪保持良好的密度,促进分蘖,控制杂草,减少病害,使草坪平整美观。草坪修剪的次数要根据生长情况来定,一般的草种一年最少修剪4~5次,修剪的时间最好在早晨草叶挺直时进行,便于剪平,应避免在雨后进行。

(4)除杂草　除杂草是草坪养护管理中必不可少的一环,做不好则杂草滋生,严重影响草坪的景观效果。最根本方法是合理的水肥支持,以促进目的草的生长势,增强与杂草的竞争能力。通过适时的修剪,抑制杂草的生长,有两种方法:一是人工"排除";二是使用化学除草剂清除。

(5)松土通气　长期使用的草坪土壤变紧实,根系絮结,从而影响土层中水、气比例,减弱草坪生长势。所以应进行松土耕作,增加土壤透水透气性。机具有:垂直刈割机、打孔机等。

(6)覆土　覆土的作用是保护草的越冬芽,平整地面,改良土壤结构,增加土壤透水透气性。一般用细沙为主,每次覆土的厚度不得超过0.5 cm,然后用拖网耙平,再用滚筒式镇压器碾平。

教学效果检查

1.你是否明确本任务的学习目标?

2.你是否达到了本学习任务对学生知识和能力的要求?

3.你了解草坪的类型吗?

4.你掌握了园林中草坪景观设计要求吗?

5.你掌握了水生植物专类园的设计吗?

6.你掌握了当地水生植物的选择吗?

7.你课下阅读了学习资源库的内容吗?

8.你是否喜欢这种上课方式?

9.你认为本学习任务还应该增加哪些方面的内容?

10.本学习任务完成后,你还有哪些问题需要解决?

模块 2
各类绿地中植物景观设计

项目 **3** 城市道路绿地植物景观设计

[学习目标]

知识目标：

(1)了解城市道路绿地类型和布局形式。

(2)能正确理解城市道路绿地的植物景观设计原则。

(3)掌握城市道路绿地植物景观营造要求。

技能目标：

能够根据城市道路绿地不同类型进行植物景观设计。

城市道路绿地植物
景观设计1,2

工作任务

任务提出

如图3.1所示为四川省广汉市北京路景观设计平面图。道路工程等级为城市主干路-Ⅱ级,设计行车速度为40 km/h,双向八车道。绿化设计标准段总长240 m,道路红线内宽度75 m,

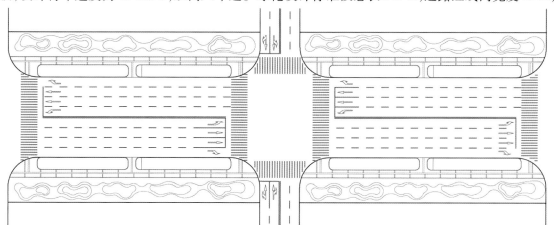

图3.1　广汉市北京路景观设计平面图

路侧绿地与人行道宽度共 2×25 m。道路绿化设计要求体现"大气、简洁、自然"的风格,并符合城市道路绿化规划与设计规范(CJJ 75—97)相关要求。

任务分析

根据城市道路类型与性质选择植物种类并确定植物造景形式,使城市道路绿化满足城市道路交通功能基本要求,并充分发挥植物景观美化环境与生态改善的作用。植物景观设计形式要求自然简洁,符合道路线形。植物配置应做到常绿植物与落叶植物、乔木与灌木、速生植物与慢生植物合理搭配。另外,需注意道路植物景观整体形态和季相色彩的合理搭配。

任务要求

(1)植物品种的选择应适宜道路绿地不同区域对景观的功能需求。

(2)正确采用植物景观构图基本方法,灵活运用自然式与行列式的种植方法。

(3)树种选择合适,不同竖向地形植物品种配置符合规律。

(4)图纸绘制规范,完成道路植物种植设计平面图一张。

材料及工具

测量仪器、手工绘图工具、绘图纸、绘图软件(AutoCAD)、计算机等。

 ## 知识准备

1. 城市道路类型

城市道路是指城市建成区范围内的各种道路,具有交通、城市构造、设施承载、环境美化、防灾避险等综合功能。城市道路是城市交通系统的骨架,是维持城市生活与生产活动正常秩序的支撑网络。城市道路体现着城市运作的有序与高效,也为展示城市文化、地域风貌、人居生活质量起到了重要的窗口作用。

为保证城市中生产、生活正常进行,交通运输经济合理,按照现行城市道路交通规划设计规范,将城市道路分为快速路、主干路、次干路和支路 4 类。

(1)快速路　完全为交通功能服务,是解决城市大量长距离、快速交通要求的主要道路。快速路进出口应采用全控制或部分控制。四车道以上,设有中央分隔带,全部或部分采用立体交叉,与次干道可采用平面交叉,与支路不能直接相交。设计车行速度为 60~80 km/h,如成都市三环路。

(2)主干路　主干路是以交通功能为主的城市道路,是大、中城市道路系统的骨架,城市各区之间的常规中速交通道路。行车全程可以不设立体交叉,基本为平交,通过扩大交叉口来提高通行能力。一般为六车道,机动车、非机动车分离,其设计车行速度为 40~60 km/h。

(3)次干路　是城市区域性的交通干道,为区域交通集散服务,兼有服务功能,配合主干路组成道路网,起到广泛连接城市各部分与集散交通的作用。一般是四车道,可不设非机动车道,

可设置停车场。

（4）支路　为联系各居住小区的道路，解决地区交通，直接与两侧建筑物出入口相连接，以服务功能为主。

为了使道路既能满足使用要求，又节约土地及投资，规范规定，除快速路外，城市各类道路根据城市规模、设计交通量、地形等分为Ⅰ、Ⅱ、Ⅲ级。一般情况下，大城市应采用各类指标中的Ⅰ级标准，中等城市应采用各类指标中的Ⅱ级标准，小城市应采用各类指标中的Ⅲ级标准。我国各城市所处的位置不同，地形、气候条件等存在着较大的差异，同等级的城市也不一定采用同一等级的设计标准（表3.1）。无论提高或减低技术标准，均需经过城市总体规划审批部门批准。

表3.1　城市道路分类、分级和技术标准

城市道路	级　别	计算行车速度/(km·h⁻¹)	双向机动车道数	分隔带设置	横断面形式
快速路		60、80	≥4	必须设	双、四
主干道	Ⅰ	50、60	≥4	应该设	单、双、三、四
	Ⅱ	40、50	3~4	应该设	单、双、三
	Ⅲ	30、40	2~4	可设	单、双、三
次干道	Ⅰ	40、50	2~4	可设	单、双、三
	Ⅱ	30、40	2~4	不设	单
	Ⅲ	20、30	2	不设	单
支路	Ⅰ	30、40	2	不设	单
	Ⅱ	20、30	2	不设	单
	Ⅲ	20	2	不设	单

2. 城市道路绿化的功能与栽植类型

道路绿化是指以道路为主体，利用植物材料在道路用地范围内对可栽植的用地进行景观美化。

1）城市道路绿化功能

城市道路将城市各地区连接成为有机整体。城市道路绿化作为城市园林绿化的重要组成部分，以"线"的形式将城市中分散的"点"和"面"的绿地连接起来，从而构成完整的城市园林绿地系统，在多方面发挥着积极的作用。城市道路绿化不仅能美化城市环境，改善城市景观风貌，同时对于调节城市小气候，净化空气，减少噪声，减低风速都起到良好的作用。而规划合理、设计适宜的道路绿地有利于交通视线诱导，减少事故的发生，从而为安全行车提供保障。道路绿化还可以稳固路基，养护道路，延长路面寿命，因此具有一定的经济与社会效益。

（1）生态功能

①净化空气：城市道路的粉尘主要来自降尘、飘尘、汽车尾气的铅尘等。植物通过叶面减低风速，使街道粉尘滞留，并沉降在绿化带附近不再扩散。同时，植物吸收 CO_2、SO_2 等气体，释放出 O_2，从而净化城市空气，减少居民患呼吸道疾病的可能。

②减少噪音：随着城市建设进程不断推进，噪音已然成为城市环境的重要污染源，影响着城

市居民的生活质量,给人们的工作和休息带来干扰。城市林带与街道绿化带对噪音具有吸收和消解的作用,噪音波被通过树叶发生不规则反射并衰减,同时引起树叶微震而达到消耗,因此噪音强度被减弱。在城市交通量大的道路周围设置植物隔音带,能有效地消除噪音。

③改善城市小气候:小气候主要指地层表面属性的差异性所造成的局部地区气候。植物叶片蒸腾大量的水分,调节周围空气湿度。茂密的林冠阻挡了太阳的直接辐射,减少地面升温,给林下空间带来凉爽与舒适的气候环境。同时,植物的合理栽植能够有效调节风速,阻挡冬季寒风,引入夏季风,给人们创造更舒适的生活空间。

④保护路基与路面:大气降雨在地表汇集形成径流。强烈的地表径流容易引起水土流失,对道路边坡形成冲刷与破坏。植物栽植能够有效减小地表径流,固土护坡。夏季阳光辐射强烈,裸露的路面可能受到日光的强烈照射而开裂受损,植物的栽植使林下气温降低,减少路面增温,降低路面胀缩系数,从而延长路面的使用寿命。

(2)交通功能　植物的色彩变化能够有效调节神经疲劳,减少开车疲劳,并阻隔路面与周围环境的强烈反光,有助于安全行车;反向机动车道间设置绿化分隔带,可以减少上下车流间的眩光干扰,保证行车安全;机动车道与非机动车道之间设绿化分隔带,有利于解除快慢车混行、人车混行带来的安全隐患;交叉路口上布置交通岛、立体交叉等,并用植物进行美化,有利于交通的安全引导,保障通行效率。

(3)防灾避险功能　城市道路绿地在城市中形成了纵横交错的一道道绿色防线,可以减低风速,防止火灾的蔓延;地震时,道路绿地还可以作为临时避震的场所,对防止震后建筑倒塌造成的交通堵塞起到缓解作用。

(4)景观美化功能　植物群落的色彩、形态、季相变化无不给人以美的感受。再精巧的城市街道如果少了植物景观的点缀,总会显得格外冰冷而缺乏生机。城市的道路绿化是城市印象的名片,构成了城市的自然轮廓线,并能塑造出独特的地域性景观。如北京街道两侧挺立的杨树、油松,彰显了首都的大气古朴、庄严雄伟的气质;成都街头处处可见的芙蓉、栾树、红枫、紫薇,色彩烂漫,仪态万千,为都市生活增添了趣味与活力。广西北海街头林立的大王椰子、假槟榔、凤凰木,向远道而来的客人们展现着海滨之城多情而摇曳的美妙风姿。

2)城市道路绿化栽植类型

按照城市道路绿地功能,道路绿化栽植类型可分为:

(1)遮阴栽植　夏季酷暑难耐,行道树可以阻隔阳光辐射,减少地表增温,为行人提供凉爽的通行空间。街道绿地、露天停车场等人车滞留的地方也须有庭荫树栽植,以降温消暑,缓解炎热感受。

(2)遮蔽栽植　利用植物将视线的某一个方向加以遮挡,以免见其全貌。如在公路上,利用植物在道路两侧形成景观屏障,遮掩不美观的环境。城区里也常见利用攀缘植物遮挡挡土墙、围墙等构筑物,美化街道环境。

(3)装饰栽植　装饰栽植常用在建筑用地周围或道路绿化带、分隔带两侧作局部的间隔与装饰之用。它的功能是作为明显的界限标志,以达到划分空间,防止行人穿过等目的。

(4)地被栽植　即利用地被植物覆盖地表面,防止地表裸露,雨水冲刷或冰害发生。由于地表面性质的改变,对小气候也有缓和作用。地被的宜人绿色可以调节道路环境的景色,同时反光少,不炫目,如与花坛的鲜花相对比,色彩效果则更好。

3. 城市道路绿化的布局形式

城市道路绿地植物
景观设计3,4

随着城市建设进程推进,人们对道路环境的要求已不满足于保障安全、便捷行车,而进一步发展为营造良好的街道环境,提供舒适的行车体验了。道路环境的设计目的也由以车为主导,发展到提倡"人车共享"。现今,道路绿化不能止步于组织交通、遮阴、填绿等基本功能,还需要结合人们的沿街活动,包括散步、呼吸新鲜空气、闲逛和坐下来晒太阳等,让人们在行走中享受更为丰富的审美、社交、休憩体验,因此,城市道路绿化的布局形式也逐步丰富起来。根据道路绿地景观特性不同,城市道路绿化布局形式可分为密林式、自然式、花园式、田园式等;依据城市道路断面形式,城市道路绿化布局形式又可分为一板二带式、二板三带式、三板四带式和四板五带式。

1)城市道路绿化景观布局形式

从道路绿地景观特性出发,即是从树种、树形、种植方式等方面来研究绿化与道路、建筑协调的整体艺术效果,使绿地成为道路环境中有机组成的一部分。

(1)密林式　这种栽植方式一般沿城乡交界处道路或环绕道路布置。沿路两侧种植浓茂的树林,乔灌草多层栽植,绿荫浓密,亭亭如盖,凉爽宜人。植物种植强调道路线形,成列整齐排布,具有明确的道路指向性。沿路植树要有一定宽度,一般50 m以上。密林栽植常常采用两三种以上乔木交替间植,形成韵律,整齐美观而不失趣味。

(2)自然式　这种栽植方式常见于街心与路边游园,比拟自然,依据地形和周围环境布置植物。沿街在一定宽度内布置自然树丛,高低错落,浓淡相宜,疏密有序,增加街道的空间层次与变化,创造生动活泼的街道氛围。这种形式有利于植物景观与周围环境的有机结合,但夏季遮阴效果不如整齐式的行道树。在路口、拐弯处的一定距离内要减少或不种灌木以免妨碍司机视线。在条状的分车带内自然式种植,需要有一定的宽度,一般要求最小6 m。还要注意与地下管线的配合,所用的苗木,也应具有一定规格。

(3)花园式　这种栽植方式沿道路外侧布置成大小不同的绿化空间,有广场,有绿荫,并设置必要的园林设施,如小卖部,供行人和附近居民逗留小憩和散步,亦可停放少量车辆和设置幼儿游戏场等。道路绿地可分段与周围的绿化相结合,在城市建筑密集、缺少绿地的情况下,这种形式可在商业区、居住区内使用,在用地紧张、人口稠密的街道旁可多布置孤立乔木或绿荫广场,弥补城市绿地分布不均匀的缺陷。

(4)田园式　这种栽植方式道路两侧的园林植物都在视线以下,大都种草地,空间全面敞开。在郊区直接与农田、菜田相连;在城市边缘也可与苗圃、果园相邻。这种形式开朗、自然、富有乡土气息,极目远眺,可见远山、白云、海面、湖泊,或欣赏田园风光。在路上高速行车,视线较好。田园式主要适用于气候温和地区。

(5)滨河式　这种栽植方式道路的一面临水,空间开阔,环境优美,是市民休息游憩的良好场所。在水面不十分宽阔,对岸又无风景时,滨河绿地可布置得较为简单,树木种植成行,岸边设置栏杆,树间安放座椅,供游人休憩。如水面宽阔,沿岸风光绮丽,对岸风景点较多,沿水边就应设置较宽阔的绿地,布置游人步道、草坪、花坛、座椅等园林设施。游人步道应尽量靠近水边,或设置小型广场和临水平台,满足人们的亲水感和观景要求。

(6)简易式　这种栽植方式沿道路两侧各种一行乔木或灌木,形成"一条路,两行树"的形式,在街道绿地中是最简单、最原始的形式。

2)城市道路绿化断面布置形式

城市道路绿化断面布置形式是规划设计所用的主要模式,常用的城市道路绿化的形式有以下几种(图3.2):

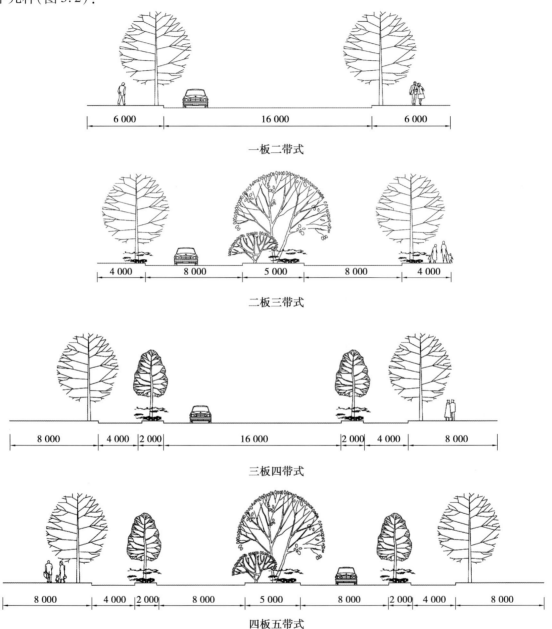

一板二带式

二板三带式

三板四带式

四板五带式

图3.2　城市道路绿化断面形式

(标注单位:mm)

(1)一板二带式　这是道路绿化中最常用的一种形式,即在车行道两侧人行道分隔线上种植行道树,操作简单、用地经济、管理方便。但当车行道过宽时行道树的遮阴效果较差,不利于机动车辆与非机动车辆混合行驶时的交通管理。

(2)二板三带式　在分隔单向行驶的两条车行道中间绿化,并在道路两侧布置行道树。这

种形式适于宽阔道路,绿带数量较大、生态效益较显著,多用于高速公路和入城道路绿化。

(3)三板四带式 利用两条分隔带把车行道分成三块,中间为机动车道,两侧为非机动车道,连同车道两侧的行道树共为四条绿带。虽然占地面积较大,但其绿化量大,夏季蔽荫效果好,组织交通方便,安全可靠,解决了各种车辆混合互相干扰的矛盾。

(4)四板五带式 利用三条分隔带将车道分为四条而规划为五条绿化带,以便各种车辆上行、下行互不干扰,利于限定车速和交通安全;如果道路面积不宜布置五带,则可用栏杆分隔,以节约用地。

(5)其他形式 按道路所处地理位置、环境条件特点,因地制宜地设置绿带,如山坡、水道的绿化设计。

道路绿化断面形式必须从实际出发,因地制宜,不能片面追求形式,讲求气派。尤其在街道狭窄,交通量大,只允许在街道的一侧种植行道树时,就应当以行人的庇荫和树木生长对日照条件的要求来考虑,而不能片面追求整齐对称以减少车行道数目。

4. 城市道路绿地植物景观设计原则

1)道路绿地要与城市道路的性质、功能相适应

现代化的城市道路交通已成为一个多层次、复杂的系统。不同性质、级别的城市道路,其功能侧重、服务对象有所不同,道路尺度、绿化形式也发生了相应变化。如快速路、城市干道车流快速通过,绿化应以有效组织交通,确保交通安全、便捷为首要功能;而商业街、步行街的绿化则应能反映城市风貌,美化街区环境,服务居民生活,其树种选择,植物造景手法与前者有着较大差异。

2)道路绿地应起到应有的生态功能

绿地犹如天然过滤器,具有滞尘和净化空气,增加空气湿度,遮阴降温,吸收有害气体,隔音减噪,防风防火等功能。道路绿地设计应充分植物的生态效益和防护功能,提高城市生态质量,美化城市环境。

3)道路绿地设计应以人为本,符合人们的行为规律和动态视觉特性

由于行人、车流交通目的和交通手段各有不同,人们在街道上的行为规律与视觉特性不尽相同。道路绿地景观设计应该以人为本,根据不同的道路性质,考虑人们在街道上的行走、休憩、观景与社交行为的需要,并通过绿地景观设计组织交通,满足各项行为要求并使不同行为互不打扰。其次,道路上的行人与车辆都是在动态过程中观赏街景的。道路绿地景观设计应符合现代交通条件下视觉特性与规律的要求,在快速通行或车辆专用路段以大尺度色块、色条为造景风格,而在行人驻留观景路段精心雕琢,注意树形姿态并丰富空间层次,从而达到降低建造成本并提高街道景观视觉质量的目的。

4)道路绿地要与其他的街景元素协调,形成完美的景观

道路绿地应与街景中其他元素相互协调,与地形、沿街建筑等紧密结合,使道路在满足交通功能的前提下,与城市自然景观、历史人文景观和现代建筑景观有机地联系在一起,把道路与环境作为一个整体加以考虑并做出一体化的景观设计,创造有特色、有时代感的城市景观。

5)道路绿地要选择好适宜的园林植物,形成优美、稳定的景观

道路绿地中的各种园林植物,因树形、色彩、香味、季相等不同,在景观、功能上也有不同的效果。根据道路景观及功能上的要求,要实现四季常青、三季有花就需要多品种配合与多种栽

植方式的协调。道路绿地直接关系着街景的四季变化,要使春、夏、秋、冬均有相宜的景色,应根据不同用路者的视觉特性及观赏要求,处理好绿化的间距、树木的品种、树冠的形状以及树木成年后的高度及修剪等问题。

6)道路绿地应与街道上的交通、建筑、附属设施、管理设施和地下管线、沟道等配合起来

为了交通安全,道路绿地中的植物不应遮挡汽车司机在一定距离内的视线,不应遮蔽交通管理标志,要留出公共站台的必要范围以及保证乔木有适当高的分枝点,方便行人车辆安全通过。应注意协调沿街建筑对绿地的个别要求与全街景观整齐统一的要求,其中道路绿地对重要公共建筑的美化和对居住建筑的防护作用尤为重要。再者,植物景观也不应影响道路附属设施的正常使用,如停车场、加油站以及道路照明设施;植物定点与栽植时也要注意避免破坏地下管线或覆盖堵塞排水沟道。

7)道路绿地设计应考虑到城市土壤条件、养护管理水平等因素

城市道路绿地土壤较为贫瘠,成分比较复杂,一般不利于植物生长。而对植物的浇水、施肥、除虫、修剪等养护管理工作也会受到条件与水平的限制。这些客观事实在设计上应兼顾考虑。总之,道路绿地的规划设计受到各方面因素的制约,只有处理好这些问题,才能保持道路景观的长期优美。

5.城市道路绿地植物选择

城市道路绿地植物

景观设计5,6

城市道路绿地植物选择首先应符合城市道路的性质与功能要求,不应给城市环境和居民健康造成伤害,也不能为道路使用带来不便。其次,城市道路绿地立体条件不甚理想,绿化范围广,养护管理水平有限,手段较为粗放,在植物选择上应充分考虑植物的适应性和抗逆性。具体来说,植物选择应至少满足以下条件:

①道路绿化应选择适应道路环境条件好、生长稳定、观赏价值高和环境效益好的植物种类。

②寒冷积雪地区的城市,分车绿带、行道树绿带种植的乔木,应选择落叶树种。

③行道树应选择深根性、分枝点高、冠大荫浓、生长健壮、适应城市道路环境条件,且落果对行人不会造成危害的树种。

④花灌木应选择花繁叶茂、花期长、生长健壮和便于管理的树种。

⑤绿篱植物和观叶植物应选用萌芽力强、枝繁叶密、耐修剪的树种。

⑥地被植物应选择茎叶茂密、生长势强、病虫害少和易于管理的木本或草本观叶、观花植物。其中草坪地被植物上应选择萌蘖力强、覆盖率高、耐修剪和绿色期长的种类。

除此以外,植物选择和群落配置还应着重考虑季相变化和地域特性。适当地组织有季相变化的栽植可为街道景观带来更多生机与景致;而在适宜路段通过栽植有乡土特色的树种,可为当地居民带来亲切感,也为城市景观增添了一道独特的风景线。

6.城市道路绿地植物景观营造

城市道路绿地指城市道路及广场用地范围内的可进行绿化的用地。道路绿地分为道路绿带、交通岛绿地、广场绿地和停车场绿地。

1)道路绿带植物景观设计

道路绿带指道路红线范围内的带状绿地,道路绿带分为分车绿带、行道树、绿带和路侧绿带(图3.3)。

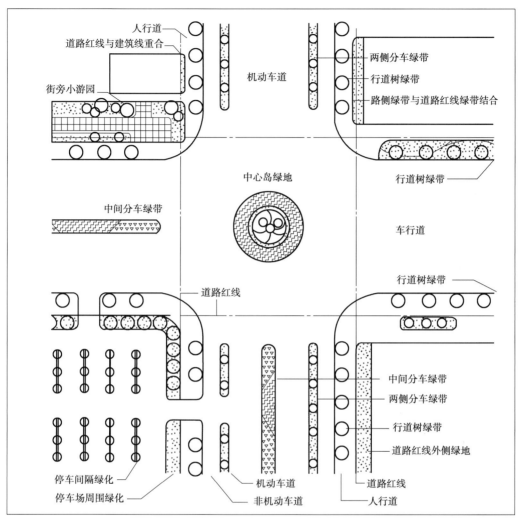

图3.3 城市道路绿地示意图

（1）分车绿带植物景观设计　分车绿带指车行道之间可以绿化的分隔带。其位于上下行机动车道之间的为中间分车绿带；位于机动车道与非机动车道之间或同方向机动车道之间的为两侧分车绿带。在现代城市道路绿化中，分车绿带起分隔车流及缓解司机视觉疲劳的作用。分车绿带的宽度没有硬性规定，因道路而异，一般最小宽度不宜小于1.5 m。分车绿带植物种植一般采用复层次栽植方式，植物配置应形式简洁，树形整齐，排列一致。在植物配置中应注意：

①中间分车绿带以阻挡相向行驶车辆的眩光为主要目的。在距相邻机动车道路面高度0.6~1.5 m，选取植物的树冠应常年枝叶茂密，其株距不得大于冠幅的5倍。

②两侧分车绿带宽度大于或等于1.5 m，应以种植乔木为主，并宜乔木、灌木、地被植物相结合。其两侧乔木树冠不宜在机动车道上方搭接。

③分车绿带宽度小于1.5 m，应以种植灌木为主，并应灌木与地被植物相结合。

④为了便于行人过街，分车绿带必须适当分段，分段尽量与人行横道、大型公共建筑出入口相结合，一般以75~100 m为宜。被人行横道或道路出入口断开的分车绿带，其端部应采取通透式配置。当分车绿带与公汽停车站相结合时，在车站的长度范围内，应铺砖不进行绿化。

如图3.4所示，该道路位于商业街区。道路植物景观设计简洁、大气，并与周围商业环境相统一。该路段中央分隔带集分隔上下行车,方便行人通行和连接主要建筑入口功能为一体,设计成为中央植物景观带。香樟、银杏等高大乔木与广玉兰、桂花、海藻等中型乔木以及灌木地被植物组成高低错落、层次丰富的立面空间。植物选择多使用彩叶树种和开花植物,如紫薇、花石榴、紫叶李、五角枫,与林下多层次的彩叶灌木相得益彰,形成了四季有景、季相丰富的植物群落景观,恰到好处地烘托了商业空间热闹繁华的氛围。

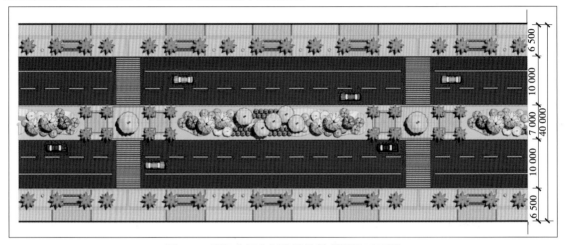

图 3.4　德阳市新乌江路植物景观设计平面图

(2)行道树绿带植物景观设计　行道树绿带指布设在人行道与车行道之间,以种植行道树为主,以乔木、灌木、地被相结合,形成连结的绿带。行道树是城市道路绿化最基本的组成部分,行道树树种选择应以乡土树种为主,选择适宜、经济、美观的树种。行道树选择时应符合的要求:

①冠大荫浓,分枝点高,如悬铃木、雪松、银杏、欧洲七叶树、北美鹅掌楸等。

②具有深根性,不易倒伏,如香樟、国槐、白蜡、栾树、银杏、杨树等。

③抗逆性强,即抗病虫害、耐旱、耐涝、耐瘠薄,如广玉兰、鹅掌楸、乐山含笑、银杏等。

④树种本身无污染,落果少,没有飞絮。

⑤发芽早,落叶晚,落叶期集中。

⑥近期与远期相结合,速生树与慢生树搭配,适地适树。

行道树的栽植形式一般可分为树带式与树池式。

①树带式:在交通量与人流量不大的路段可以采用这种方式。即在人行道和车行道之间留出一条不加铺装的种植带,一般宽度不小于 1.5 m,植一行大乔木和树篱;如宽度适宜则可分别植两行或多行乔木与树篱。

②树池式:在交通量较大、行人多而人行道又窄的路段,正方形树池以 1.5 m×1.5 m 较合适,长方形以 1.2 m×2 m 为宜,圆形树池以直径不小于 1.5 m 为好。

行道树设计与栽植时,还应注意定植株距应以其树种成年冠幅为准,最小种植株距为 4 m,常见株距为 5,6,8 m。苗木胸径在 12～15 cm 为宜,其分支角度越大的,干高就不得小于 3.5 m;分枝角度较小者,干高也不能小于 2 m,否则会影响交通。行道树树干中心至路缘石外侧最小距离宜为 0.75 m。此外,在行人多的路段,行道树绿带不能连续种植时,行道树之间宜采用透气性路面铺装,树池上宜覆盖池箅子。在道路交叉口视距三角形范围内行道树绿带应采用通透式配置。

（3）路侧绿带　路侧绿带指位于道路侧方,布设在人行道边缘至道路红线之间的绿带。人行道上除布置行道树外,还有一定宽度的地方可供绿化,这就是防护绿带。一般防护绿带宽度小于5 m时,均称为基础绿带;宽度大于8 m以上的,可设计成开放式绿地,内部设置游步路,布置为花园林荫路;路侧绿带还可与毗邻的其他绿地一起辟为街旁游园;若濒临江河湖海等水体,路侧绿地可结合水面与岸线的地形设计成滨水绿带。总而言之,路侧绿带应根据相邻用地性质防护和景观要求进行设计,并应保持路段内连续与完整的景观效果。

①防护绿带和基础绿带设计:基础绿带的主要作用是为了保护建筑内部的环境及人的活动不受外界干扰。基础绿带内可种灌木、绿篱及攀援植物以美化建筑物。种植时一定要保证种植与建筑物的最小距离,保证室内的通风和采光。

②花园林荫路的设计:花园林荫路是指那些与道路平行而且具有一定宽度和游憩设施的带状绿地。花园林荫路的设计要保证林荫路内有一个宁静、卫生和安全的环境,以供游人散步、休息,在它与车行道相邻的一侧要用浓密的植篱和乔木组共同组成屏障,与车行道隔开(图3.5)。

车行道　　　　　　　　　　游步路　　　　　　　　　　车行道

图3.5　花园林荫路立面植物景观示意图

● 花园林荫道布置类型

a.设在街道中间的林荫道:即两边为上下行的车行道,中间有一定宽度的绿化带,这种类型较为常见。例如:北京正义路林荫道、上海肇家滨林荫道等。主要供行人和附近居民作暂时休息用。此类型多在交通量不大的情况下采用,出入口不宜过多。

b.设在街道一侧的林荫道:由于林荫道设立在道路的一侧,减少了行人与车行路的交叉。在交通比较频繁的街道上多采用此种类型,同时也往往受地形影响而定。例如:傍山、一侧滨河或有起伏的地形时,可利用借景将山、林、河、湖等组织在内,创造了更加安静的休息环境。例如上海外滩绿地、杭州西湖畔的六公园绿地等。

c.设在街道两侧的林荫道:设在街道两侧的林荫道与人行道相连,可以使附近居民不用穿过道路就可达林荫道内,既安静,又使用方便。此类林荫道占地过大,目前使用较少。例如,北京阜外大街花园林荫道。

● 花园林荫路设计要注意的几个方面

a.一般8 m宽的林荫道内可设一条游步道;8 m以上时,设两条以上游步道为宜。

b.设置绿色屏障车行道与林荫道绿带之间要有浓密的绿篱和高大的乔木组成的绿色屏障相隔,立面上布置成外高内低的形式较好。

c.设置建筑小品如小型儿童游乐场、休息座椅、花坛、喷泉、阅报栏、花架等建筑小品。

d.留有出口。林荫道可在长75～100 m处分段设立出入口,人流量大的人行道,大型建筑处应设出入口,出入口布置应具有特色,作艺术上的处理,以增加绿化效果。

e.植物丰富多彩。林荫道总面积中,道路广场不宜超过25%,乔木占30%～40%,灌木占20%～25%,草地占10%～20%,花卉占2%～5%。南方天气炎热需要更多的浓荫,故常绿树占地面积可大些,北方则落叶树占地面积大些。

f.布置形式宽度较大的林荫道宜采用自然式布置,宽度较小的则以规则式布置为宜。

③街头休息绿地的设计:在城市干道旁供居民短时间休息用的小块绿地称为街头休息绿地。它主要指沿街的一些较集中的绿化地段,常常布置成"花园"的形式,有的地方又称为"小游园"。街头休息绿地以绿化为主,同时有园路、场地及少量的设施及建筑可供附近居民和行人作短时间休息。

街道小游园以植物种植为主,设立若干出入口,并在出入口规划集散广场;还应设置游步道和铺装场地及园林小品,丰富景观,满足周围群众的需要。以休息为主的街头绿地中道路场地占总面积的30%～40%,以活动为主的道路场地占总面积的50%～60%。

街道小游园的布局形式可分为:

a.规则对称式:游园具有明显的中轴线,有规律的几何图形,形状有正方形、圆形、长方形、多边形、椭圆等。

b.规则不对称式:此种形式整齐但不对称,可以根据功能组合成不同的休闲空间。

c.自然式布局:没有明显的轴线,结合地形,自然布置。内部道路弯曲延伸,植物自然式种植。

d.混合式布局:是规则式与自然式相结合的一种布局形式。

④滨河路绿地设计:滨河路是城市中临河流、湖沼、海岸等水体的道路。其侧面临水,空间开阔,环境优美,是城镇居民游憩的地方。滨河绿地应以开敞的绿化系统为主(图3.6)。

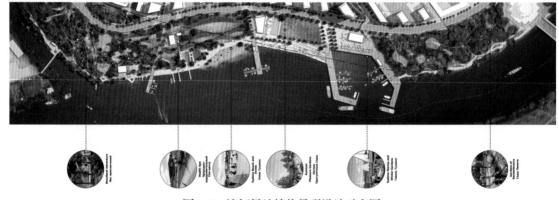

图3.6　滨河绿地植物景观设计示意图

● 在植物选择与配置上,应注意的方面

a.可选用适于低湿地生长的树木,如垂柳。

b.树木不宜种得过于闭塞,林冠线也要富于变化。

c.除了种植乔木以外,还可种一些灌木和花卉,以丰富景观。

d.在低湿的河岸上应特别注意选择能适应水湿和耐盐碱的树种。

e.滨河路的绿化,斜坡上要种植草皮,防浪、固堤、护坡,以免水土流失。

f.滨河林荫路的游步道与车行道之间应尽可能用绿化带隔离开来,以保证游人休息和安全。

● 滨河路绿地设计中,应注意的几点

　　a.一般滨河路的一侧是城市建筑,在建筑和水体之间设置道路绿带。滨河路游步道应尽量靠近水边,在可以观看风景的地方设计小型广场或凸出岸边的平台,同时满足行人的亲水性。

　　b.滨河林荫道的规划形式,取决于自然地形的影响。地势如有起伏,河岸线曲折及结合功能要求,可采取自然式布置。如地势平坦、岸线整齐、与车道平行者,可布置成规则式。

　　c.如果水面不十分宽阔,滨河路景观布置应简洁大方,除车行道和人行道之外,临水一侧可修筑游步道,树木种植成行,岸边设置栏杆,放置座椅,供游人临水观赏和休憩。

　　d.如果水面开阔,沿岸风光绮丽,驳岸风景点较多,沿水边就应设置较宽阔的绿化地带,布置形式自然优美,草坪、花坛、树丛点缀其间,并设有园林小品、雕塑、座椅、园灯等。

　　e.当水面十分宽阔,适于开展游泳、划船等活动时,可考虑以滨河公园的形式,容纳更多的游人活动。

2)交通岛绿地植物景观设计

　　交通岛设置在道路交叉口,用于组织环形交通,使驶入交叉口的车辆,一律绕岛作逆时针单向行驶。交通岛一般为圆形,其直径的大小应保证车辆能按一定速度以交织方式行驶。大中城市圆形交通岛一般直径为40~60 m,一般城镇的交通岛直径不小于20 m。由于受到环道上交织能力的限制,因此在交通量较大的主干道上,或具有大量非机动车交通或行人众多的交叉口上,不宜设置环形交通。

　　交通岛绿地是指可绿化的交通岛用地,交通岛绿地分为中心岛绿地、导向岛绿地和立体交叉绿地。交通岛周围的植物配置宜增强导向作用,在行车视距范围内应采用通透式配置。

　　(1)中心岛绿地设计　中心岛绿地指位于交叉路口上可绿化的中心岛用地。中心岛位于主干道交叉口的中心,位置居中,人流、车流量大,因此中心岛绿地应保持各路口之间的行车视线通透,布置成装饰绿地。中心岛不能布置成供行人休息用的小游园或设置吸引人的地面装饰物,必须封闭。绿化常以草坪、花卉为主,或选用几种不同质感、不同颜色的低矮的常绿树、花灌木和草坪组成模纹花坛。同时,中心岛绿地是城市的主要景点,也可在其中建柱式雕塑、市标、组合灯柱、立体花坛、花台等成为构图中心,但其体量、高度以不能遮挡视线为宜。

　　(2)导向岛绿地设计　导向岛绿地位于交叉路口上可绿化的导向岛用地,也可称为交叉路口绿地,包含由道路转角处的行道树与交通岛。为了保证交叉口行车安全,使司机能及时看到车辆的行驶情况和交通信号,在道路交叉口必须为司机留出一定的安全距离,使司机在这段距离内能看到对面开来的车辆,并有充分刹车和停车的时间不致发生事故。在安全视距范围内,不宜设置过多有碍视线的物体。交叉路口绿地植物一般选用低矮灌木和地被植物,也可适当设置园林小品与景石作为点缀。如有行道树,则株距在6 m以上,干高在2.5 m以上,以免阻碍行车视线。

　　视距三角形:根据两相交道路的两个最短视距,可在交叉口平面图上绘出一个三角形。在此三角形内不能有建筑物、构筑物、树木等遮挡司机视线的地面物。在布置植物时其高度不得超过0.65~0.70 m高,或者在三角视距之内不要布置任何植物(图3.7)。

　　(3)立体交叉绿地设计　互通式立体交叉一般由主、次干道和匝道组成,匝道是供车辆左、右转弯,把车流导向主、次干道的。为了保证车辆安全和保持规定的转弯半径,匝道和主次干道之间就形成了几块面积较大的空地作为绿化用地,称为绿岛。从立体交叉的外围到建筑红线的整个地段,除用于市政设施外,都应该充分绿化起来,这些绿地可称为外围绿地。

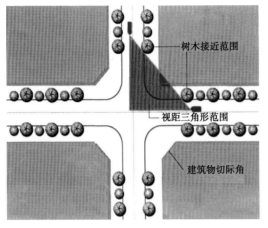

图3.7　道路交叉口视距三角形示意图

立体交叉绿地设计应首先满足交通功能的需要。立体交叉出入口应有指示性标志的种植，使司机可以方便地看清入口；在道路转弯处植物应连续种植，起到预示道路方向的作用；主次干道汇合处，不宜种植遮挡视线的树木。在面积较大的绿岛上，可以种植地被植物或铺设草坪，草坪上点缀树丛、孤植树木或花灌木，形成疏朗开阔的绿化空间；也可以用常绿植物、花灌木及宿根花卉组成模纹花坛，使高处可见的地面景观更加精致美观；如果绿岛面积足够，在不影响交通的情况下，也可以按照街心花园的形式进行布置，设置园路、花坛、座椅等。立体交叉绿化还可以充分利用桥下空间，设置园路和小型服务设施，桥下植物应选择耐阴性植物进行栽植。为进一步美化立面空间，墙面或桥侧可使用藤本植物进行垂直绿化。

图3.8　北京四元立交桥

图3.8为北京四元立交桥绿化图。四元立交桥位于北京市的东北面，是首都机场高速公路、京顺公路和四环三路交汇的重要交通枢纽，是一座特大的首蓿叶型加定向型的复合式的立交桥，四层结构，占地面积24 hm，是国门的第一桥。机场路的绿化设计本身就是气势恢宏，讲求生态。四元桥的绿化就要体现这种宏伟的气概，一种泱泱大国的大气。在中国五千年的传统文化中，"龙"是独特的艺术的装饰形象，是国家的象征，是中华民族的象征。四元桥绿化主体设计选择四龙四凤的图案，是中国民俗中的吉祥如意的象征。龙的图案以黄杨做骨架，用红色的小檗和金色的金叶女贞构成龙珠、龙角、身子和龙尾各个细部，在碧绿的草地衬托下，4条巨龙似要腾空而飞。桥的四角则采用桧柏、黄扬、金叶女贞和红色的丰花月季组成4只飞翔的凤。四周的绿化作了整体化的处理手法，围绕龙的外围是油松的纯林，桥的外围迎道外是30 m宽的白杨林带。整个桥体掩映在高大林木之中，图案线条分明、色彩绚丽，充分体现了大手笔、大气势、大象征的设计意图。

（4）停车场绿地设计　停车场周围应种植高大庇荫乔木，有条件的可采用乔、灌、草相结合的复层种植形式为停放车辆提供庇荫保护，并起到隔离防护和减噪的作用；在停车场内宜结合停车间隔带种植高大乔木,庇荫乔木可选择行道树种,树种成年冠幅不小于4 m,树木枝下高度应符合停车位净高度规定,即小型汽车为2.5 m,中型汽车为3.5 m,载货汽车为4.5 m;停车位地面可采用植草铺装材料,也可根据使用要求选用透气透水铺装材料地。如铺设草皮,则应选用耐践踏性强的品种。

城市道路绿地植物景观
设计7任务实施

任务实施

(1)注重搭配,合理选择植物品种。

在本案例中,包含行道树绿地植物景观设计和路侧绿地植物景观设计两个内容。行道树绿地应以乡土树种为主,选择美观、经济、树冠浓密、无毒无刺、无飞絮、分支点高的乔木;行道树下栽植色彩鲜艳的灌木与花卉,并组成简洁美观的图案;行道树布置形式采用树带式,同时考虑行人穿过树带的需要,间隔一段距离即用硬质铺装设置穿行通道;在道路交叉口视距三角形范围内,采用通透式配置,不栽植行道树;路侧绿地宽度较大,自然式布置成林荫带。路侧绿地内起土造坡,树木配合着和缓的地形变化高低错落地布置其中,大乔木与中型乔木组成层次丰富的立面林冠线;彩叶树与开花树种间隔栽植,形成丰富的季相景观。

树种选择时注重乔、灌、常绿落叶乔木、异龄乔木相互搭配,形成层次和季相变化。主要选择的树种有:香樟、银杏、蓝花楹、紫穗槐、紫薇、丛生桂、红叶石楠、三角梅、金叶女贞等。

(2)确定配置技术方案。

在选择好植物品种的基础上,确定合理配置方案,绘出植物初步设计平面图(图3.9),完成植物景观种植设计图(图3.10)和效果图(3.11)。

本道路植物景观配置形式为混合式,采用列植、丛植、群植等方式。

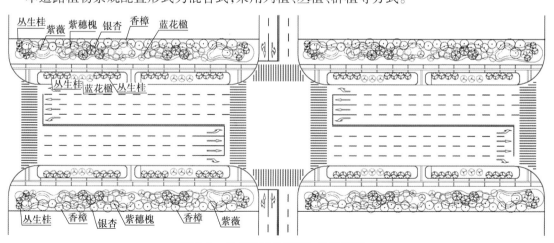

图3.9　北京路植物景观初步设计图

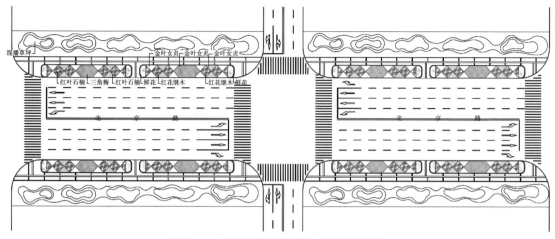

图3.10　北京路植物景观林下花灌木设计

图3.11　北京路植物景观设计效果图

 知识拓展

对《城市道路绿化规划与设计规范》植物景观设计规定的解读

1）道路绿地率指标

（1）在规划道路红线宽度时,应同时确定道路绿地率。

（2）道路绿地率应符合下列规定:

①园林景观路绿地率不得小于40%;

②红线宽度大于50 m的道路绿地率不得小于40%;

③红线宽度在40～50 m的道路绿地率不得小于25%;

④红线宽度小于 40 m 的道路绿地率不得小于 20%。

2）道路绿地布局与景观规划

（1）道路绿地布局应符合下列规定：

①种植乔木的分车绿带宽度不得小于 1.5 m；主干路上的分车绿带宽度不宜小于 2.5 m；行道树绿带宽度不得小于 1.5 m；

②主、次干路中间分车绿带和交通岛绿地不得布置成开放式绿地；

③路侧绿带宜与相邻的道路红线外侧其他绿地相结合；

④人行道毗邻商业建筑的路段，路侧绿带可与行道树绿带合并；

⑤道路两侧环境条件差异较大时，宜将路侧绿带集中布置在条件较好的一侧。

（2）道路绿化景观规划应符合下列规定：

①在城市绿地系统规划中，应确定园林景观路与主干路的绿化景观特色。园林景观路应配置观赏价值高、有地方特色的植物并与街景结合；主干路应体现城市道路绿化景观风貌；

②同一道路的绿化宜有统一的景观风格，不同路段的绿化形式可有所变化；

③同一路段上的各类绿带在植物配置上应相互配合，并应协调空间层次、树形组合、色彩搭配和季相变化的关系；

④毗邻山、河、湖、海的道路，其绿化应结合自然环境，突出自然景观特色。

巩固训练

图 3.12 为四川省某城市泰山路标准段植物景观设计平面图。该路段为城市主要道路，标准段长 560 m，道路红线宽 110 m。泰山路为双向 6 车道。其中机动车道单侧宽 15 m，非机动车道单侧宽 6 m，人行道单侧宽 2 m，路侧绿地单侧宽 20 m。道路绿地设计内容由人行道绿地、路侧绿地、中央及两侧分隔带绿地、交叉口绿地的植物景观设计组成。

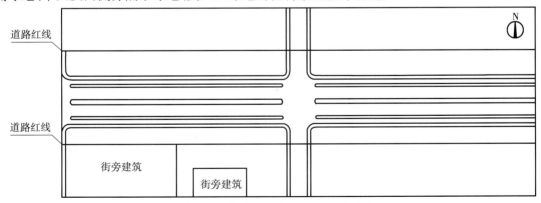

图 3.12 泰山路植物景观设计平面图

绿化植物配置根据植物景观设计原则和基本方法，考虑不同道路绿地类型对植物景观的需求，选择合适的植物种类和植物配置形式进行初步设计。该任务应考虑分隔带、交叉口、行道树、路侧绿带等对景观的不同需求，重点对路侧绿带进行植物景观配置。

 **教学效果检查**

1. 你是否明确本任务的学习目标？

2. 你知道城市道路绿地的概念吗？

3. 你能说出城市道路绿地的类型吗？

4. 你理解城市道路绿地植物景观设计原则吗？

5. 你理解城市道路绿地植物景观设计原则吗？

6. 城市道路绿地植物选择要求是什么？

7. 你能够对城市主要道路进行合理规划和植物景观设计吗？

8. 你是否课后学习了《城市道路绿化规划与设计规范》？

9. 你对自己在本学习任务中的表现是否满意？

10. 你认为本学习任务还应该增加哪些方面的内容？

项目 4 居住区绿地植物景观设计

[学习目标]

知识目标：

(1) 了解居住区绿地的类型。

(2) 能理解居住区绿地植物景观的设计原则。

(3) 掌握居住区绿地景观的营造要求。

技能目标：

能够根据居住区绿地的功能与植物景观设计要求造景进行适当的植物景观设计。

 工作任务

任务提出

如图 4.1 所示为重庆某城区新开发区的居住区平面图,居住区绿地的总面积约为 80 亩,项目定位为高层住宅小区。建筑风格受到城市规划影响,统一采用现代建筑风格。植物景观根据居住区绿地功能性质进行分析,力求满足居民的日常需求。

植物景观根据居住区绿地的规划设计原则和基本方法进行设计。在设计过程中,首先进行绿地性质的分析,根据本居住小区的绿地形式,如临街绿地、独立式绿地、林荫道式绿地等不同形式进行布局。植物品种选择与种植方式应符合绿地在小区中的功能。

 任务分析

该项目建筑风格明确,植物的造型风格上应与之相适应。小区内部功能分区旨在满足居民日常生活使用。不仅小区内活动区、休闲区、商业区的植物形式有所区别,而且根据景点设置的不同,如湖面景观、跌水景观、会所景观等不同的景观特质,种植形式也不相同。设计之前应根

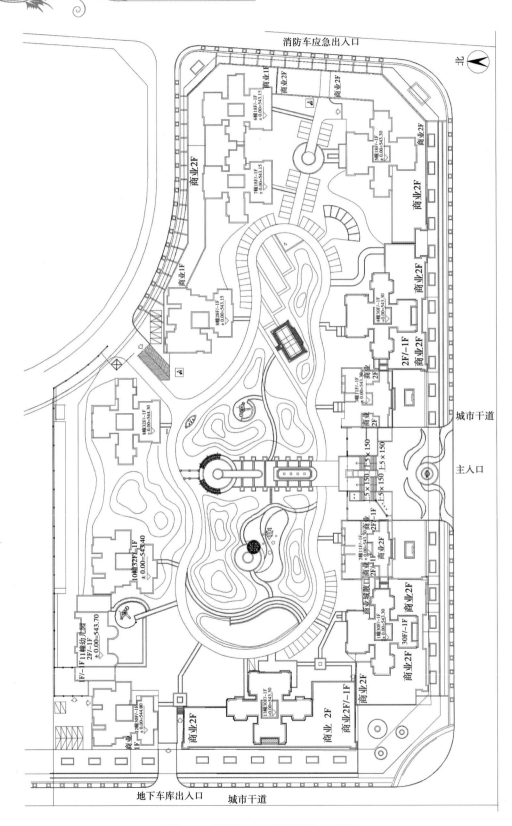

图 4.1　某居住小区景观设计平面图

据项目所在地的地理条件与气候特征进行植物品种的选择,做到适地适树原则。

任务要求

(1)植物品种的选择应符合当地自然环境。

(2)植物景观种植形式应满足住宅小区的绿地形式。

(3)植物的配置满足绿地使用功能。

(4)图纸绘制规范,完成植物种植设计平面图。其中包括乔木种植设计、灌木种植设计、种植定位放线、设计说明与植物配置表。

材料及工具

(1)如选择手工绘图,材料与工具有比例尺、丁字尺、三角板、模板工具、绘图纸等。

(2)如选择计算机制作,需应用绘图软件(AutoCAD)等。

知识准备

居住区绿地是居住区环境的主要组成部分,包括居住区内的住宅建筑、公共服务设施、道路系统以外的用于种植植物、布置景观构筑物以及景观小品,为居住区住户提供休憩、运动场所的区域。一般居住区绿地占整个居住用地的25% ~ 30%,以植物为主,它不仅是形成居住区内部生活用地的重要部分,也是构成城市绿地系统的主要组成部分。

1.居住区绿地的功能

(1)环境净化功能　居住区绿地具有净化空气、减少尘埃、吸收噪音等功能,能有效改善居住区内局部环境小气候。植物群落能遮阳降温、调节气温、降低风速,促进由辐射温差产生的气流运动形成微风环境。

(2)美化功能　居住区绿地是影响建筑通风、采光、隔离、赏景的基础条件,居住区绿地中的植物景观作为居住区景观的主要构成材料,美化了居住区的生活环境,使居住区中的建筑体与自然环境融洽统一。

(3)活动功能　居住区绿地营造出了良好的生活环境,吸引了居民在就近的绿地上休息游憩,进行人际交往,满足居民在日常生活中对户外生活的需求,有利于居住区居民的身心健康。

(4)避难功能　居住区绿地是相对独立的以植物种植为主的区域,这一特殊性质利于在发生火宅、地震等灾害时,有隐蔽躲藏和疏散人群的作用。

居住区绿地对整个城市的生态环境、景观风貌,以及居住区范围内的人文氛围、身心健康都有着重要作用。当今社会,人们越来越重视生活环境的质量,尤其重视对生态环境起到重大影响的绿化环境。如果对居住区绿地植物景观设计缺乏专业知识,那么在设计和施工过程中存在的一些问题将很难进行解答。比如为取得更好的经济效益,在昂贵地段修建的高层建筑居住小区,在空间格局和绿地布局上与传统的多层建筑居住区有很大的差异。高层建筑楼间距虽然相对多层建筑楼间距加大了,但由于入户数量大,使得高层居住区人均绿地面积大大降低了。再加上当前居住区的停车位需求旺盛,停车位占地面积与绿地面积需求产生了巨大矛盾。在这种情况下,公共绿地所负担的功能压力大大增加了,为了满足小区居民日常生活的需求,对绿化设计的要求更高。怎样在设计上弥补居住区绿地被不断侵占的情况,这将是居住区绿地规划设计的难题。

2.居住区绿地景观分类

居住区绿地的主要分类有:公共绿地、宅旁绿地、道路绿地和专用绿地等。这些不同的绿地形式是居民在室外活动的载体。在这些绿地中设置了运动器材与活动场所、休息空间和棋牌设施,是居民日常生活必不可少的区域。

居住区绿地植物景观设计2

不同性质的绿地,它的植物景观设计也有不同,下面介绍常见的几种绿地形式的绿化要求。

1)公共绿地

(1)组团绿地　组团绿地是居住区中最接近居民住宅的绿地,主要是为覆盖范围为100 m左右的住户服务。由于步行距离最短,组团绿地的使用者多为儿童和老年人。这个休憩场地中多设置景观座椅、简单的游戏设施以及有利于儿童和老年人的植物景观。

组团绿地属于半公共性质的绿地,植物景观设计首先要选用枝叶茂密的植物,以绿篱的形式满足这个区域的半私密性;其次要提高组团绿地种绿地的使用率,在保留活动空间的同时,多层次进行植物造景。在建筑周围种植乔木时,根据建筑朝向与房间性质,选择适合的植物种植形式,以免种植距离建筑太近,造成枝叶伸入室内,或是遮蔽阳光,造成室内光照不足。

根据建筑布局与形式的不同,所形成的组团绿地形式也不同,而居住区组团绿地的植物景观布局受到绿地形式的限制。因此,只有充分分析建筑布局与绿地平面形态间的关系,才能得到合理的植物景观布局。常见的建筑布局与组团绿地的关系有以下4种。

①庭院绿地(图4.2):这种组团绿地是由于建筑布类似于合院式,绿地在中间部分,建筑围合在绿地外围。这种绿地形式有很强的独立性,内部环境不易受到外部环境的影响。这一类组团绿地的植物景观要充分考虑建筑体的朝向,根据种植地的光照长度选择相适应的植物品种。

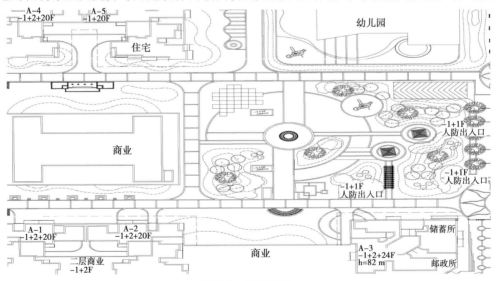

图4.2　庭院绿地

②带状绿地(图4.3):这种组团绿地是由于建筑列队排列,受建筑的左右或者上下两侧限制,在中部呈现出狭长的带状组团绿地。这种组团绿地的景观布局一般依据长轴打造景观线路,在带状绿地上设置条状景观构筑,如花架、廊架等。植物景观可以根据带状绿地的道路布局与景观构筑的布置位置进行设计,在植物景观的打造上要考虑带状空间的通透性,控制植物的

密度,形成开敞的绿地景观。

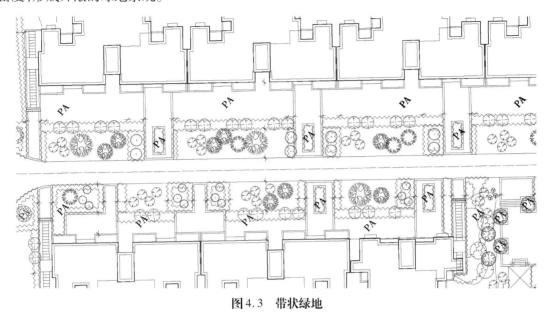

图4.3　带状绿地

③独立绿地(图4.4):这是由于建筑布局的限制,在居住区的角隅部分常常剩余的一些绿地,这类绿地一般都是在较为偏远的位置,植物景观的设计主要是打造点状绿化,布置形式灵活,以突出绿地中的标识性景物为主。

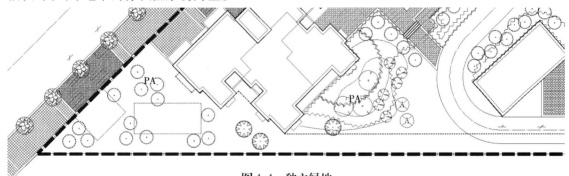

图4.4　独立绿地

④临街绿地(图4.5):这种绿地的位置处于居住区面临道路的一侧。这种绿地的功能在小区内部的绿地更多,既要满足居民的活动休憩的功能,又要满足行人的交通功能,最后还要满足丰富外界街区的城市景观。当临街绿地一侧为商业空间时,植物景观普遍采用花坛种植的形式,以开阔、有序的植物景观效果为商业服务。当临街绿地位于住宅小区围墙一侧时,植物景观应以减少外界交通对小区内部环境的影响为主,使植物形成屏障,既有隔离功能,又能美化外界道路景观。

(2)游园绿地　游园绿地是居住区公共绿地的关键部分,它为小区居民设置了游玩、活动、休憩的主要场所。当居住区人口达到10 000人时,游园绿地的面积约为10 000 m²,一般设置在距离居民住所3~5 min的步行距离内,覆盖范围只在300~500 m。这部分的植物景观应该依据整个居住小区的植物风格来设计,保持游园绿地与小区绿地的紧密关联性(图4.6)。

游园绿地中设置内容丰富,有广场、种植区、地形景观、道路灯等。游园绿地是居住区重要的公共绿地,居民的使用率较高。在游园绿地上的景观布局要注意以下两点:

图 4.5　临街绿地

图 4.6　游园绿地

①游园绿地用地面积较小,但使用效率较高,应以植物景观为主,形成居住区内优美的生态环境。

②在绿地中可适当增加林荫式活动场所,布置景观小品,增加居住区景观的趣味。由于游园面积较小,景观构筑与小品的尺度要与之相协调,一般造型轻巧、材质精细。

(3)居住区公园　居住区公园是居住区绿地中面积最大的地块,公园的服务对象是覆盖范围在 1 000 m 以内的居民,一般设置在距离居民住所 10 min 左右的步行距离处。公园内设置设施全面的游乐活动场所、容量较大的休憩场所、种类丰富的景观构筑与管理用房,以及层次空间丰富的植物景观。公园景观以植物景观为主,搭配园林水景、坡地丘陵等地形地貌的营造,形成布局紧凑、功能齐全、观景路线变化强烈的居住区公园。在景观布局上可在夜间活动场所周围布置夜香植物,丰富社区室外活动的景观感受。

与城市公园相比,居住区公园占地面积较小,以满足居民日常休闲活动为主。居民的日常生活需求主要在两个方面:

①功能性需求:包括居民的休息功能、娱乐功能、健身功能、儿童嬉戏等。根据功能性需求,在公园内部要形成相对应的区域,如休息区、活动区、健身区等。在休息区当中,需要考虑设置休息所用的场地,这些场地可以是树阴下的广场、休闲座椅、特色景观廊架,或是修建景观亭、棋牌茶室等建筑体,也可以是以植物景观为主的草坪景观、树林景观。

②赏景的需求:以打造风景优美的居住区景色为主,利用植物、景观构筑、水体与地形四大元素,形成良好的绿化景观和生态环境。

2)宅旁绿地

居住区宅旁绿地是居住区绿化占用面积最大的部分,包括住宅建筑周围的绿地、住宅建筑之间的绿地以及居住区中底层单元的私家花园,一般占居住区总绿地面积的50%。宅旁绿地与居民日常生活密切相关,植物景观的种植形式还会影响住宅建筑内外环境。宅旁绿地的主要功能是为居民提供日照、采光、通风、私密性的室外空间,一般不作为居民休憩、活动、游玩的场所。在绿地中不应布置过多的硬质景观,应当以植物造景为主。当宅旁绿地超过20 m,可简单布置一些安静休息的景观设施,如情景小品、座凳等。

宅旁绿地的植物景观设计应考虑以下几点:

①宅旁绿地的植物种植受到绿地平面形状与空间尺度的限制,植物布置与相邻住宅建筑的类型、房间布局、层数以及宅前道路布置等密切相关。

②居住区的住宅建筑通常都有一个统一的风格特点,因而在建筑风格相同的住宅群中存在相同或者相似的宅旁绿地,在绿化种植设计中应体现出标准化和多样性,在这些宅旁绿地中,植物景观的设计既要风格协调、形式统一,又各有特点。

③绿化种植设计要考虑空间尺度,以免由于乔木种植过多,或者选择植物形态过于高大,使宅间绿地的空间过于拥挤、狭小。植物的数量、体量、布局要与绿地的尺度、宅间距离、建筑层数相一致,不能影响住宅建筑通风采光,建筑的南面的窗户、阳台外禁止栽植枝叶茂盛的高大常绿乔木。

④宅旁绿地周围的地下构筑物与管线布置复杂,植物种植位置必须要考虑与地下构筑与管线的情况,按照有关规范进行安全保护。

⑤宅旁绿地由于受到建筑朝向的影响,因建筑体对光照的遮挡形成了阴影面,在阴影面选择树木和地被的品种时应重视植物品种的耐阴习性。

⑥宅旁绿地的植物设计还应注意与建筑体细部部分相结合。建筑体的入口两侧绿地,不能种植有尖刺的植物品种以免刺伤居民,如凤尾兰、丝兰等。一般用对置的灌木球或者色彩丰富、多层次的灌木层来强调入口。墙基部分可以种植树冠低矮的常绿灌木修饰建筑基部,墙角栽植常绿灌木丛,可以改变建筑体的生硬轮廓,中和建筑体与植物景观质地的差异。建筑东西朝向的山墙外应该考虑防止西晒的绿化。第一种方法是选择种植枝叶繁茂的高大乔木,这种方法应用于多层住宅建筑,用枝叶产生的阴影遮阴。第二种方法是用垂直绿化的方式防晒,如使用藤本植物覆盖山墙,可以有效降低建筑体内部的温度。这种方法可应用于高层住宅建筑,形式可以根据建筑结构多样化设计。

在绿化设计的时候,从绿化的空间形式、景观效果、使用功能等方面去具体对待每一种宅旁绿地,打造合理的植物种植形式,形成丰富的绿化景观效果(图4.7)。

3)道路绿地

居住区的道路一般分为居住区主干道、居住小区干道、组团道路和宅间道路4个等级,这些道路将住宅建筑、公共建筑、小区出入口联系到一起,是居民日常生活的重要通道。作为道路景观的重要组成部分,道路的绿化景观必然是不可或缺的。道路绿化沿着道路延伸到居住区的各个部分,能增加居住区绿化率,在改善道路局部气候、划分道路与景观的区域、组织交通上起着重要作用(图4.8)。

图4.7　宅旁绿地

图4.8　居住小区道路植物景观

居住区道路中主干道的路幅最宽,可以沿道路布置行道树种植带、车道分隔带、交通绿岛,小区干道通常设置行道树种植带,组团道路与宅间道路由于路幅较窄不用设置专门的植物种植带。大部分的居住区道路的绿化景观都与道路两侧的居住区绿地中,与周围的绿地性质和功能相结合。因此,居住区道路两侧的绿地应该与在其影响范围内的其他类型的绿地种植形式相一致。

居住区道路的植物景观以人行交通为主,种植的立地条件优于城市道路绿带。在组团道路两侧与靠近住宅建筑一侧的绿地进行植物种植设计时,通常以花灌木与绿篱来划分道路空间,减少交通对住宅建筑与宅间绿地景观的影响。宅间道路行道树的种植形式灵活多变,可以不对称种植或者不种植行道树,以配合道路类型的空间尺度进行,在满足道路绿地景观功能的同时,体现出居住区内植物景观的丰富多样。

居住区道路周围种植条件较好,因此,在居住区道路绿化树种的选择上没有严格规定,不需要强调树种的生长势、树冠幅度与分枝点等要求。通常选用树形始终的自然树形,如栾树、合欢、白兰等观赏性强的树种,既能满足夏季遮阴的要求,又能满足植物景观上对于树种的季相变

化的赏景需求。道路绿地植物景观灵活变化,如在道路转角与交叉路口周围的绿地中,应当将行道树与其他灌木与花草配置成植物群落景观,另一侧不种植行道树;在住宅建筑东西朝向的位置上丛植乔木,而局部相邻的道路绿地中不种植行道树等。道路绿地的植物景观设置还应注意道路的走向,东西向道路的绿地种植的行道树,应注意高大乔木对住宅建筑采光、通风的影响,南北向道路绿地中的行道树,在日照时间长的城市一般以常绿为主。

4)服务建筑与设施的专用绿地

居住区内除了住宅建筑外,还设置了各种类型的公共建筑、服务类设施和场地,如学校、幼儿园、商场、会所、居住区出入口等。这些公共性质的建筑、空间与设施的植物景观布局,除了满足与居住区整体环境相协调的要求外,还应当按照功能要求和环境特点进行绿化布置,用植物景观来协调居住区中各种类型建筑与区域之间的空间关系。

居住区的幼儿园、会所等公共建筑与设施周围如果有充足的绿地面积可以使用,这些专用绿地周围的植物景观应以常绿乔木为主,通过绿化划分出居住区中的其他区域,这样可以减小区域之间的干扰。

主入口是居住小区出入的必经之路,它的主要功能是便于车辆、行人的出入和集散功能,一般会布置具有标识性的景观小品。在这个要求上,植物景观也应根据这一功能来设计,例如设计可以遮阴的行道树。主入口是居住区重要的开放性区域,兼具了对外展示居住区形象的功能,在这一层面上,植物景观的设计应能体现出较高的观赏性,能美化、突显出主入口的景观,例如选用缀花草坪和模纹花坛,在特色铺地边沿设置装饰花钵,或者在植物的种植形式上简洁明快,采用规则式种植,用整齐的花灌木和庄重的乔木来展示居住区的景观特色(图4.9)。

图4.9　宅间道路植物景观

居住区中心景观通常都是与居住区内的公共建筑、服务设施、住宅建筑等相连接,中心景观与这些建筑、设施在空间关系上进行分隔,减小彼此间的干扰。因此,在中心景观区周围的绿地中应以常绿乔木为主,形成有效地分隔功能和中心景观的优美背景,增加居住区绿地的生态功能。

3.居住区植物景观设计原则

居住区绿地的植物景观是指在居住区内种植花草树木,创造出美化小区环境、改善小区内局部小气候的软质景观。这类植物景观除了美化环境和改善生态效应外,还能起到清洁小区内空气的作用。例如滞尘、减噪、吸收有害气体

居住区绿地植物景观设计3

等,并且植物的根系能有效防止水土流失。居住区植物景观为居民提供良好的户外活动空间、优美的绿化环境,吸引居民进行户外活动,使不同年龄层次的人各得其所,能在就近的绿地中游憩、活动、观赏及进行社会交往,从而有利于人们的身心健康,增进居民间的互相了解、和谐相处。居住区植物景观在整个居住区占有重要作用,在进行设计时,应依据项目用地的实际条件进行分析,需要考虑的因素有以下几点:

1)自然生态因素

在居住区的环境中绿地在重视植物景观种植形式的规划设计上,除了注重植物景观的观赏性和满足居住区绿地使用功能外,还应该重视自然生态环境的构成。自然生态环境是一个综合性的概念,它的形成要通过合理规划地形、水体以及植物种植相结合的方法去实现。硬质的广场中种植遮阴的树种、道路两旁种植遮阴的行道树、在疏林草坪中设置大水面景观,这些方式都能够实现自然环境的生态功能。

在居住区的环境中,无论大到规划还是小到植物景观的设计,项目用地的自然因素是首先考虑的条件。小区自然地形的起伏变化能增加植物景观的空间层次,又能使建筑环境与植物景观更为和谐,在形成具有个性的居住区绿地植物景观的同时提高自然环境的生态功能。

2)现场环境

居住区绿地植物景观设计首先要充分考虑自然用地条件,然后根据用地范围内的气候特征、土质特点考虑植物品种材料的使用。还应该考虑现场的人工环境。居住区的建筑环境很复杂,建筑体与道路系统将这个居住区的绿地分成块状,植物的种植范围明显受到块状区域划分的影响,植物的种植位置也会受到建筑体门窗的影响。

除了建筑环境复杂,居住区的基建设施也很复杂,地下有很多管线,例如煤气管、电缆、通信线路、给排水管等,周围有垃圾箱、化粪池、配电箱等构筑体。这些基建设施都会对植物景观的布局产生影响。这些人工环境现场会对植物的生长形成限制条件,会影响植物对光照的时长,造成种植区局部气候的不同,限制植物根系在土壤中的生长范围。

3)立地条件

植物景观设计的立地条件是指:在被建筑体分割的绿地中,分析绿地与建筑体的距离关系和朝向关系,以及土质性状、地形条件、建筑使用垃圾、降水量、气温变化幅度等情况对绿地环境的影响。以上所列举的要素都是影响植物生长发育的直接因素。植物品种的选择还要考虑气候的因素,对品种的要求首先考虑与当地气候条件相适合的乡土树种,因此,在居住区绿地植物景观的设计中,在植物品种适应立地条件的大原则下,也可以根据特有的植物景观效果,改善立地条件去满足植物的生长,提高植物景观的观赏价值。

对于项目地立地条件的掌握,可以有多种方式去进行。首先是取得项目地的地形图纸、历年来水文和地质的资料。其次是在取得资料后,进行现场自然环境和人工环境的勘探。在现场环境的勘察中,以当地现有的植被资源为主,实地了解植物品种与数量,以及群落间的组合关系。

4)周围环境

在居住区绿地的植物景观设计中,项目周围环境也是影响设计的一个重要因素。遇到有利因素时,可以采用开放设计的方式,引入好的周边环境;遇到不利因素时,应当合理避开或隔离不利环境,保持景观的良好性。

周围环境有利的因素有以下几类:紧邻项目地的现有城市绿地,例如街头绿地、公园等;在项目地附近的河流、风景区、山林等。在这些条件的影响下,居住区的景观应该积极吸收和利用,在植物的种植形式上将这些景观"借"进来,使内部植物景观与外部植物景观产生联系。这种设计手法能使住宅区内有限的种植空间得到无限的延伸,是一种高效的植物造景手法。

周围环境的不利因素如:城市道路、高架桥、工业厂房、交通枢纽车站等,这些构筑体往往具有一定污染源,如噪音污染、空气污染等。在植物设计中,遇到这些污染源往往会用植物元素形成隔离带,减轻污染源对居住区的影响。要实现隔离和避开污染源的目的,必须根据植物的特有的生物形状,来合理选择品种和种植形式。

任务实施

1)植物景观设计目标

本项目以植物造景为主,以人为本,打造满足居民日常生活所需要的多样性的植物景观。

2)设计指导思想

将本项目打造为可持续发展的居住环境,以项目地的实际条件为依据,采用简洁、大方的设计风格,使植物景观与景观构筑和住宅建筑相互融合。在重视植物景观的同时,充分考虑植物在环境净化上的功能,在小区环境形成具有生态功效的地块。在满足小区观赏功能与实用功能的前提下,多采用乡土树种,提高植物成活率,确保项目的经济效益。

3)功能分区与植物景观设计

(1)入口景观区　植物景观采用简洁、大方的设计风格。入口两侧绿化采用色彩鲜艳的灌木形成层次丰富的灌木景观,使植物景观统一协调又富于变化。沿着游览方向种植观赏性强的观花乔木,形成一条明确的景观导向作用。

(2)休憩景观区　展现自然野趣的植物景观,在休憩环境中设置树丛植物景观。郁闭的树丛与小区中展现地形变化的开阔景观相对比,使居民欣赏到丰富的空间变化。

(3)活动休闲区　居住区的活动区域的使用者通常都是以老年人与儿童为主,植物选择上应当考虑儿童对外界的需求。多选择色彩艳丽、形态新奇、有香化作用的植物品种,避免种植会对儿童的健康造成伤害的品种,例如带刺、飞絮。

(4)宅旁绿化区　根据植物的生态习性选择种植区域,模仿植物景观的生态群落,在植物组成上用高大乔木作为上层植物,小乔木与大灌木作为二层植物,球形灌木与地被植物作为底层植物,形成稳定、具有观赏性的景观植物群落。

4)确定配置技术方案

在本案例中,植物景观注重乔、灌木的组合造景,形成丰富的层次和季相变化。主要选择的乔木有香樟、杜英、银杏、皂荚、垂丝海棠、无患子、西府海棠、樱花、桃花等。

在选择植物品种的基础上,确定合理配置方案,绘制出植物设计平面图(图4.10—图4.12)。

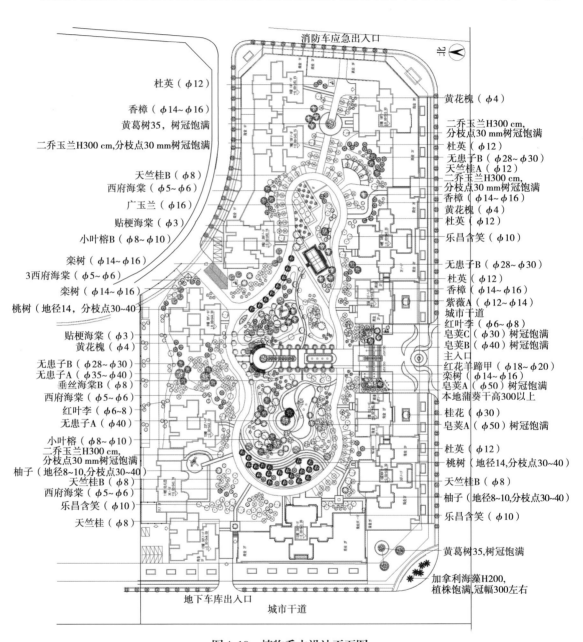

图4.10　植物乔木设计平面图

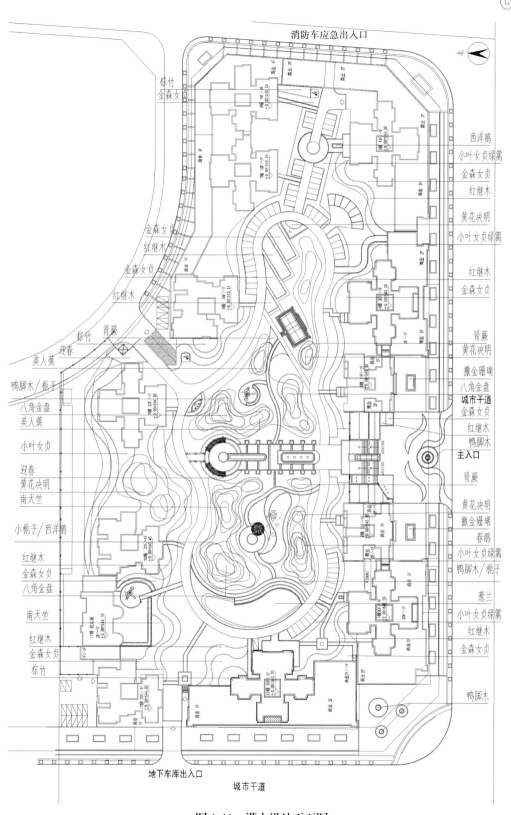

图 4.11 灌木设计平面图

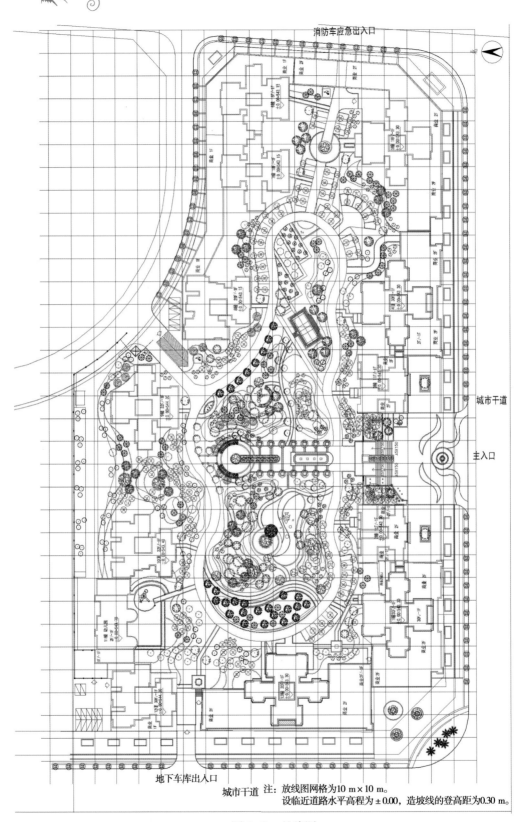

图 4.12 放线图

巩固训练

如图 4.13 所示为四川地区某城市居住区绿地的景观设计平面图,该公园占地面积约 20 亩。小区西侧紧邻城市公园,公园集观赏、休闲、防灾避难等多种功能为一体。该项目主要体现"自然、生态"的风格。在总体规划上,绿地根据现状地形,设计了休憩场所、活动平台,为高层保留了消防登高面。

图 4.13　居住小区总平图

　　绿化植物配置根据植物景观设计原则和基本方法,考虑设计运动场地、休憩空间等地物条件对植物景观设计的需求,选择合适的植物种类和植物配置形式进行初步设计。该任务应考虑居住小区主要出入口、活动区域、休憩区域、消防登高面等对景观的不同需求。

 教学效果检查

　　1.你是否明确本任务的学习目标?

　　2.你是否达到了本学习任务对知识和能力的要求?

　　3.你知道居住区绿地概念吗?

　　4.你能说出居住区绿地的类型吗?

　　5.你理解居住区绿地植物景观设计原则吗?

　　6.你能对居住区出入口进行规划与植物景观设计吗?

　　7.你能够对居住区绿地的道路景观进行合理规划和植物景观设计吗?

　　8.通过学习后你能够对居住区绿地各功能分区进行规划与植物景观营造吗?

　　9.你对自己在本学习任务中的表现是否满意?

　　10.你认为本学习任务还应该增加哪些方面的内容?

项目 5 单位绿地植物景观设计

[学习目标]

知识目标:

(1)了解幼儿园、中小学、儿童医院绿地景观设计。

(2)掌握大专院校、工矿企业绿地景观设计。

(3)理解工矿企业绿地景观设计原则。

技能目标:

(1)能运用大专院校及工矿企业功能分区进行植物景观设计。

(2)运用大专院校的设计原则对其校门进行绿地景观设计。

单位绿地植物
景观设计1

 工作任务

任务提出

贵阳中化开磷化肥有限公司老厂景观改造设计(本案例由四川易之境环境艺术有限公司提供)。

(1)背景概况 该项目为贵阳中化开磷化肥有限公司老厂景观改造,厂区位置处于贵阳市息烽县小寨坝镇。公司将经过两年左右的建设,完成120万吨的发展目标,成为中国高浓度磷肥业的骨干力量,成为具有国际竞争能力的现代化企业。按照规划,小寨坝磷化工基地和小寨坝磷化工城分为工业区、商贸居住区,整个基地将在未来打造成一个现代化的综合工业基地。为配合工业基地整体形象构成,同时为了提升企业现代化形象和保护环境质量,中化开磷化肥有限公司计划对老厂进行景观改造(图5.1)。

(2)厂区现状 厂区临近川黔铁路、贵遵高等级公路,210国道从厂区与小寨坝镇之间穿过,交通、通讯便利。由于厂区正处于加速发展阶段,景观风貌中存在发展中厂区共有的特征,即建筑年代、建筑质量差异较大,建筑风格不统一,给人一种凌乱、冲突的感觉;厂区内部道路交通不顺畅,在不影响生产的情况下,道路交通关系存在进一步整治的可能性;另外在景观设施的建设上,厂区基本处于空白的程度;由于210国道从生活区与生产区之间穿越而过,使厂区入口

景观受到很大影响。

图5.1　厂区鸟瞰图

　　总之,要将厂区打造成一个现代化的综合工业基地,同时提升企业现代化形象,对老厂区进行景观改造势在必行。

 任务分析

　　(1)满足工厂使用功能和工艺流程的要求;

　　(2)为必要性的户外活动提供适宜的场所;

　　(3)为必要的、休闲性、娱乐性的活动提供合适的场所;

　　(4)为厂区创造良好的景观效果。

设计原则

　　(1)尊重现状的原则　尊重现状的设计原则是指在景观改造过程中,尊重原有建筑的布局和空间逻辑关系。这一点非常重要,因为现有建筑布局和空间逻辑关系是工业生产的基础,尊重建筑的逻辑关系就是尊重这种被实现的潜在的可能性,也就是尊重改造后整体景观效果的未来。

　　(2)可行性原则　理想的景观效果是设计追求的最终结果,但为避免在改造过程中出现难以实现的景观效果和不必要的失误,应遵循可行性原则。可行性原则是指在设计过程中,要做到结构上合理,投入上经济,维护上方便,技术上可行。

　　(3)功能匹配的原则　功能匹配的设计原则是指景观改造在新的景观布局下,同时具备工厂原有的工艺流程要求和规划赋予的新的功能,从而使两种功能要求之间相互匹配。

　　(4)绿色的设计原则　绿色的设计原则是指在厂区景观改造过程中,在景观树种的选择、空间形式的变更以及小品设施设计等方面体现可持续发展的思想,体现建筑绿色设计的理念。

　　(5)弘扬企业文化的原则　景观改造过程中,景观设施的建设必将成为弘扬企业文化的载体,同时体现企业蓬勃发展,蒸蒸日上;标志开磷集团"负重攀越,勇往直前"的企业精神,寓示开磷集团冲出山沟,走向世界的雄心壮志。

任务要求

1）设计理念

老厂区景观改造所创造的空间形式与景观效果应具备以下要求:

空间多功能性:能满足不同的需要,为各种不同活动(工作、观赏、休憩)提供场所。

方便交流:公共空间的可视性、可到达性、可用性是能否促进公共交往的一项重要指标。通常情况下,视线通透、层次丰富、出入方便、休闲设施完善的外部公共空间会吸引更多的公众前往。

生态环境:外部空间生态环境质量的好坏是能否吸引公众的另一项重要因素。成荫的绿化、高大的乔木、清新的空气、透澈的水体将极大改善空间的生态环境质量。

场所特征:即场地的形状、高低、坡度、绿化等自然因素;场地的设施是否有特色;限定场地的界面是否有特色;周围有无历史人文景观;场地周围建筑的用途等。

环境舒适:即外部空间环境的物理状况给人的感受,如阳光、新鲜空气、气温、风速、噪声等指标。这些因素和场地的朝向位置、空间组织有很大的关系,也是衡量外部空间环境是否有吸引力的指标之一。

2）设计手法

整合厂区道路,理顺景观廊道:在尊重现有建筑布局和空间逻辑关系的基础上,挖掘道路整合潜在的可能性,同时,打造道路景观,营建以道路景观为依托的景观廊道。

明确功能分区,确定景观类型:通过对厂区的景观特质的分析,把需要改造的景观分为几种不同类型,针对每种类型推出不同的整治措施。

分析景观视线,确定景观节点:分析行人在厂区行进过程中的视线,利用对景、借景等手法,同时结合厂区的建筑布置,确定开敞的景观节点。

点线面相结合,构建景观网络:以景观设施为点,以景观道路为线,以开敞空间为面,构建完整的景观网络系统。

结合设施建设,宣扬企业文化:以景观设施为载体,宣传企业文化,增强企业凝聚力,同时增强职工的归属感。

材料及工具

测量仪器、手工绘图工具、绘图纸、绘图软件(AutoCAD)、计算机等。

知识准备

单位附属绿地是指在某一部门或单位内,由该部门或单位投资、建设、管理、使用的绿地。因为本单位职工服务,又称专用绿地或单位环境绿地。

1. 校园绿地植物景观设计

学校绿地规划设计的主要目的是创造浓荫覆盖、花团锦簇、绿草如茵、清洁卫生、安静清幽的校园绿地,为师生们的工作、学习和生活提供良好的环境景观和场所。

1）幼儿园绿地设计

幼儿园包括室内活动和室外活动两部分,根据活动要求,室外活动场地又分为公共活动场

地、自然科学等基地和生活杂物用地,其中重点绿化是公共活动场地;根据活动范围的大小,结合各种游戏器械的布置,适当设计亭、廊、花架、戏水池、沙坑等;植物选择形态优美、色彩鲜艳、无毒、无刺、无飞毛、无过敏的植物;活动器械附近,须配置遮阴的落叶乔木,并适当点缀花灌木,活动场地铺设耐践踏草坪,活动场地周围成行种植乔灌木;建筑物周围注意通风和采光。

（1）公共活动场地的绿化　公共活动场地是儿童游戏活动场地,可适当设置小亭、花架、涉水池、沙坑。在活动器械附近以遮阳的落叶乔木为主,角隅处适当点缀花灌木,场地应开阔通畅,不能影响儿童活动。

（2）菜园、果园及小动物饲养地　选择形态优美、色彩鲜艳、适应性强、便于管理的植物,禁用有飞絮、毒、刺及引起过敏的植物,如花椒、黄刺梅、漆树、凤尾兰等。同时,建筑周围注意通风采光,5 m内不能种植高大乔木。

2）中小学绿地设计

中小学用地分为建筑用地、体育场地、自然科学实验地等,其绿化主要是建筑用地周围的绿化、体育场地的绿化和实验用地的绿化。

建筑物周围绿化要与建筑相协调,并起装饰和美化的作用,建筑物出入口可作为学校绿化的重点;道路与广场四周的绿化种植以遮阴为主;体育场地周围以种植高大落叶乔木为主;实验用地的绿化可结合功能因地制宜,树木应挂牌标明树种名称,便于学生学习科学知识。

3）大专院校园林绿地设计

（1）大专院校的特点

①对城市发展的推动作用:一方面大专院校是促进城市技术经济、科学文化繁荣与发展的园地,是带动城市高科技发展的动力,也是科教兴国的主阵地;另一方面大专院校还促进了城市文化生活的繁荣。

②面积与规模:校园有明显的功能分区,各功能区以道路分隔和联系,不同道路选择不同树种,形成了鲜明的功能区标志和道路绿化网络,也成为校园绿地的主体和骨架。

③教学工作特点:大专院校是以课时为基本单位组织教学工作的,师生们每天要穿梭于教室、实验室之间,是一个从事繁重脑力劳动的群体。

④学生特点:学生正处于青年时代,年龄一般都在20岁上下,是人生观和世界观树立和形成时期,各方面逐步走向成熟。他们精力充沛,是社会中最活跃的一个群体,对外界充满了热情与活力。就全体社会而言,大学生又是一个文化素质较高的群体。正因如此,大学生也承载了更多的社会责任与家庭责任,社会和家庭都对大学生寄予了很高的期望。

（2）大专院校园林绿地的组成　大专院校园林绿地由7个部分组成,即教学科研区绿地、学生生活区绿地、体育活动区绿地、后勤服务区绿地、教工生活区绿地、校园道路绿地、休息游览区绿地。

（3）大专院校园林绿地设计的原则

①以人为本,创造良好的校园人文环境。

人创造了环境,环境也创造人。正所谓校园环境中"一草一木都参与教育"。其规划设计应树立人文空间的规划思想,处处体现以人为主体的规划形态,使校园环境和景观体现对人的关怀。

②以自然为本,创造良好的校园生态环境。

在建设中树立不再破坏生态环境的意识,坚决反对"先破坏,后治理"的错误观点。校园园林绿化应以植物绿化美化为主,园林建筑小品辅之。在植物选择配置上要充分体现生物多样性原则,以乔木为主,乔、灌花草结合,使常绿与落叶树种,速生与慢生树种,观叶、观花与观果树木,地被与草坪草地保持适当的比例。要注意选择乡土树种,突出特色。

③把美写入校园,创造符合大专院校高文化内涵的校园艺术环境。

校园应具有整体美;校园应具有特色美;校园应具有相互自然美。

(4)大专院校局部绿地设计

①校前区绿化:校前区主要是指学校大门、出入口与办公楼、教学主楼之间的空间,有时也称作校园的前庭,是大量行人、车辆的出入口,具有交通集散功能,同时起着展示学校标志、校容校貌及形象的作用,一般有一定面积的广场和较大面积的绿化区,是校园重点绿化美化地段之一。校前空间的绿化要与大门建筑形式相协调,以装饰观赏为主,衬托大门及立体建筑,突出庄重典雅、朴素大方、简洁明快、安静优美的高等学府校园环境。

校前区的绿化主要分为两部分:门前空间,主要指城市道路到学校大门之间的部分;门内空间,主要指大门到主体建筑之间的空间。

门前空间一般使用常绿花灌木形成活泼而开朗的门景,两侧花墙用藤本植物进行配置。在四周围墙处,选用常绿乔灌木自然式带状布置,或以速生树种形成校园外围林带。另外,门前的绿化既要与街景有一致性,又要体现学校特色。

门内空间的绿化设计一般以规划式绿地为主,以校门、办公楼或教学楼为轴线,在轴线上布置广场、花坛、水池、喷泉、雕塑和主干道。轴线两侧对称布置装饰或休息性绿地。在开阔的草地上种植树丛,点缀花灌木,自然活泼。或植草坪及整形修剪的绿篱、花灌木,低矮开朗,富有图案装饰效果。在主干道两侧植高大挺拔的行道树,外侧适当种植绿篱、花灌木,形成开阔的绿荫大道(图5.2)。

图5.2　某大学校园大门绿化设计图

②教学科研区绿化:教学科研区是大中专学校的主体,主要包括教学楼、实验楼、图书馆以及行政办公楼等建筑,该区也常常与学校大门主出入口综合布置,体现学校的面貌和特色。教学科研区周围要保持安静的学习与研究环境,其绿地一般沿建筑周围、道路两侧呈条带状或团块状分布。

为满足学生休息、集会、交流等活动的需要,教学楼之间的广场空间应注意体现其开放性、综合性的特点,并具有良好的尺度和景观,以乔木为主,花灌木点缀。绿地布局平面上要注意其图案构成和线形设计,以丰富的植物及色彩形成适合师生在楼上俯视的鸟瞰画面,立面要与建筑主体相协调,并衬托美化建筑,使绿地成为该区空间的休闲主体和景观的重要组成部分。教学楼周围的基础绿带,在不影响楼内通风采光的条件下,多种植落叶乔灌木。

大礼堂是集会的场所,正面入口前一般设置集散广场,绿化同校前区,由于其周围绿地空间较小,内容相应简单。礼堂周围基础栽植,以绿篱和装饰树种为主。礼堂外围可根据道路和场地大小,布置草坪、树林或花坛,以便人流集散。

实验楼的绿化基本与教学楼相同,另外,还要注意根据不同实验室的特殊要求,在选择树种时,综合考虑防火、防爆及空气洁净程度等因素。

图书馆是图书资料的储藏之处,为师生教学、科学活动服务,也是学校标志性建筑,其周围的布局与绿化基本与大礼堂相同。

③生活区绿化:包括学生生活区绿化、教工生活区绿化、后勤服务区绿化。可根据楼间距大小,结合楼前道路,进行设计。大专院校为方便师生学习、工作和生活,校园内设置有生活区和各种服务设施,该区是丰富多彩、生动活泼的区域。生活区绿化应以校园绿化基调为前提,根据场地大小,兼顾交通、休息、活动、观赏诸功能,因地制宜进行设计。食堂、浴室、商店、银行、邮局前要留有一定的交通集散及活动场地,周围可留基础绿带,种植花草树木,活动场地中心或周边可设置花坛或种植庭荫树。

学生宿舍区绿化可根据楼间距大小,结合楼前道路,进行设计。楼间距较小时,在楼梯口之间只进行基础栽植或硬化铺装。场地较大时,可结合行道树,形成封闭式的观赏性绿地,或布置成庭院式休闲性绿地,铺装地面、花坛、花架、基础绿带和庭荫树池结合,形成良好的学习、休闲场地。

④体育活动区绿化:大专院校体育活动场所是校园的重要组成部分,是培养学生德、智、体、美、劳全面发展的重要设施。其内容主要包括大型体育场、馆和操场,游泳池、馆,各类球场及器械运动场,等等。该区要求与学生生活区有较方便的联系。除足球场草坪外,绿地沿道路两侧和场馆周边呈条带状分布。

运动场地四周可设围栏。在适当之处设置座凳,其座凳处可植乔木遮阳。室外运动场的绿化不能影响体育活动和比赛,以及观众的通视。体育馆建筑周围应因地制宜地进行基础绿带绿化。

⑤道路绿化:校园道路绿地分布于校园内的道路系统中,对各功能区起着联系与分隔的双重作用,且具有交通运输功能。道路绿地位于道路两侧,除行道树外,道路外侧绿地与相邻的功能区绿地融合。校园道路两侧行道树应以落叶乔木为主,构成道路绿地的主体和骨架,浓荫覆盖,有利于师生们的工作、学习和生活,在行道树外侧植草坪或点缀花灌木,形成色彩、层次丰富的道路侧旁景观。

⑥休息游览绿地:休息游览区是在校园的重要地段设置的集中绿化区或景区,供学生休息散步、自学、交往,另外,还起着陶冶情操、美化环境、树立学校形象的作用。大专院校一般面积较大,在校园的重要地段设置花园式或游园式绿地,供师生休闲、观赏、游览和读书。另外,大专院校中的花圃、苗圃、气象观测站等科学实验园地,以及植物园、树木园也可以园林形式布置成休息游览绿地。该区绿地呈团块状分布,是校园绿化的重点部位。

单位绿地植物
景观设计 2

2. 工矿企业绿地植物景观设计

1）工矿企业绿化的意义

工矿企业的园林绿化是城市绿化的重要组成部分。工厂园林绿化不仅能美化厂容,吸收有害气体,阻滞尘埃,降低噪声,改善环境,而且使职工有一个清新优美的劳动环境,振奋精神,提高劳动效率。任一工厂都不是孤立的,而是社会的一员,城市的重要组成部分,其绿化也是美化市容的一环,是改善全市环境质量的重要措施。各厂要从全局出发,重视绿化建设,抓好园林绿化的总体规划,特别是做好各种防护林带的建设,科学地选好树种,提高园林绿化水平,使工厂花园化。

（1）美化环境,陶冶心情　工厂绿化衬托主体建筑,绿化与建筑相呼应,形成一个整体,具有大小高低起伏的美化效果。种植乔木、灌木、草木、花卉,一年四季有季相变化,千姿百态,增加美观,使人感到富有生命力,陶冶心情。工厂绿化也是文明的标志,信誉的投资。工厂绿化反映出工厂管理水平,工人的精神面貌,使工人精神振奋地进入生产第一线,不断提高劳动生产率。工厂绿化,不仅使环境变得优美,空气变得新鲜,也能减少灰尘,而且它的价值潜移默化地深入到产品之中,深入到用户的思想深处。

（2）改善生态环境条件　一方面是绿化地区空气中的灰尘减少,从而减少了细菌;另一方面是因为植物能分泌出具有强大杀菌能力的挥发性物质——杀菌素,能杀死致病的微生物,从而有效地保护环境卫生条件。一般城市中,工业用地占 20% ~ 30%,工业城市还会更多些。工厂中燃烧的煤炭、重油等会排出大量废气,浇铸、粉碎会散出各种粉尘,鼓风机、空气压缩机、各类交通等会产生各种噪音,污染人们的生产和生活环境。而绿色植物对有害气体、粉尘和噪音具有吸附、阻滞、过滤的作用,可以净化环境。

（3）创造一定经济收益　绿化根据工厂的地形、土质和气候条件,因地制宜,结合生产种植一些经济作物,既绿化了环境,又为工厂福利创造一定收益。如山丘、坡地可种桃、李、梅、杏、胡桃等果木、油料;水池可种荷藕;局部花坛、花池可种牡丹、芍药,既可观赏又可药用。结合垂直绿化可种葡萄、猕猴桃等,另外,有条件的工厂可以大片种植紫穗槐、棕榈、剑麻等,它们都是编织的好材料。

2）工矿企业绿地规划的要求及原则

（1）要求

①满足生产和环境保护的要求;

②重视绿化树种的选择;

③处理好绿化布置与管线的关系;

④厂区应有合适的绿地面积,提高绿地率;

⑤应有自己的风格和特点;

⑥注意工厂绿化要结合生产;

⑦充分利用空地和不可用地进行绿化;

⑧布局合理使之成为有机的绿化系统。

（2）设计原则

①保证安全生产。

②增加绿地面积,提高绿地率:工厂绿地面积的大小,直接影响到绿化的功能和厂区景观。

各类工厂为保证文明生产和环境质量,必须达到一定的绿地率:重工业 20%,化学工业 20% ~ 25%,轻纺工业 40% ~ 45%,精密仪器工业 50%,其他工业 25%。要想方设法通过多种途径、多种形式增加绿地面积,提高绿地率、绿视率和绿量。

③工厂绿地应体现各自的特色和风格。

④合理布局,形成绿地系统:工厂绿化要纳入厂区总体规划中,在工厂建筑、道路、管线等总体布局时,要把绿化结合进去,做到全面规划,合理布局,形成点、线、面相结合的厂区园林绿地系统。点的绿化是厂区前区和游憩性游园,线的绿化是厂内道路、铁路、河渠及防护林带,面就是车间、仓库、料场等生产性建筑、场地的周边绿化。同时,也要使厂区绿化与市区街道绿化联系衔接,过渡自然。

3) 工矿企业绿地组成

(1)厂前区绿地　厂前区由道路广场、出入口、门卫收发、办公楼、科研实验楼、食堂等组成,既是全厂行政、生产、科研、技术、生活的中心,也是职工活动和上下班集散的中心,还是连接市区与厂区的纽带。厂前区绿地为广场绿地、建筑周围绿地等。厂前区面貌体现了工厂的形象和特色。

(2)生产区绿地　生产区分布着车间、道路、各种生产装置和管线,是工厂的核心,也是工人生产劳动的区域。生产区绿地比较零碎分散,呈条带状和团片状分布在道路两侧或车间周围。

(3)仓库区绿地　该区是原料和产品堆放、保管和储运区域,分布着仓库和露天堆场,绿地与生产区基本相同,多为边角地带。为保证生产,绿化不可能占据较多的用地。

(4)绿化美化地段　该区包括厂区周围的防护林带、厂内的小游园、花园等。

4) 工矿企业局部绿地设计

(1)厂前区绿地设计　厂前区的绿化要美观、整齐、大方、开朗明快,给人以深刻印象,还要方便车辆通行和人流集散,入口处的布置要富于装饰性和观赏性,强调入口空间。绿地设置应与广场、道路、周围建筑及有关设施(光荣榜、画廊、阅报栏、黑板报、宣传牌等)相协调。

厂前区绿化一般多采用规则式或混合式。植物配置要和建筑立面、形体、色彩相谐调,与城市道路相联系,种植类型多用对植和行列式。因地制宜地设置林荫道、行道树、绿篱、花坛、草坪、喷泉、水池、假山、雕塑等。入口处的布置要富于装饰性和观赏性,强调入口空间。建筑周围的绿化还要处理好空间艺术效果、通风采光、各种管线的关系。广场周边、道路两侧的行道树,选用冠大荫浓、耐修剪、生长快的乔木或树姿优美、高大雄伟的常绿乔木,形成外围景观或林荫道。花坛和草坪及建筑周围的基础绿带或用修剪整齐的常绿绿篱围边,点缀色彩鲜艳的花灌木、宿根花卉,或植草坪,用色叶灌木形成模纹图案。

若用地宽余,厂前区绿化还可与小游园的布置相结合,设置山泉水池、建筑小品、园路小径、放置园灯、凳椅,栽植观赏花木和草坪,形成恬静、清洁、舒适、优美的环境,为职工工余班后休息、散步、交往、娱乐提供场所,也体现了厂区面貌,成为城市景观的有机组成部分(图 5.3)。

(2)生产区绿地设计　生产车间周围的绿化要根据车间生产特点及其对环境的要求进行设计,为车间创造生产所需要的环境条件,防止和减轻车间污染物对周围环境的影响和危害,满足车间生产安全、检修、运输等方面对环境的要求,为工人提供良好的短暂休息用地。

一般情况下,车间周围的绿地设计,首先要考虑有利于生产和室内通风采光,距车间 6 ~

8 m不宜栽植高大乔木。其次,要把车间出、入口两侧绿地作为重点绿化美化地段。各类车间生产性质不同,对环境要求也不同,必须根据车间具体情况因地制宜地进行绿化设计(表5.1)。

图5.3　厂前区绿化

表5.1　各类生产车间周围绿化特点及设计要点

车间类型	绿化特点	设计要点
精密仪器、食品车间、医药供水车间	对空气质量要求较高	以栽植藤本、常绿树木为主,铺设大块草坪,选用无飞絮、种毛、落果及不易掉叶的乔灌木和杀菌能力强的树种
化工、粉尘车间	有利于有害气体、粉尘的扩散、稀释、吸附,起隔离、分区、遮阴作用	栽植抗污、吸污、滞尘能力强的树种,以草坪、乔灌木形成一定空间和立体层次的屏障
恒温、高温车间	有利于改善和调节小气候环境	以草坪、地被物、乔灌木混交,形成自然式绿地。以常绿树种为主,花灌木色淡味香,可配置园林小品
噪音车间	有利于减弱噪音	选择枝叶茂密、分枝低、叶面积大的乔灌木,以常绿落叶树木组成复层混交林带
易燃、易爆车间	有利于防火、防爆	栽植防火树种,以草坪和乔木为主,不栽或少栽花灌木,以利可燃气体稀释、扩散,并留出消防通道和场地
露天作业区	起隔音、分区、遮阳作用	栽植大树冠的乔木混交林
工艺美术车间	创造美好的环境	栽植姿态优美、色彩丰富的树木花草,配置水池、喷泉、假山、雕塑等园林小品,铺设园林小径
暗室作业车间	形成幽静、遮阴的环境	搭荫棚或栽植叶茂密的乔木,以常绿乔木灌木为主

　　车间周围的绿化要选择抗性强的树,并注意不要妨碍上下管道。在车间的出、入口或车间与车间的小空间,特别是宣传廊前布置一些花坛、花台,种植花色鲜艳、姿态优美的花木。在亭

廊旁可种松、柏等常绿树,设立绿廊、绿亭、座凳等,供工人工间休息使用。一般车间四旁绿化要从光照、遮阳、防风等方面来考虑(图5.4)。

图5.4　生产车间周围绿化

在不影响生产的情况下,可用盆景陈设、立体绿化的方式,将车间内外绿化连成一个整体,创造一个生动的自然环境。污染较大的化工车间,不宜在其四周密植成片的树林,而应多种植低矮的花卉或草坪,以利于通风,引风进入,稀释有害气体,减少污染危害。

卫生净化要求较高的电子、仪表、印刷、纺织等车间四周的绿化,应选择树冠紧密、叶面粗糙、有黏膜或气孔下陷、不易产生毛絮及花粉飞扬的树木,如榆、臭椿、樟树、枫杨、女贞、冬青、黄杨、夹竹桃,等等。

(3)仓库、堆物场地绿地设计　仓库区的绿化设计,要考虑消防、交通运输和装卸方便等要求,选用防火树种,禁用易燃树种,疏植高大乔木,间距7~10 m,绿化布置宜简洁。在仓库周围要留出5~7 m宽的消防通道。

装有易燃物的贮罐,周围应以草坪为主,防护堤内不种植物。

露天堆场绿化,在不影响物品堆放、车辆进出、装卸条件下,周边栽植高大、防火、隔尘效果好的落叶阔叶树,外围加以隔离。

(4)厂区内道路、铁路绿化

①主干道绿化:主干道宽度为10 m左右时,两边行道树多采用行列式布置,创造林荫道的效果。有的大厂主干道较宽,其中间也可设立分车绿带,以保证行车安全。在人流集中、车流频繁的主道两边,可设置1~2 m宽的绿带,把快慢车与人行道分开,以利安全和防尘。绿带宽度在2 m以上时,可种常绿花木和铺设草坪。路面较窄的可在一旁栽植行道树,东西向的道路可在南侧种植落叶乔木,以利夏季遮阴。主要道路两旁的乔木株距因树种不同而不同,通常为6~10 m。棉纺厂、烟厂、冷藏库的主道旁,由于车辆承载的货位较高,行道树定干高度应比较高,第一个分枝不得低于3 m,以便顺利通行大货车。

②次道、人行小道绿化:厂内次道、人行小道的两旁,宜种植四季有花、叶色富于变化的花灌木。道路与建筑物之间的绿化要有利于室内采光和防止噪声及灰尘的污染等,利用道路与建筑物之间的空地布置小游园,创造景观良好的休息绿地。

③厂区铁路绿化:其两旁的绿化主要功能是为了减弱噪声,加固路基,安全防护等,在其旁6 m以外种植灌木,远离5 m以外种植乔木,在弯道内侧应留出26 m的安全视距。在铁路与其

他道路的交叉处,绿化时要特别注意乔木不应遮挡行车视线和交通标志。

(5)工厂小游园设计 工厂小游园既美化了厂容厂貌,又给厂内职工提供了开展业余文化体育娱乐活动的良好场所,利于职工工余休息、谈心、观赏、消除疲劳,深受广大职工欢迎。布局形式可分为自然式、规则式、混合式。厂内的自然山地或河边、湖边、海边等,有利因地制宜地开辟小游园,以便职工开展做操、散步、坐歇、谈话、听音乐等各项活动或向附近居民开放。可用花墙、绿篱、绿廊分隔园中空间,并因地势高低变化布置园路,点缀小池。还可用喷泉、山石、花廊、坐凳等丰富园景。有条件的工厂可将小游园的水景与贮水池、冷却池等相结合,水边可种植水生花卉或养鱼。

(6)工厂防护林带设计 主要作用是吸滞粉尘、净化空气、吸收有毒气体、减轻污染、保护改善厂区以及城市环境。工厂防护林带首先要根据污染因素、污染程度和绿化条件,综合考虑,确立林带的条数、宽度和位置。防护林带的位置:工厂区与生活区之间的防护林带;工厂区与农田交界处的防护林带;工厂内分区、分厂、车间、设备场地之间的隔离防护林带;结合厂内、厂际道路绿化形式的防护林带。

(7)工厂绿化树种的选择

①工厂绿化树种的选择原则

a.识地识树,适地适树:识地识树指对拟绿化的工厂绿地的环境条件有清晰的认识和了解;而适地适树指根据绿化地段的环境条件选择园林植物,使环境适合植物生长,也使植物能适应栽植地环境。

b.选择防污能力强的植物;按照生产工艺的要求选择植物;易于繁殖,便于管理。

②工厂绿化常用的树种

a.抗二氧化硫气体树种(钢铁厂、大量燃煤的电厂等):大叶黄杨、雀舌黄杨、瓜子黄杨、海桐、蚊母、山茶、女贞、小叶女贞、棕榈、凤尾兰、蟹橙、夹竹桃、枸骨、枇杷、金橘、构树、无花果、枸杞、青冈栎、白蜡、木麻黄、相思树、榕树、十大功劳、九里香、侧柏、银杏、广玉兰、鹅掌楸、柽柳、梧桐、重阳木、合欢、皂荚、刺槐、国槐、紫穗槐、黄杨。

b.抗氯气的树种:龙柏、侧柏、大叶黄杨、海桐、蚊母、山茶、女贞、夹竹桃、凤尾兰、棕榈、构树、木槿、紫藤、无花果、樱花、枸骨、臭椿、榕树、九里香、小叶女贞、丝兰、广玉兰、柽柳、合欢、皂荚、国槐、黄杨、白榆、红棉木、沙枣、椿树、苦楝、白蜡、杜仲、厚皮香、桑树、柳树、枸杞。

c.抗氟化氢气体的树种(铝电解厂、磷肥厂、炼钢厂、砖瓦厂等):大叶黄杨、海桐、蚊母、山茶、凤尾兰、瓜子黄杨、龙柏、构树、朴树、石榴、桑树、香椿、丝棉木、青冈栎、侧柏、皂荚、国槐、柽柳、黄杨、木麻黄、白榆、沙枣、夹竹桃、棕榈、红茴香、细叶香桂、杜仲、红花油茶、厚皮香。

d.抗乙烯的树种:夹竹桃、棕榈、悬铃木、凤尾兰。

e.抗氨气的树种:女贞、樟树、丝棉木、腊梅、柳杉、银杏、紫荆、杉木、石楠、石榴、朴树、无花果、皂荚、木槿、紫薇、玉兰、广玉兰。

f.抗二氧化氮的树种:龙柏、黑松、夹竹桃、大叶黄杨、棕榈、女贞、樟树、构树、广玉兰、臭椿、无花果、桑树、栎树、合欢、枫杨、刺槐、丝棉木、乌桕、石榴、酸枣、柳树、糙叶树、蚊母、泡桐。

g.抗臭氧的树种:枇杷、悬铃木、枫杨、刺槐、银杏、柳杉、扁柏、黑松、樟树、青冈栎、女贞、夹竹桃、海州常山、冬青、连翘、八仙花、鹅掌楸。

h.抗烟尘的树种:香榧、粗榧、樟树、黄杨、女贞、青冈栎、楠木、冬青、珊瑚树、广玉兰、石楠、枸骨、桂花、大叶黄杨、夹竹桃、栀子花、国槐、厚皮香、银杏、刺楸;榆树、朴树、木槿、重阳木、刺

槐、苦楝、臭椿、构树、三角枫、桑树、紫薇、悬铃木、泡桐、五角枫、乌桕、皂荚、榉树、青桐、麻栎、樱花、腊梅、黄金树、大绣球。

i.滞尘能力强的树种:臭椿、国槐、栎树、皂荚、刺槐、白榆、杨树、柳树、悬铃木、樟树、榕树、凤凰木、海桐、黄杨、女贞、冬青、广玉兰、珊瑚树、石楠、夹竹桃、厚皮香、枸骨、榉树、朴树、银杏。

g.防火树种:山茶、油茶、海桐、冬青、蚊母、八角金盘、女贞、杨梅、厚皮香、白榄、珊瑚树、枸骨、罗汉松、银杏、槲栎、栓皮栎、榉树。

3.医院绿地植物景观设计

1）医疗机构绿地功能

单位绿地植物
景观设计 3

(1)改善医院、疗养院的小气候条件。

(2)为病人创造良好的户外环境。

(3)对病人心理产生良好的作用。

(4)在医疗卫生保健方面具有积极的意义。

(5)卫生防护隔离作用。

2）医疗机构的类型及其规划特点

医院绿地植物起到卫生防护隔离,阻滞烟尘、减弱噪音的作用,创造优雅安静的医院环境。医疗机构绿地设计包括大门绿地、门诊部绿地、住院部绿地、其他部分绿地(图5.5—图5.8)。

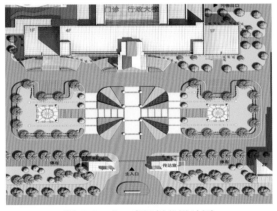
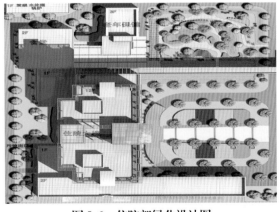

图5.5 入口广场绿化设计图　　　　　　**图5.6 住院部绿化设计图**

(1)大门区绿化　大门区绿化应与街景协调一致;大门内须设广场,场地及周边作适当的绿化布置,以美化装饰为主,如布置花坛、雕塑、喷泉等,周围适合种植一定数量的高大乔木以遮阴。

(2)门诊部绿化设计

①入口广场的绿化:可设装饰性花坛、花台和草坪,有条件的可设水池、喷泉和主题雕塑等。

②广场周围的绿化:可栽植整形绿篱、草坪、花开四季的花灌木,节日期间也可用一二年生花卉做重点美化装饰,可结合停车场栽植高大遮阴乔木。

③门诊楼周围绿化:绿化风格应与建筑风格协调一致,美化衬托建筑形象。

(3)住院部绿化设计　住院部周围小型场地在绿化布局时,一般采用规则式构图,绿地中设置整形广场,广场内以花坛、水池、喷泉、雕塑等作中心景观,周边放置座椅、桌凳、亭廊花架等休息设施。

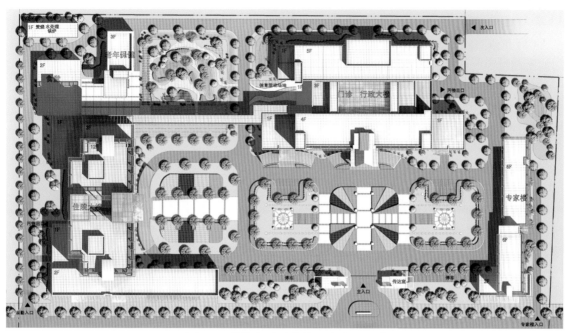

图 5.7　某综合性医院绿化设计平面图

图 5.8　某综合性医院绿化设计效果图

一般病房与传染病房要留有 30 m 的空间地段,并以植物进行隔离。总之,住院部植物配置要有丰富的色彩和明显的季相变化,使长期住院的病人能感受到自然界季节的交替,调节情绪,提高疗效。常绿树与花灌木应各占 30% 左右。

(4)其他区域绿化设计　包括手术室、化验室、放射科等周围应密植常绿乔灌木作隔离,不采用有绒毛和飞絮的植物,防止东、西晒,保持室内的通风和采光。

3)不同性质医院的一些特殊要求

(1)儿童医院绿化　其绿地具有综合性医院的功能外,还要考虑儿童的一些特点。如绿篱高度不超过 80 cm,植物色彩效果好,不选择伤害儿童的植物等。

(2)传染病院绿化　要突出绿地的防护隔离作用。

(3)精神病医院绿化　绿地设计应突出"宁静"的气氛,以白、绿色调为主,多种植乔木和常绿树,少种花灌木,并选种如白丁香、白牡丹等白色花灌木。在病房区周围面积较大的绿地中可布置休息庭园,让病人在此感受阳光、空气和自然气息。

4)医疗机构绿地树种的选择

(1)选择杀菌力强的树种　侧柏、圆柏、铅笔柏、雪松、油松、华山松、白皮松、红松、湿地松、火炬松、马尾松、黄山松、黑松、柳杉、黄栌、盐肤木、冬青、大叶黄杨、核桃、月桂、七叶树、合欢、刺槐、国槐、紫薇、广玉兰、木槿、大叶桉、蓝桉、柠檬桉、茉莉、女贞、石榴、枣树、枇杷、石楠、麻叶绣球、枸橘、银白杨、钻天杨、垂柳、栾树、臭椿及一些蔷薇科的植物。

(2)选择经济类树种　杜仲、山茱萸、白芍药、金银花、连翘、垂盆草、麦冬、枸杞、丹参、鸡冠花,等等。

任务实施

1)景观功能分区

将厂区景观功能分区分为生产区、配套区、展示区 3 个部分。

(1)生产区　为生产活动集中的区域,多为大型设备集中的地块,开敞空间较少,对于景观设施的需求也相对较少。景观改造过程中以保持现状为主,在可能的地段以小体量景观设施加以点缀。

(2)配套区　该区内生产活动相对较少,配套有一定的服务设施与生产管理用房,有一定开敞空间,在景观改造过程中强调设置与之功能相匹配的景观类型。

(3)展示区　为非生产活动区,一般在厂区入口处或高速路下方,一般为人流、车流的必经之处,不承担生产活动功能,但景观观赏性要求较高。

(4)景观节点一　厂前入口广场区。

入口广场区原为居住用地,用地内建筑质量破旧、建筑风格老化。为了打造厂区入口景观建议将用地统一改成展示厂区风貌的入口广场。设计手法中强调"弧"形元素的应用,弧形的厂区大门、景观墙、花台的设置,使广场具有统一的韵律感。广场右侧靠近高速路处设置景观树阵,并以弧形景观墙作为树阵的延续,使广场与居民区之间有一定的隔离。在主要道路一侧设置水景与象征企业文化的雕塑,增加景观的趣味性与文化性。道路另一侧为开阔的活动场地,组织景观作用的同时还为职工和周边居民创造了举行集会娱乐活动、舞蹈健身等休闲活动的场地。同时对提升厂所在地小寨坝的城市形象做出了积极贡献。

在国道另一侧用石材构筑弧形大门,弧形大门的中心,即厂区入口道路的对景处设置一座景观雕塑,并利用特色植物种植完善厂区入口景观营造,这样既突出厂区前区的气势,又可以丰富入口广场的景观变化(图5.9)。

(5)景观节点二　展示区景观节点。

该景观节点是厂区人流集散地,穿越性较强,同时地形坡度较大,不利于人停留与休憩。改造的重点在于设置观赏性景观。在道路两侧种植汉松、樱花、垂柳,具有较好的观赏效果或季相变化。树种选择时强调层次性、韵律性,即以弧形作为布置树种的主线,利用树种高差变化突出效果(图5.10)。

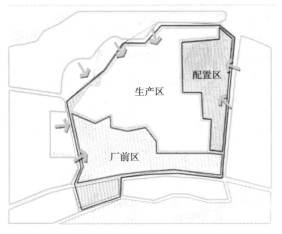

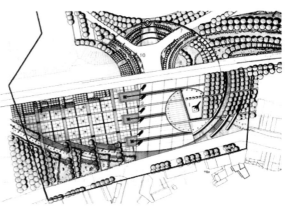

图5.9　景观节点一(厂前入口广场区)　　　　图5.10　景观节点二(展示区)

(6)景观节点三　展示区景观节点。

高速路两侧高差较大,人行基本无法进入。因此,对该区的改造重点在于打造观赏性景观,同时强调景观的韵律感,使车行通过该地段的时候有良好的景观效果。临近高速路的草坪上立有"贵阳中化开磷"的景观标牌,中央设置景观灯柱,在靠近厂区的一侧设置以反映进取、向上精神的雕塑群。同时突出"光"景观主题,在草坪中、雕塑群中注重灯光的应用(图5.11)。

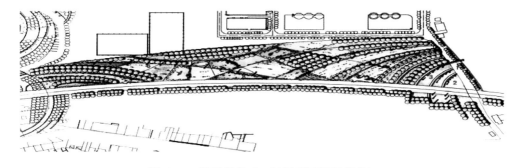

图5.11　景观节点二、三(展示区景观节点)

(7)景观节点四　配套区景观节点。

该节点位置靠近生产区,改造中强调理顺交通关系,如设置的斜形道路,既增大了景观面,又使空间联系便捷高效。造景过程采用几何图案,强调现代化工厂的氛围(图5.12)。

(8)景观节点五　配套区景观节点。

配套区为厂区生产管理的区域,因此人流较为集中,停留性较强,景观设施应有一定的宣传、教育功能。设计中,在沿人行进的方向上设置了座椅、宣传布告栏等设施,场地采用青石板铺装,并布置泛光灯、庭园灯等(图5.13)。

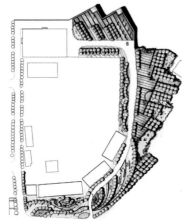

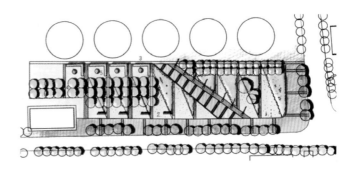

图 5.12 景观节点四(配套区景观)   图 5.13 景观节点五(配套区景观)

2)植物配置

工厂绿化是以厂房建筑为主体的环境净化和美化工程,通过植物的全面规划、合理布局,形成点线面相结合、自成系统的绿化布局,体现厂区绿化的特点与风格,充分发挥绿化的整体效果和绿地的卫生防护和美化环境的作用,营造出现代化工厂舒适和谐的生产、生活空间。

(1)厂区不利现状及绿化解决途径

①因为工厂绿化的特殊性,除防护绿化带以外多为零星小块场地,且多为建筑角落、采光排水不良、土质不佳等不利场地,对植物生长较为不利。同时由于磷肥厂磷肥生产所产生的附属污染物二氧化硫、硫化氢、氮化物以及固体粉尘等,在绿化苗木的选用上有一定的局限性。因此在厂区绿化中,既要考虑植物有较好的景观效果,也要有较强的适应性和抗性。

力求通过绿化树种的合理选用,在美化厂区的同时也能有效地吸收工厂生产所产生的部分废气和粉尘。

②由于可选用绿化树种不多,致使绿化栽植易于单调。为避免产生单调的感觉,加强植物配置的合理性和观赏性,通过丰富的季相变化和多样的植物搭配模式,形成具有特色的工厂绿化景观。

③特殊场地绿化:工厂存在较多的管网、检修井、特殊建筑(容器),其周边绿化较为困难。在条件不完全允许的情况下,不应勉强绿化,可采用特殊绿化措施加以绿化美化。如用矿物材料加植地被、苔藓等植物来加以绿化美化,同时点缀以盆栽植物等。

(2)节点设计 根据所在工厂所处的位置的不同,各节点绿地设计各有特点。

①厂前入口广场绿化:厂区入口设置有广场,作为厂区内外道路衔接的枢纽,也是职工集散的场所。同时对城市的面貌和工厂的外观也起着重要的作用。这个区域的绿化以装饰性为主,同时满足分隔人流、改善环境等作用。

②工厂道路的绿化:道路是厂区的交通枢纽,因此道路绿化在满足工厂生产要求的同时还要保证厂内交通运输的通畅。道路两侧的绿化应当考虑能够阻挡行车时产生的灰尘、废气和噪声等的作用,同时兼具一定遮阴功能。

由于高密林带对污浊气流有滞留作用,因此在道路两旁不宜种植成片过密过高的林带,而应在道路两旁各种一行乔木,再配以灌木和地被。同时为了避免过于单调的植物配置给工人带来疲劳感,可适当变换配置方式,以营造更为自然亲切的厂区道路绿化景观。

③防护带绿地:本厂的防护绿地的主要作用有两个。一是隔离城市高速交通干道所产生的粉尘、噪声对厂区的影响;二是隔离厂区内产生的有害物质、粉尘、噪声等对城市交通干道以及

道路另一侧居民区的影响。防护带绿地以乔木和灌木相结合,综合考虑地形、气候等因素对有害气体顺利扩散的影响,合理布置。

④休憩小游园:休憩空间绿地主要是创造一定的人为环境,以供职工消除体力疲劳和调剂工人心理和精神上的疲惫。因此在绿化设计中,应通过植物的合理配置,营造一个柔和淡雅、光线充足的休息空间。

3)树种规划

(1)骨干树种　对二氧化硫、硫化氢、氟化氢等有毒气体有较强抗性或对其有一定吸收作用,如龙柏、侧柏、杨树、榆树、椿树、栾树、女贞、重阳木等。

(2)景观树种　对有毒气体有一定的抗性,具有较好的观赏效果或季相变化,如罗汉松、樱花、垂柳、榔榆、合欢、国槐、白蜡、木芙蓉等。

(3)灌木　夹竹桃、珊瑚、蚊母、月季、小叶女贞等。

 巩固训练

根据河南科技大学林业职业学院西区平面图(图 5.14),为搞好校园大环境绿化美化,加强校园文化建设,满足师生文化、娱乐、休憩的需要,决定对校园绿地进行整体规划设计。现要求根据学校绿地现状和相关绿地设计规范等要求,在充分满足功能要求、安全要求和景观要求的前提下完成校园绿地规划设计。

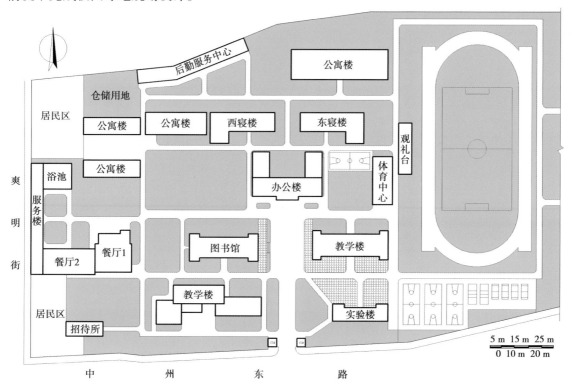

图 5.14　河南科技大学林业职业学院西区平面图

教学效果检查

1. 你是否明确本任务的学习目标?
2. 你是否达到了本学习任务对学生知识和能力的要求?
3. 你了解过校园绿化规划吗?
4. 你所处的校园绿化如何?
5. 你所处的城市有哪些工厂类型? 绿化如何?
6. 你知道工厂植物绿化的好处吗?
7. 你能够明白不同性质的医院对植物的要求吗?
8. 你通过学习后能够独立完成对校园绿化的景观设计吗?
9. 你对自己在本学习任务中的表现是否满意?
10. 你认为本学习任务还应该增加哪些方面的内容?

项目 6 综合性公园植物景观设计

[学习目标]

综合性公园植物
景观设计 1

知识目标:

(1)了解综合性公园的类型和分区。

(2)能正确理解综合性公园的植物景观设计原则。

(3)掌握综合性公园进行植物景观营造的要求。

技能目标:

(1)能够根据综合性公园的功能分区进行植物景观设计。

(2)能够对公园出入口进行规划与植物景观设计、园路规划与植物景观设计。

 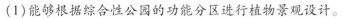

工作任务

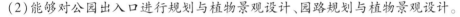

任务提出(某综合性公园植物景观设计)

如图 6.1 所示为江浙地区某城市综合性公园景观设计平面图,该公园占地面积约 70 hm²,是城市主要出入口之一,集防护、观赏、休闲、垂钓、健身、防灾避难等多种功能为一体,是一块多功能叠加型综合绿地。其主要体现"亲切、现代、自然"的风格;功能定位为市民广场及休闲垂钓园。在总体规划上,绿地根据现状地形,设计了下沉式的广场,临水设置茶室和滨水栈道、垂钓平台等。

绿化植物配置根据植物景观设计原则和基本方法,考虑设计下沉广场、滨水栈道等地物条件对植物景观设计的需求,选择合适的广场及临水植物种类和植物配置形式进行初步设计。该任务应考虑公园主要出入口、广场区域、临水区域、大草坪区域、铁路等对景观的不同需求,重点对主要出入口及广场进行植物景观配置。

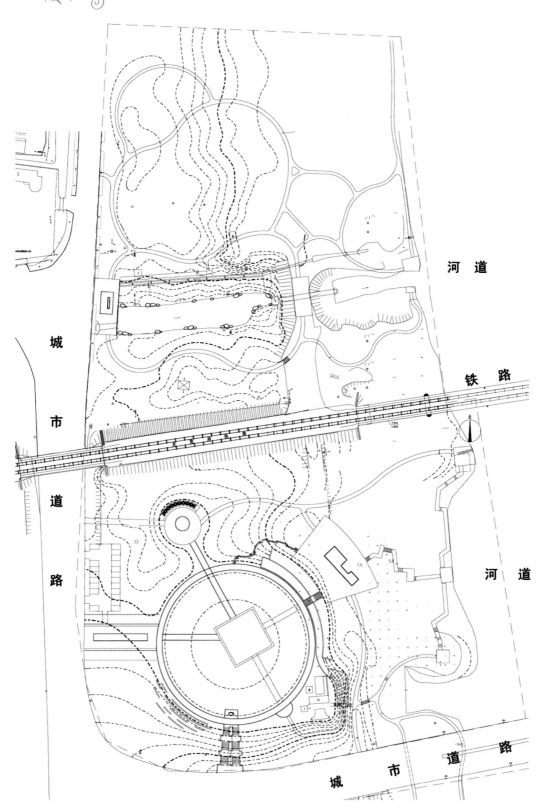

图6.1　某公园景观设计平面图

任务分析

根据公园对植物景观多样性的需求对植物品种进行选择,使植物景观配置能发挥美观、净化空气、涵养水源的功能,植物特色为体现现代简洁、常绿落叶乔木相结合、色彩丰富的广场公园。设计之前,应充分了解当地植物的生态习性和观赏特性,掌握公园内乔木、灌木、地被植物的配置方法和设计要点等内容。

任务要求

(1)植物品种的选择应适宜公园不同功能分区对景观的功能需求。

(2)正确采用植物景观构图基本方法,灵活运用自然式、行列式、群植、孤植的种植方法。

(3)树种选择合适,不同竖向地形植物品种配置符合规律。

(4)功能配置合理,风格独特。

(5)图纸绘制规范,完成道路植物种植设计平面图一张。

材料及工具

测量仪器、手工绘图工具、绘图纸、绘图软件(AutoCAD)、计算机等。

知识准备

1.综合性公园的类型和分区

1)综合性公园的类型

综合性公园是城市公园系统的重要组成部分,也是城市居民文化生活不可缺少的重要因素,它不仅为城市提供大面积的绿地,而且具有丰富的户外游憩活动的内容和设施,适合于各种年龄和职业的城市居民进行一日或半日游赏活动。因而,它是群众性的文化教育、娱乐、休息的场所,并对城市的形象和面貌、生态环境的保护以及社会生活发挥着重要的作用。根据现代公园系统相关理论和世界各国多数城市中公园设置的情况,每处综合性公园的规模从几公顷到几百公顷不等;在中小城市大多设1~2处,在大城市则分设多处全市性和区域性综合公园。目前,在我国,根据综合性公园在城市中的服务范围,分为以下两种类型:

(1)市级公园 市级公园为全市居民服务,是全市公共绿地中集中面积最大、功能最多、活动内容和游憩设施最完善的绿地。公园面积一般在100 hm² 以上,随市区居民总人数的多少而有所不同。其服务半径为2~3 km,步行30~50 min可到达,乘坐公共汽车10~20 min可到达,如北京紫竹院公园。

(2)区级公园 在特大、大城市中除设置市级公园外,还设置区级公园。区级公园是为一个行政区的居民服务。公园面积按该区居民的人数而定,园内一般也有比较丰富的内容和设施。其服务半径为1~1.5 km,步行15~25 min可到达,乘坐公共汽车10~15 min可到达。

2）综合性公园的分区

综合性公园应根据公园的活动内容，进行分区布置。一般可分为：安静休息区、文化娱乐区、体育活动区、儿童活动区、观赏游览区、老年人活动区、园务管理区。

公园内功能分区的划分，要因地制宜，对规模较大的公园，要使各功能区布局合理，游人使用方便，各类游乐活动的开展，互不干扰；对面积较小的公园，分区若有困难的，应对活动内容作适当调整，进行合理安排。

（1）安静休息区　安静休息区主要供游人安静休息、学习、交往或开展其他一些较为安静的活动的区域，如太极拳、太极剑、棋弈、漫步、聊天、气功等，因而也是公园中占地面积最大、游人密度最小的区域。故该区一般选择地形起伏比较大、景色最优美的地段，如山地、谷地、溪边、河边、湖边、瀑布环境最为理想，并且要求树木茂盛、绿草如茵，有较好植被景观的环境。

安静休息区的面积可视公园的规模大小进行规划布置，一般面积应大一些为好，但在布局时并不一定要求将所有的安静活动都集中于一处，只要条件允许，可选择多处，创造类型不同的空间环境，满足不同类型活动的需要。

该区景观要求也比较高，宜采用园林造景要素巧妙组织景观，形成景色优美、环境舒适、生态效益良好的区域。区内建筑布置宜分散不宜聚集，宜素雅不宜华丽；结合自然风景，设立亭、水榭、花架、曲廊、茶室、阅览室等园林建筑。

一般安静休息区与公园的喧闹区（如文化娱乐区、儿童活动区、体育活动区等），应通过各种造景要素的布置，能有一定距离的隔离，以免安静休息区受到干扰，可布置在远离公园出入口处。游人的密度要小，用地以 $100 \ m^2/$人为宜。

（2）文化娱乐区　文化娱乐区是人流集中的活动区域。在该区内开展的多是比较热闹、有喧哗声响、活动形式多样、参与人数较多的文化、娱乐等活动，因而也称为公园中的闹区，设置有俱乐部、电影院、剧院、音乐厅、展览馆、游戏场、技艺表演场、露天剧场、舞池、旱冰场、戏水池、展览室（廊）、演讲场地、科技活动场等。以上各种设施应根据公园的规模大小、内容要求因地制宜合理地进行布局设置。

公园内的主要建筑一般都设在文化娱乐区，成为全园布局的构图中心，因此该区常位于公园的中部，并对单体建筑和建筑群组合的景观要求较高。因此布置时注意避免区内各项活动彼此之间相互干扰，应使有干扰的活动项目之间保持一定的距离，可利用树木、山石、土丘、建筑等加以隔离。群众性的娱乐活动常常人流量较大，而且集散时间相对集中，所以要合理地组织交通和空间，尽可能在规划条件允许的情况下接近公园出入口，或在一些大型活动建筑旁设专用出入口，以快速集散游人。为达到活动舒适、方便的要求，文化娱乐区的用地以 $30 \ m^2/$人为宜，以避免不必要的拥挤。文化娱乐区内游人密度大，要考虑设置足够的道路、广场和生活服务设施，如餐厅、茶室、冷饮、厕所、饮水处等。

文化娱乐区的规划，应尽可能利用地形特点，创造出景观优美、环境舒适、投资少、见效快的景点和活动区域。文娱活动建筑的周围要有较好的绿化条件，与自然景观融为一体。利用较大水面开展水上活动，北方地区冬季可利用自然水面及人工制成溜冰场。利用缓坡地设置露天剧场、演出舞台。利用下沉地形开辟技艺表演、集体活动、游戏场地。

在进行该区的规划布局时，要注意供水、供电、供暖、通讯、排水等工程设施的合理布置，以满足实际需求。

（3）体育活动区　随着我国城市发展及居民对体育活动参与性的增强，在城市的综合性公

园内,宜设置体育活动区。该区是属于比较喧闹的功能区,应以地形、建筑、树丛、树林等与其他各区有相应分隔。区内可设场地相应较小的篮球场、羽毛球场、网球场、门球场、武术表演场、大众体育区、民族体育场地、乒乓球台等。如经济条件允许,可设体育场馆,但一定要注意建筑造型的艺术性。各场地不必同专业体育场一样设专门的看台,可利用缓坡草地、台阶等作为观众看台,更增加人们与大自然的亲和性。

(4)儿童活动区　儿童活动区主要供学龄前儿童和学龄儿童开展各种儿童游乐活动。据调查,在我国城市公园游人中,少年儿童的比例比较大,占公园游人量的15%～30%,这个比例的变化与公园在城市中所处的位置、周围环境、居住区的状况有直接关系。居住区附近的公园,儿童人数的比例比较大,远离居住区的公园,比例则较小,同时也与公园内儿童活动内容、设施、服务条件有关。为了满足儿童的特殊需要,在公园中单独划出供儿童活动的一个区域是很有必要的。大公园的儿童活动区与儿童公园的作用相似,但比单独的儿童公园的活动及设施要简单。

儿童活动区内可根据不同年龄的少年儿童进行分区,一般可分为学龄前儿童区和学龄儿童区,也可分成体育活动区、游戏活动区、文化娱乐区、科学普及教育区,等等。主要活动内容和设施有游戏场、戏水池、运动场、障碍游戏、少年宫、少年阅览室、科技馆等。用地最好能达到人均$50~m^2$,并按用地面积大小确定所设置内容的多少。

儿童活动区规划设计应注意以下几个方面:

①该区位置一般靠近公园主出入口,便于儿童进园后能尽快地到达区内开展自己喜爱的活动。避免儿童入园后穿越其他功能区,影响其他各区游人的活动。

②儿童区的建筑、设施要考虑到少年儿童的尺度,并且造型新颖、色彩鲜艳;建筑小品的形式要适合少年儿童的兴趣,富有教育意义,最好有童话、寓言的内容或色彩;区内道路的布置要简洁明确,容易辨认,最好不要设台阶或坡度过大以方便通行童车。

③植物种植应选择无毒、无刺、无异味、无飞毛飞絮、不易引起儿童皮肤过敏的树木、花草;儿童区也不宜用铁丝网或其他具有伤害性的物品,以保证活动区儿童的安全。

④儿童区活动场地周围应考虑遮阴树木、草坪、密林,并能提供缓坡林地、小溪流、宽阔的草坪,以便开展集体活动及更多遮阴。

⑤儿童区还应考虑成人休息、等候的场所,因儿童一般都需要家长陪同照顾,所以在儿童活动、游戏场地的附近要留有可供家长停留休息的设施,如坐凳、花架、小卖部等。

(5)观赏游览区　本区以观赏、游览参观为主,在区内主要进行相对安静的活动,是游人喜欢的区域。为达到良好的观赏游览效果,要求游人在区内分布的密度较小,以人均游览面积$100~m^2$左右较为合适,所以本区在公园中占地面积较大,是公园的重要组成部分。

观赏游览区往往选择现状用地地形起伏较大、植被等比较丰富的地段,设计布置园林景观。

在观赏游览区中如何设计合理的游览路线,形成较为合理的动态风景序列,则是十分重要的问题。道路的平曲线、纵曲线、铺装材料、铺装纹样、宽度变化等都应根据景观展示和动态观赏的要求进行规划设计。

(6)老年人活动区　随着城市人口老龄化速度的加快,老年人在城市人口中所占比例日益增大,老年人活动区在公园绿地中的使用率是最高的。在一些大中城市,许多老年人早晨在公园中晨练,白天在公园中活动,晚上和家人、朋友在公园中散步、谈心,所以公园中老年人活动区的设置是不可忽视的问题。

老年人活动区在公园规划中应设在观赏游览区或安静休息区附近,要求环境幽雅、风景宜人。具体内容可从以下几个方面进行考虑:

①动静分区。在老年人活动区内宜再分为动态活动区和静态活动区。动态活动区以健身活动为主,可进行球类、武术、舞蹈、慢跑等活动;静态活动区主要供老人们晒太阳、下棋、聊天、观望、学习、打牌、谈心等,活动区外围应有遮阴的树木及休息设施,如设置亭、廊、花架、坐凳等,以便老年人活动后休息。

②闹静分区。闹主要指老人们所开展的扭秧歌、戏曲自乐、吹奏弹唱、遛鸟、斗虫等声音较大的活动。此处的静与前者所指的静相同,并包括武术、静坐、慢跑等较为安静的活动。由于闹区会发出较大的声响,要影响到其他人的活动,所以,闹静要进行分区,二者之间要有一定的隔离。

③设置必需的服务建筑和活动设施。在公园绿地的老人活动区内应注意设置必要的服务性建筑,并考虑到老人的使用方便,如设置厕所。还应考虑无障碍通行,方便坐轮椅的人使用。选择有林荫的草地或黄土地布置安排一些简单的体育健身设施,如单杠、压腿杠、教练台等,其他如挂鸟笼、寄存、电话等设施也应该考虑。

④设置一些有寓意的景观可激发老人的生命活力。有特点的建筑小品,建筑上的匾额、对联、景石、碑刻、雕塑以及植物等景观,只要设计构思恰当,都可以获得较好的效果。通过景物引发联想,唤起老人的生命活力或激起他们的美好遐想,这些都可以起到很好的心理调剂作用。

⑤注意安全防护要求。由于老人的生理机能下降,其对安全的要求要高于年轻人,所以在老人活动区设计时应充分考虑到相关问题,如厕所内地面要注意防滑,并设置扶手及放置拐杖处,道路广场注意平整、防滑,供老人使用的道路不宜太窄,道路上不宜用汀步,钓鱼区近岸处水位应浅一些等。

(7)园务管理区　该区是为公园经营管理的需要而设置的内部专用区域。区内可设置办公室、仓库、花圃、苗圃、生活服务等设施和水电通信等工程管线。园务管理区要与城市街道有方便的联系,设有专用出入口,不应与游人混杂,区四周要与游人有隔离。到管理区内要有行车道相通,以便于运输和消防。本区要隐蔽,不要暴露在风景游览的主要视线上。

公园中的服务设施,因公园用地面积的大小及游人的数量而定。在较大的公园里,可设有1~2个服务中心,或按服务半径设服务点,或结合公园活动项目的分布,在游人集中或停留时间较长、位置适中的地方设置。服务中心点的设施有:饮食、小卖、休息、电话、询问、摄影、寄存、租借和购买物品等。服务点是为园内局部地区的游人服务的,服务设施还要根据游人活动内容的需要进行设置,如钓鱼区设租借渔具、购买鱼饵的服务设施,滑冰场设租借冰鞋的服务设施等。

2. 综合性公园的景色分区

公园按规划设计意图,根据游览需要,把全园划分为若干个景区,组成一定范围的各种景观地段,形成不同的风景环境和艺术境界,称为景区划分。

综合性公园植物
景观设计2、3

景区划分通常以景观分区为主,每个景区都可以成为一个独立的景观空间体。景区内的各组成要素都是相关的,无论是在建筑风格方面,还是在山水、植物景观方面,都存在着一定的协调统一的关系。

公园景观分区要使其风景观赏与使用功能要求相配合,增强功能要求的效果,但景区不一定与功能分区的范围完全一致,有时需要交错布置。一般一个功能区包含一个或多个景区,形成不同的景观特色,使公园景观有节奏、有变化、生动活泼、丰富多彩。综合性公园以不同的景观效果和内涵,激发游人的审美情趣,给游人以不同情感的艺术享受。景观分区的形式一般有以下几类:

1)按游人对景观环境的观赏效果划分景区

(1)开朗景区　宽广的水面、大面积的草坪、宽阔的铺装广场形成开朗的景观,给人以心胸开阔、豁然开朗、畅快怡情的感受,是游人比较集中的区域。

(2)雄伟的景区　利用陡峭的山峰、耸立的建筑和高大挺拔的植物等,形成雄伟庄严的环境气氛。如南京中山陵利用主干道两侧高大茂盛的雪松和层层抬高的大台阶以及雄伟壮观的纪念堂,使人们的视线集中向上,形成仰视景观,游人在观赏时,达到巍峨壮丽和肃然起敬的景观感染效果。

(3)清静的景区　利用四周封闭而中间空旷的地形环境,形成安静休息的区域,如林间空地、山林空谷等。一般在规模较大的公园中设置,使游人能够安静地欣赏景观或进行较为安静的活动。

(4)幽深的景区　利用地形较大的起伏变化、道路的蜿蜒曲折、山石建筑的障隔和联系,植物的遮挡隐蔽,形成曲折多变的空间,达到幽雅深邃、"曲径通幽"的景观效果。这种景区的空间变化比较丰富,景观内容也较多。

2)按复合空间组织景区

这种景区在公园中有相对的独立性,形成各自的特有空间。一般都是在较大的园林空间中开辟出一些相对较小的空间,如园中园、水中之岛、岛中之水,形成园林景观空间层次的复合性,增加景区空间的变化和韵律,是深受欢迎的景区空间类型。

3)按不同季相景观组织景区

景区的组织主要以植物的四季变化为特色进行布局规划,一般根据春花、夏荫、秋叶、冬绿的植物季相特征分为春景区、夏景区、秋景区、冬景区,每个景区内都选取有代表特色的植物为主,结合其他植物进行规划布局,四季景观特色明显,如扬州个园的四季假山。上海植物园内假山园的樱花、桃花、紫荆、连翘等为春山风光,石榴、牡丹、紫薇等为夏山风光,以红枫、槭树林供秋季观红叶,以松柏组成冬季景观。

4)按不同的造园材料和地形为主体构成景区

(1)假山园　以人工叠石为主,突出假山造型艺术,配以水体、建筑和植物,在我国古典园林中较为多见,如上海豫园黄石大假山、苏州狮子林的湖石假山、广州黄蜡石假山。

(2)水景园　利用自然的或模仿自然的河、湖、溪、瀑等人工构筑的各种形式的水池、喷泉、跌水等水体构成的风景园。

(3)岩石园　以岩石及岩生植物为主,结合地形选择适当的沼泽、水生植物,展示高山草甸、牧场、碎石陡坡、峰峦溪流、岩石等自然景观,全园景观别致,极富野趣,是较受欢迎的一种景区内容。

此外,还有其他一些有特色的景区,如山水园、沼泽园,以某科植物构成的花卉园、树木园等,这些都可根据公园的整体布局和立意,因地制宜地进行设置。

3.综合性公园植物景观设计原则

综合性公园的植物景观设计及配置,应根据当地的气候状况、园外的环境特征、园内的立地条件,结合景观规划、防护功能要求和居民游赏习惯确定,应做到充分绿化和满足多种游憩活动及审美的要求。植物景观设计,是公园总体规划和景观构成的重要组成部分。它指导局部种植设计,协调各期工程施工,使苗木培育、组织和种植施工有计划地进行,以创造最佳的植物景观。

综合性公园植物的配置,是综合性公园规划设计的一项重要内容,其对公园整体绿地景观的形成、良好的生态和游憩环境的创造,起着极为重要的作用。

1)全面规划,重点突出,远期和近期相结合

公园的植物配置规划,必须根据公园的性质、功能,结合植物造景、游人活动、全园景观布局等要求,全面考虑,布置安排。由于公园面积大,立地条件及生态环境复杂,活动项目多,所以选择绿化树种不仅要掌握一般规律,还要结合公园特殊要求,因地制宜,以乡土树种为主,以经过驯化后生长稳定的外地珍贵树种为辅。公园用地内的原有树木,应充分加以利用,尽快形成整个公园的绿地景观骨架。在重要地区,如主出入口、主要景观建筑附近、重点景观区,主干道的行道树宜选用移植大苗,其他地区可用合格的出圃小苗,使速生树种与慢生树种相结合,常绿树种与落叶树种相结合,针叶树种与阔叶树种相结合,乔灌花草相结合,尽快形成绿色景观效果。

规划中应注意近期绿化效果要求高的部位,植物选择配置应以大苗为主,适当密植,待树木长大后再移植或疏伐。选择既有观赏价值,又有较强抗逆性、病虫害少的树种,易于管理;不得选用有浆果和招引有害虫的树种。

2)注重植物种类搭配,突出公园植物特色

每个公园在植物配置上应有自己的特色,突出一种或几种植物景观,形成公园绿地的植物特色。如杭州西湖孤山公园以梅花为主景,曲院风荷以荷花为主景,西山公园以茶花、玉兰为主景,花港观鱼以牡丹为主景,柳浪闻莺以垂柳为主景。

全园的常绿树与落叶树应有一定的比例。一般华北、西北、东北地区常绿树占 30% ~ 40%,落叶树占 60% ~70%;华中地区,常绿树占 50% ~60%,落叶树占 40% ~50%;华南地区,常绿树占 70% ~80%,落叶树占 20% ~30%。在林种搭配方面,混交林可占 70%,单纯林可占 30%。做到三季有花有色,四季常绿,季相明显,景观各异。

3)注意全园基调树种和各景区主、配调树种的规划

在树种选择上,应有 1~2 个树种分布于整个公园,在数量和分布范围上占优势,成为全园的基调树种,起统一景观作用。还应在各个景区选择不同的主调树种,形成各个景区不同的植物景观主题,使各景区在植物配置上各有特色而不雷同。

公园中各景区的植物配置,除了有主调树种外,还要有配调树种,以起烘托陪衬作用。全园植物规划布局,要达到多样变化、和谐统一的效果。如北京颐和园以油松、侧柏作为基调树种遍布全园,每个景区又都有其主调树种,后山后湖景区以海棠、平基槭、山楂作主调,以丁香、连翘、山桃、桧柏等少量树种作配调,使整个后山后湖景区四季常青,季相景观变化明显。

4）充分满足使用功能要求

根据游人对公园绿地游览观赏的要求,除了用建筑材料铺装的道路和广场外,整个公园应全部用植物覆盖起来。地被植物一般选用多年生花卉和草坪,坡地可用匍匐性小灌木或藤本植物。现在草坪的研究已经达到较高的水平,其抗性、绿色期也都大大提高了,所以把公园中一切可以绿化的地方,乔灌花草结合配置,形成复层林相是可以实现的。

从改善小气候方面考虑,冬季有寒风侵袭的地方,要考虑防风林带的配置;主要建筑物和活动广场,也要考虑遮阴和观赏的需要,配置乔灌花草。

公园中的道路,应选用树冠开张、树形优美、季相变化丰富的乔木作行道树,既形成绿色纵深空间,也起到遮阴作用。规则式道路,行道树采用行列式种植;自然式道路,行道树采用疏密有致的自然式种植。

在娱乐区、儿童活动区,为创造热烈的环境气氛,可选用红、橙、黄暖色调植物花卉;在休息区和纪念区,为取得幽静清新、庄严肃穆的环境气氛,可选用绿、蓝、紫等冷色调植物花卉。中、近景绿化可选用强烈对比,以求醒目;远景绿化,色彩简洁明快,以求概括。公园游览休息区,要形成季相动态构图,春观花,夏遮阴,秋观红叶,冬有绿色,以利游览、观赏、休息。

公园中应开辟有庇荫的河流,宽度不得超过20 m,岸边种植高大的乔木,如垂柳、水杉等喜水湿树种,夏季水面上林荫成片,可开展划船、戏水活动,游息亭榭、茶室、餐厅、阅览室、展览馆等建筑物的西侧,应配置高大的庇荫乔木,以防夏季西晒。

儿童活动区、安静休息区、体育活动区等各功能区也应根据各自的使用要求,进行植物的种植规划。

5）四季景观和专类园设计是植物造景的突出点

植物的季相表现不同,因地制宜地结合地形、建筑、空间和季节变化,进行规划设计,形成富有四季特色的植物景观,使游人春观花,夏纳荫,秋观叶品果,冬赏干观枝。

以不同植物种类组成专类园,是公园景观规划不可缺少的内容,尤其花繁叶茂、色彩绚丽的专类花园更是游人流连忘返的地方。在北京园林中,常见的专类园有:牡丹园、月季园、丁香园、蔷薇园、槭树园、菊园、竹园、宿根花卉园等。上海、江浙一带常见的专类园有:杜鹃园、桂花园、梅园、木兰园、山茶园、海棠园、兰园等。利用不同叶色、花色的植物,组成各种不同色彩的专类花园,也日益受到人们的喜爱,如红花园、白花园、黄花园、紫花园等。在气候炎热的南方地区,夜生活比较活跃,可选择芳香性植物开辟夜香花园。

6）适地适树,根据立地条件选择植物,为其创造适宜的生长环境

按生态环境条件,植物可分为陆生、水生、沼生、耐寒冷、耐高温、耐水湿、耐干旱、耐瘠薄、喜光耐阴等不同的类型。

植物的选择配置,必须根据园区的立地条件和植物生长的生态习性,使之相适应,有利于树冠和根系的发展,保证高度适宜和适应近远期景观的要求。如喜充足光照的梅、木棉、松柏、杨柳;耐阴的罗汉松、山楂、棣棠、珍珠梅、杜鹃;喜水湿的柳、水杉、水松、丝棉木;耐瘠薄的沙枣、沙棘、柽柳、胡杨等。在不同的生态环境下,选择与之相适应的植物种类,则易形成各景区的特色。

为了保证园林植物有适应的生态环境,在低洼积水地段应选用耐水湿的植物,或采用相应排水措施后可生长的植物。在陡坡上应有固土和防冲刷措施。土层下有大面积漏水或不透水

层时,要分别采取保水或排水措施。不宜植物生长的土壤,必须经过改良,客土栽植,必须经机械碾压、人工沉降(表6.1、表6.2)。

表6.1　园林植物种植土层厚度(m)

园林植物类型	栽植土层的下部条件		
	漏水层栽植土	不透水层	
		栽植土	排水层
草坪	0.30	0.20	0.30
小灌木	0.50	0.40	0.40
中灌木	0.70	0.60	0.40
小乔木	1.20	0.80	0.40
大乔木	1.50	1.10	0.40

表6.2　园林植物栽植土层土壤学指标

指　　标	种植土层深度/cm	
	0～30	30～110
容重/(g·cm^{-2})	1.0～1.21	1.3～1.45
总孔隙度/%	45～55	42～52
非毛管孔隙度/%	10～20	＞10

4.综合性公园植物景观的营造

1)公园出入口植物景观设计

综合性公园植物
景观设计4

　　大门为公园主要出入口,大都面向城镇主干道,绿化时应注意丰富街景,并与大门建筑相协调,同时还要突出公园的特色。规则式大门建筑,应采用对称式绿化布置;自然式大门建筑,则要用不对称方式来布置绿化。大门前的集散广场,四周可用乔、灌木绿化,以便夏季遮阴及相对隔离周围环境;在大门内部可用花池、花坛、灌木与雕像或导游图标牌相配合,也可铺设草坪,种植花灌木,但不应妨碍视线,且须便利交通和游人集散。

2)园路植物景观设计

　　(1)主要道路　主要干道绿化,可选用高大、荫浓的乔木作行道树,用耐阴的花卉植物,在两侧布置花境,但在配置上要有利于交通,还要根据地形、建筑、风景的需要而起伏、蜿蜒(图6.2)。

　　(2)次要道路　次干道和游步道延伸到公园的各个角落,景观要丰富多彩,达到步移景异的观赏效果。山水园的园路多依山面水,绿化应点缀风景而不妨碍视线。山地则要根据地形起伏、环路,绿化布置疏密有致;在有风景可观的山路外侧,宜种植低矮的花灌木及草花,才不影响景观;在无景可观的道路两旁,可密植、丛植乔灌木,使山路隐在丛林之中,形成林间小道。平地处的园路,可用乔灌木树丛、绿篱、绿带分隔空间,使园路侧旁景观,高低起伏,时隐时现。园路转弯处和交叉口是游人游览视线的焦点,是植物造景的重点部位,可用乔木、花灌木点缀,形成层次丰富的树丛、树群。另外,通行机动车辆的园路,车辆通行范围内不得有低于4.0 m高的枝条,方便残疾人使用的园路边缘,不得选用有刺或硬质叶片的植物,路面范围内,乔灌木枝下净空不得低于 2.2 m,种植点距道牙应大于 0.5 m(图 6.3)。

图 6.2　综合性公园主要道路景观

图 6.3　综合性公园次要道路景观

(3)散步小道　小道两旁的植物景观应最接近自然状态,可布置色彩丰富的乔灌木树丛(图 6.4)。

图 6.4　综合性公园散步小道景观

3)各功能分区植物景观营造

(1)安静休息区植物景观设计　该区可以当地生长健壮的几个树种为骨干,突出周围环境季相变化的特色。在植物配置上应根据地形的高低起伏和天际线的变化,采用自然式种植类型,形成树丛、树群和树林。在林间空地中可设置草坪、亭、廊、花架、座凳等,在路边或转弯处可设月季园、牡丹园、杜鹃园等专类花园(图 6.5)。

(2)文化娱乐区植物景观设计　该区要求地形开阔平坦,绿化以花坛、花境、草坪为主,便于游人集散,适当点缀几株常绿大乔木,不宜多种灌木,以免妨碍游人视线,影响交通。在室外铺装场地上应留出树穴,栽种大乔木。各种参观游览的室内,可布置一些耐阴的盆栽花木(图 6.6)。

图6.5　安静休息区植物景观

图6.6　文化娱乐区植物景观设计

（3）体育活动区植物景观设计　该区应选择速、高大挺拔、冠大而整齐的乔木树种，栽植于场地周边，以利夏季遮阴；但不宜选用那些易落花、落果、落毛散落的树种，以免影响游人运动。球类场地四周的绿化，要离场地5～6 m，树种的色调要单纯，以便形成绿色背景。不要选用树叶反光发亮的树种，以免刺激运动员的眼睛。在游泳池附近可设花廊、花架，不可栽种带刺或夏季落叶落果的花木。日光浴场周围应铺设柔软耐践踏的草坪。植物景观设计要求：

①注意四季景观，特别是人们使用室外活动场地较长的季节。

②树种大小的选择应与运动场地的尺度相协调。

③植物的种植应注意人们夏季对遮阴、冬季具有阳光的需要。在人们需要阳光的季节，活动区域内不应有常绿树的阴影。

④树种选择应以本地区观赏效果较好的乡土树种为主，便于管理。

⑤树种应少污染，无落果和飞絮。落叶整齐，易于清扫。

⑥露天比赛场地的观众视线范围内，不应有妨碍视线的植物，观众席铺栽草坪应选用耐践踏的品种。

（4）儿童活动区植物景观设计　该区绿化可选用生长健壮、冠大荫浓的乔木，忌用有刺、有毒或有刺激过敏性反应的植物。在其四周应栽植浓密的乔灌木与其他区域相隔离。不同年龄的少年儿童也应分区活动，各分区用绿篱、栏杆相隔，以免相互干扰。活动场地中要适当疏植大乔木，供夏季遮阴。在出入口可设立塑像、花坛、山石或小喷泉等，配以体形优美、色彩鲜艳的灌木和花卉，以增加儿童的活动兴趣。儿童活动区绿化种植要忌用：

①有毒植物：凡花、叶、果等有毒植物均不宜选用，如凌霄、夹竹桃等。

②有刺植物：易刺伤儿童皮肤和刺破儿童衣服的植物，如枸骨、刺槐、蔷薇等。

③有刺激性和有奇臭的植物：会引起儿童的过敏性反应，如漆树等。

④易生病虫害及结浆果植物：如柿树、桑树等。

另外，儿童游戏场宜选用冠大荫浓的乔木，夏季庇面积应大于活动范围的50%，活动范围内宜选用萌芽力强、直立生长的中高类型的灌木，树木的枝下净空应大于1.8 m。露天演出场观众席范围内不得种植妨碍视线的植物，观众席铺栽草坪时应选用耐践踏的草种（图6.7）。

（5）观赏游览区植物景观设计　应选择现状地形、植被等比较优越的地段设计布置园林植物景观，植物景观的设计应突出季相变化特征。植物景观设计要求有：

①把盛花植物配置在一起，形成花卉观赏区或专类园；

图6.7　综合性公园儿童活动区植物景观

②以水体为背景,配置不同的植物形成不同情调的景致;

③利用植物组成群落以体现植物的群落美;

④利用借景手法把园外的自然风景引入园内,形成内外一体的壮丽景观。

以生长健壮的几个树种为骨干,在植物配置上根据地形的高低起伏和天际线的变化,采用自然式布局。在林间空地可设置草坪、亭、廊、花架、座椅等,在路边可设牡丹园、月季园、竹园等专类园(图6.8、图6.9)。

图6.8　综合性公园观赏游览区植物景观　　　　图6.9　综合性公园观赏游览区植物景观

(6)老年人活动区植物景观设计　植物配置应以落叶阔叶林为主,保证夏季凉荫、冬季阳光,并应多种植姿态优美、花色艳丽、叶色富于变化的植物,体现丰富的季相变化。

(7)园务管理区植物景观设计　植物配置多以规则式为主,建筑物面向游览区的一面应多种高大的乔木,以遮挡游人的视线。周围应有绿篱与各区分隔,绿化要因地制宜,并与全园风格协调。

为了把公园与喧哗的城市环境隔离开来,保持园内安静,可在公园周围,特别是靠近城市主要干道及冬季主风方向的一面布置不透风式防护林带。

综合性公园植物景观
设计 5 任务实施

任务实施

1）注重搭配，合理选择植物品种

综合分析了城市气候、土壤环境等因素及保留现状地物情况，利用植物景观设计基本方法和配置形式，形成靠近铁路常绿遮挡为主，内部主入口、活动广场、主景区季相特征丰富、美观，其他区域满足游赏要求。树种选择时注重乔、灌、常绿落叶乔木，形成层次和季相变化。

2）确定配置技术方案

在选择好植物种类的基础上，确定合理植物配置方案，绘出植物初步设计平面图（图6.10）。由于面积较大，公园的规划设计形式为混合式，道路植物景观配置也为混合式，采用孤植、列植、丛植、群植、绿篱等方式。

3）植物材料的选择

主要选择植物有：香樟、银杏、含笑、马褂木、广玉兰、毛白杨、朴树、乌桕、雪松、合欢、青枫、红枫、桂花、垂丝海棠、西府海棠、樱花、碧桃等。

知识拓展

《公园设计规范》植物景观设计规定

1）综合性公园植物景观设计的一般规定

（1）公园的绿化用地应全部用绿色植物覆盖。建筑物的墙体、构筑物可布置垂直绿化。

（2）种植设计应以公园总体设计对植物组群类型及分布的要求为根据。

（3）植物种类的选择，应符合下列规定：

①适应栽植地段立地条件的当地适生种类；

②林下植物应具有耐阴性，其根系发展不得影响乔木根系的生长；

③垂直绿化的攀缘植物依照墙体附着情况确定；

④具有相应抗性的种类；

⑤适应栽植地养护管理条件；

⑥改善栽植地条件后可以正常生长的、具有特殊意义的种类。

（4）绿化用地的栽培土壤应符合下列规定：

①栽植土层厚度符合附件4的数值，且无大面积不透水层；

②废弃物污染程度不致影响植物的正常生长；

③酸碱度适宜；

④物理性质符合表6.3的规定；

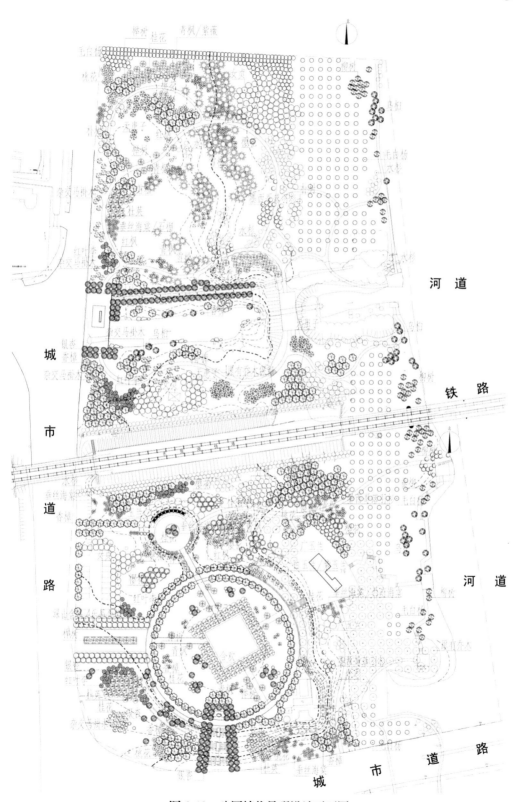

图6.10　公园植物景观设计平面图

表6.3　土壤物理性质指标

指　标	土层深度范围/cm	
	0～30	30～110
质量密度/(g·cm⁻³)	1.17～1.45	1.17～1.45
总空隙度/%	>45	45～52
非毛管空隙度/%	>10	10～20

⑤凡栽植土壤不符合以上各款规定者必须进行土壤改良。

(5)铺装场地内的树木其成年期的根系伸展范围,应采用透气性铺装。

(6)公园的灌溉设施应根据气候特点、地形、土质、植物配置和管理条件设置。

(7)乔木、灌木与各种建筑物、构筑物及各种地下管线的距离,应符合附录2、附录3的规定。

(8)苗木控制应符合下列规定:

①规定苗木的种名、规格和质量;

②根据苗木生长速度提出近、远期不同的景观要求,重要地段应兼顾近、远期景观,并提出过渡的措施;

③预测疏伐或间移的时期。

(9)树木的景观控制应符合下列规定:

①风景林地郁闭度应符合表6.4的规定。

表6.4　风景林郁闭度

类　型	开放当年标准	成年期标准
密林	0.3～0.7	0.7～1.0
疏林	0.1～0.4	0.4～0.6
疏林草地	0.07～0.20	0.01～0.3

风景林中各观赏单元应另行计算,丛植、群植近期郁闭度应大于0.5;带植近期郁闭度宜大于0.6。

②观赏特征

a.孤植树、树丛:选择观赏特征突出的树种,并确定其规格、分枝点高度、姿态等要求;与周围环境或树木之间应留有明显的空间;提出有特殊要求的养护管理方法。

b.树群:群内各层应能显露出其特征部分。

③视距

a.孤立树、树丛和树群至少有一处欣赏点,视距为观赏面宽度的1.5倍和高度的2倍;

b.成片树林的观赏林缘线视距为林高的2倍以上。

(10)单行整形绿篱的地上生长空间尺度应符合表6.5的规定。双行种植时,其宽度按表6.5规定的值增加0.3～0.5 m。

表 6.5　各类单行绿篱空间尺度(m)

类　型	地上空间高度	地上空间宽度
树墙	>1.60	>1.50
高绿篱	1.20~1.60	0.20~2.00
中绿篱	0.50~1.20	0.80~1.50
矮绿篱	0.50	0.30~0.50

2)综合性公园游人集中场所植物景观设计

(1)游人集中场所的植物选用应符合下列规定:

①在游人活动范围内宜选用大规格苗木;

②禁选用危及游人生命安全的有毒植物;

③不应选用在游人正常活动范围内枝叶有硬刺或枝叶形状呈尖硬剑、刺状以及有浆果或分泌物坠地的种类;

④不宜选用挥发物或花粉能引起明显过敏反应的种类。

(2)集散场地种植设计的布置方式,应考虑交通安全视距和人流通行,场地内的树木枝下净空应大于 2.2 m。

(3)儿童游戏场的植物选用应符合下列规定:

①乔木应选用高大荫浓的种类,夏季庇阴面积应大于游戏活动范围的 50%;

②活动范围内灌木宜选用萌芽力强、直立生长的中高型种类,树木枝下净空应大于 1.8 m。

(4)露天演出场观众席范围内不应布置阻碍视线的植物,观众席铺栽草坪应选用耐践踏的种类。

(5)停车场的种植应符合下列规定:

①树木间距应满足车位、通道、转弯、回车半径的要求;

②庇荫乔木枝下净空的标准:

a.大、中型汽车停车场大于 4.0 m;

b.小汽车停车场大于 2.5 m;

c.自行车停车场大于 2.2 m。

③场内种植池宽度应大于 1.5 m,并应设置保护设施。

(6)成人活动场的种植应符合下列规定:

①宜选用高大乔木,枝下净空不低于 2.2 m;

②夏季乔木庇荫面积宜大于活动范围的 50%。

(7)园路两侧的植物种植:

①通行机动车辆的园路,车辆通行范围内不得有低于 4.0 m 高度的枝条;

②方便残疾人使用的园路边缘种植应符合下列规定:

a.不宜选用硬质叶片的丛生型植物;

b.路面范围内,乔、灌木枝下净空不得低于 2.2 m;

c.乔木种植点距路缘应大于 0.5 m。

3）综合性公园动物展览区植物景观设计

（1）动物展览区的种植设计，应符合下列规定：

①有利于创造动物的良好生活环境；

②不致造成动物逃逸；

③创造有特色植物景观和游人参观休憩的良好环境；

④有利于卫生防护隔离。

（2）动物展览区植物种类选择应符合下列规定：

①有利于模拟动物原产区的自然景观；

②动物运动范围内应种植对动物无毒、无刺、萌发力强、病虫害少的中慢生种类。

（3）在笼舍、动物运动场内种植植物，应同时提出保护植物的措施。

4）综合性公园植物园展览区植物景观设计

（1）植物园展览区的种植设计应将各类植物展览区的主题内容和植物引种驯化成果、科普教育、园林艺术相结合。

（2）展览区展示植物的种类选择应符合下列规定：

①对科普、科研具有重要价值；

②在城市绿化、美化功能等方面有特殊意义。

（3）展览区配合植物的种类选择应符合下列规定：

①能为展示种类提供局部良好生态环境；

②能衬托展示种类的观赏特征或弥补其不足；

③具有满足游览需要的其他功能。

（4）展览区引入植物的种类，应是本园繁育成功或在原始材料苗圃内生长时间较长、基本适应本地区环境条件者。

 巩固训练

中山岐江公园位于广东省中山市石岐河以西，人民桥以北，占地 11 hm²，为原粤中船厂厂址，场地内有大量造船和修船厂场地和大面积水面，沿江有许多大叶榕，场地基本为平地（图6.11、图6.12）。根据综合性公园植物景观设计要求完成公园设计平面图。

1）设计的目的

具有时代特色和地方特色，反映场地历史的能满足市民休闲、旅游和教育需求的综合性城市开放空间，使之成为中山市的一个亮点。

2）设计的原则

（1）场地性原则　设计体现场地的历史与文化内涵，体现工业化时代的普遍性的含义，体现造船、修船的特色。

（2）功能性原则　满足市民的休闲、娱乐、教育等需求。

（3）生态原则　强调生态适应性和自然生态环境的维护和完善，因地制宜，利用乡土树种，形成可持续的生态群落。

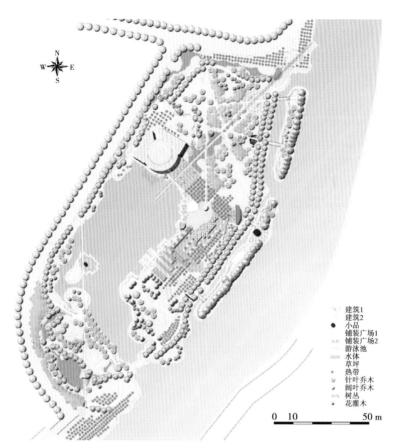

图例
- 建筑1
- 建筑2
- 小品
- 铺装广场1
- 铺装广场2
- 游泳池
- 水体
- 草坪
- 热带
- 针叶乔木
- 阔叶乔木
- 树丛
- 花灌木

0　10　　　　50 m

图6.11　中山岐江公园平面图

图6.12　中山岐江公园环境效果图

（4）经济原则　保留和充分利用原有地形、厂房结构和植物，减少造价，同时创造富有特色的景观，通过功能性餐饮及茶座的经营，获得经济利益。

教学效果检查

1. 你是否明确本任务的学习目标？

2. 你是否达到了本学习任务对学生知识和能力的要求？

3. 你知道综合性公园概念吗？

4. 你了解综合性公园与专类公园的区别吗？

5. 你能说出综合性公园的类型吗？

6. 你知道综合性公园根据功能要求分为哪几个区吗？

7. 你知道综合性公园根据景色要求的分类方式吗？

8. 你理解综合性公园植物景观设计原则吗？

9. 你能对综合公园出入口进行规划与植物景观设计吗？

10. 你能够对综合性公园的道路进行合理规划和植物景观设计吗？

11. 你是否课后对《公园设计规范》中植物景观设计的规定进行了解读？

12. 你对自己在本学习任务中的表现是否满意？

13. 你认为本学习任务还应该增加哪些方面的内容？

14. 本学习任务完成后，你还有哪些问题需要解决？

项目 7 庭院绿地植物景观设计

工作任务

任务提出

如图 7.1 所示为西南地区某温泉别墅户型平面图,业主为四十多岁的成功人士,请注意结合业主的修养、素质、文化等多方面因素考虑,力求通过景观设计营造出业主喜爱的私家住宅小庭院景观。

任务分析

小庭院一般是由植物、铺装、小品等构成。植物在小庭院中具有非凡的意义,是小庭院空间中一种非常活跃、极具表现力的要素,能带来美感,提升环境质量,丰富其空间变化。在该任务中,需重点考虑:

(1)庭院环境的特殊性、尺度与空间的特殊性对其植物景观设计的要求。

(2)庭院围合关系类型及其植物景观特点。

(3)庭院游憩方式类型及其植物景观特点。

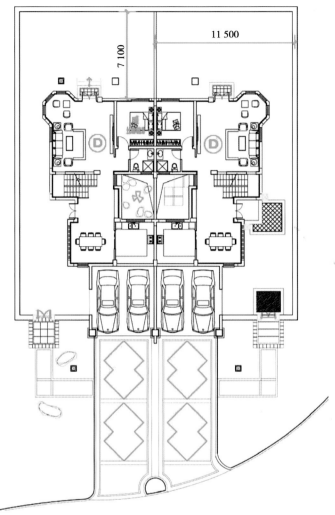

7 100

11 500

图 7.1 某温泉别墅平面图

(4)庭院植物的空间构成,利用植物界定空间、引导空间、形成边界等。

(5)庭院小气候、土壤等生境。

(6)庭院植物与设施小品、道路、水景等的相互配置。

(7)庭院植物的色彩、形态、质感。

(8)庭院植物的种植形式。

任务要求

(1)植物品种的选择应适宜该庭院植物景观设计对景观的功能需求,功能配置合理。

(2)正确采用植物景观构图基本方法,灵活运用自然式、行列式、群植、孤植的种植方法。

(3)植物景观设计风格与建筑风格相统一。

(4)图纸绘制规范,完成庭院植物种植设计平面图。

材料及工具

测量仪器、手工绘图工具、绘图纸、绘图软件(AutoCAD)、照相机、计算机等。

知识准备

1. 庭院植物景观设计原则

1）因地制宜原则

不同的环境条件需要选择不同植物种类,使用不同的造景方法。在庭院植物景观设计时,要根据设计场地生态环境的不同,因地制宜地选择适当的植物种类,使植物本身的生态习性和栽植地点的环境条件基本一致,使方案能最终得以实施。这就要求设计者首先对设计场地的环境条件(包括温度、湿度、光照、土壤和空气)进行勘测和综合分析,然后才能确定具体的种植设计。

2）功能性原则

庭院植物景观具有保护和改善环境的功能、美化功能和使用功能等。成功的设计必须满足使用功能要求。例如,庭院能创造出理想的地方就餐,款待亲朋,让孩子们尽兴。按照不同的使用性质,可将庭院分为静赏型庭院和游赏型庭院,无论哪一种,都需要一定的植物种类和配置方式与其功能配合。

3）以人为本原则

任何景观都是为人而设计的,但人的需求并非仅仅是对美的享受,真正的以人为本应当首先满足人作为使用者的最根本的需求,做好总体布局。在庭院植物景观设计中亦是如此,设计者必须掌握人们的生活和行为的普遍规律,使设计能够真正满足人的行为感受和需求,即必须实现其为人服务的基本功能。庭院植物景观设计必须符合人的心理、生理、感性和理性需求,把服务和有益于"人"的健康和舒适作为庭院植物景观设计的根本,体现以人为本,满足居民"人性回归"的渴望,力求创造环境宜人、景色引人、为人所用、尺度适宜、亲切近人的环境,达到人景交融的亲情环境。同时,不但要满足当代人的需要,而且要为后代人的发展需要留有余地,实现人类的可持续发展。

4）经济性原则

植物景观以创造生态效益和社会效益为主要目的,但这并不意味着可以无限制地增加投入。在庭院植物景观设计中须遵循经济性原则,在节约成本、方便管理的基础上,以最少的投入获得最大的生态效益和社会效益,为改善城市环境、提高城市居民生活环境质量服务。例如,多选用寿命长、生长速度中等、耐粗放管理、耐修剪的植物,以减少资金投入和管理费用(图7.2、图7.3)。

5）个性化原则

在一个越来越强调个性发展和个人价值的社会,个性经验、个人理解和个人情感的投入在园林景观设计中的地位日益重要。注重个性的设计理念,并非鼓励个人刚愎自用或脱离实际的闭门造车,而是强调个人对自然、对社会、对生态、对艺术、对历史等的独特理解,以及个性化的设计手法,强调个人对园林景观内涵与本质的独特认识。

图7.2　休息设施与绿地景观布局　　　　图7.3　以图案造型装饰入口空间

6) 多样性原则

庭院植物景观设计的多样性体现在植物种类的多样性、彩色植物的应用、开花植物的应用和立体空间的利用等方面。庭院绿化除了应有一定数量的植物种类外,还应有丰富的植物群落类型和组成层次的多样性作基础。植物搭配的类型有乔木—草本型、灌木—草本型、乔木—灌木—草本型、乔木—灌木—藤本型等,要因地制宜地根据不同庭院服务对象的需求和应达到的功能要求进行植物景观设计。

2. 庭院植物景观设计特点

1) 住宅小庭院的植物景观设计

私家庭园中的植物功能应该是多样化的,尤其体现在让人参与的功能。想好你要在院子里做些什么,停留坐卧或是只需穿行往来,依此来确定硬地铺装和绿化的结合方式。绿化的部分注重层次,注意高矮搭配和色彩搭配。如果以绿化作为分隔,要考虑植物无毒、不要带刺。

住宅庭院空间是一个外边封闭而中心开敞的较为私密性的空间。在这个空间里,有着强烈的场所感,所以人们乐于去聚集、交往和参与。因此,可考虑营造蔬菜型庭院绿化、果树型庭院绿化、药材型庭院绿化等具有园艺功能的庭院。在考虑其环境性质和庭院主人喜好的基础上,对庭院绿化进行准确定位和绿化布局,创造出优美的人居环境,从而陶冶情操,为忙碌的人们放松心情、接近自然、感受自然。

2) 公共建筑庭院植物景观设计

公共建筑庭院包括餐厅、茶室、图书馆、医院、学校、银行等建筑的小型庭院。这类庭院的植物配置要充分利用植物的多样性,达到一年常绿、四季有花的效果。同时注重所用植物材料季相和花期的变化,做到"适地适树""适景适树"。绿化设计主导思想以简洁、大方、便民、美化环境为原则,使绿化和建筑相互融合,相辅相成。种植植物必须着眼于长期,在形成良好的庭院景观的同时,应考虑方便今后的养护管理。在节省经费、美化环境方面,要有其突出的优点,争取以少的投入,获得最佳效果。

3)办公小庭院的植物景观设计

这类多采用单株植物,它的形体、色彩、质地、季相变化等被充分发挥。丛植、群植的植物通过形状、线条、色彩、质地等要素的组合以及合理的尺度,加上不同绿地的背景元素的搭配,为景观增色,能让人在潜意识的审美感觉中调节情绪(图7.4、图7.5)。

图7.4　单位绿地开放性设计模式　　　　图7.5　以植物对称栽植强调入口空间

4)公共休憩小庭院的植物景观设计

公共休憩小庭院,即被建筑、围墙等围合的小块空地,被辟为开放性的休憩用庭院。这类庭院面积一般较小,人流量很大,一般供人作短时休息、停留、等候之用。它的植物景观设计要从园林绿地的性质、功能出发,并与其总体艺术布局相协调。要考虑景色的季相变化和植物造景在形、色、味、韵上的综合应用。同时,要根据园林植物的生态习性来配置,合理确定种植形式、种植密度及相互间的搭配(图7.6、图7.7)。

图7.6　某单位中心游园　　　　　　　图7.7　某机关办公楼前绿地

庭院绿地植物
景观设计3

任务实施

（1）项目立地条件的勘察，并以测量、照相等方法收集资料。

（2）针对所得资料，进行景观设计主题意向的分析，与甲方进行座谈，听取甲方意见，确定设计主题和设计理念。

该任务在设计构图上主要以自然式的不规则曲线为主，体现一种"古朴自然、清新恬静"的环境氛围。景观细节上主要通过自然块石砌筑的花台、错落有致的植物栽植及色彩搭配、自然温泉池的营造、特色景观小品的点景、自然石材铺砌的场地等来体现整个庭院自然雅致的景观特色。

（3）进行项目的初步设计。

根据所得资料和已确定的设计主题，做出功能景观等分区，并进行基础设施和硬质景观的设计，再进行配套设施的设计。

如图7.8所示，该任务的设计布局"以小见大，内外融合，宁静致远"，在庭院入口处通过景观小品、地面拼花等突出入口的细致精美，然后通过一条布满鲜花的小径进入中心庭院，以先抑后扬的手法营造一个"豁然开朗"的视觉效果。在庭院的右侧位置栽植一棵树形优美的观花植物，希望通过观花植物的花开花落来烘托整个庭院的意境及丰富的色彩。庭院四周以自然块石砌筑花台，栽植层次丰富的观花、观叶、芳香等植物，既能丰富景观效果，同时也起到了私密性的作用。温泉池结合景观打造，通过一组景观小品与景石造景，将一抹清流通过潺潺小溪引入到温泉池中，以体现充满自然野趣的活水感觉。温泉池也采用自然石材装饰，考虑人性化的弧形台阶、池中躺椅等元素。为解决温泉池的私密空间问题，在温泉池周边的庭院围墙上设置一组精致编扎的竹质篱笆，并配置一些香花植物。在温泉池上部设置一个木质圆顶草亭，四周可通过竹帘、纱幔等起到遮挡作用。

（4）进行植物的配置与设计。

①注重搭配，合理选择植物品种。

在该任务中，综合分析城市气候、土壤环境等因素及保留现状地物情况，树种选择时注重乔、灌、常绿落叶乔木、时令花卉的相互搭配，形成层次和季相变化。主要选择的乔木有红枫、紫薇、日本晚樱、白兰花、红檵木球等。主要选择的草灌木有肾蕨、伞草、十大功劳、红叶石楠、吉祥草、春鹃、八角金盘、二栀子、海桐、花叶鸭脚木、春羽、金边六月雪等。

②确定配置技术方案。

在选择好植物品种的基础上，确定合理配置方案，绘出植物初步设计平面图（图7.9、图7.10）。本庭院植物景观配置形式为混合式，采用孤植、丛植、群植、绿篱等方式。

（5）甲方根据已有设计对其进行意见的反馈。

（6）方案的最后讨论与修改，做出完整的图册和设计说明书，完成设计项目（图7.11、图7.12）。

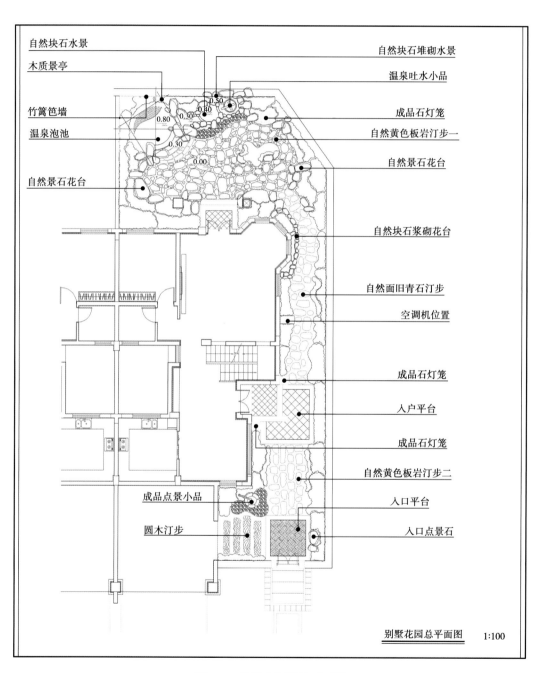

自然块石水景

木质景亭

竹篱笆墙

温泉泡池

自然景石花台

自然块石堆砌水景

温泉吐水小品

成品石灯笼

自然黄色板岩汀步一

自然景石花台

自然块石浆砌花台

自然面旧青石汀步

空调机位置

成品石灯笼

入户平台

成品石灯笼

自然黄色板岩汀步二

入口平台

入口点景石

成品点景小品

圆木汀步

别墅花园总平面图　　1:100

图7.8　某温泉别墅总平面图

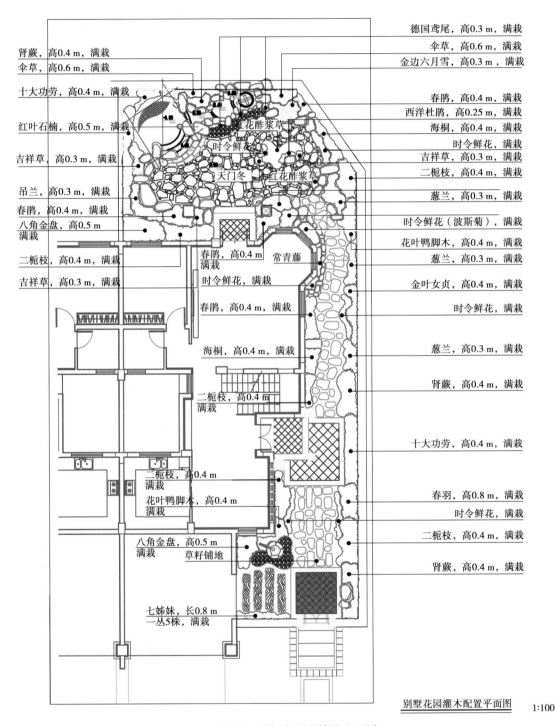

别墅花园灌木配置平面图　　1:100

图7.9　某温泉别墅植物配置图

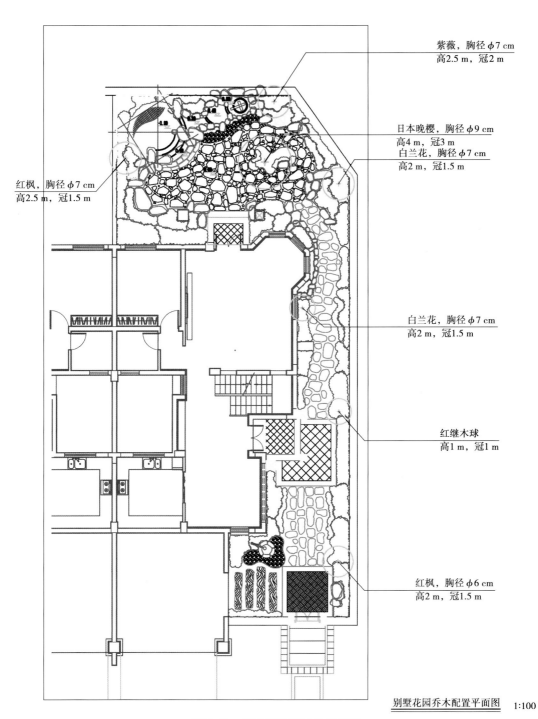

紫薇，胸径 φ7 cm
高2.5 m，冠2 m

日本晚樱，胸径 φ9 cm
高4 m，冠3 m
白兰花，胸径 φ7 cm
高2 m，冠1.5 m

红枫，胸径 φ7 cm
高2.5 m，冠1.5 m

白兰花，胸径 φ7 cm
高2 m，冠1.5 m

红继木球
高1 m，冠1 m

红枫，胸径 φ6 cm
高2 m，冠1.5 m

别墅花园乔木配置平面图　　1:100

图7.10　某温泉别墅植物配置图

竹器或石器温泉吐水小品
泉水通过自然石砌小洞，流入温泉池中
青灰色砾石满铺装饰以便自然联系地面与水景

栽植庭院大树（桂花、蓝花楹）既
可丰富景观，又可增加庭院私密性
圆形温泉池，自然石材装饰
池中设置休息坐台，可坐可躺。泳池顶
部可设置四角小型草亭，增加私密性
先上两级，然后由梯步下
至温泉池边自然条石砌筑梯步
温泉池边可设置小型室外音响及
灯具便于户主晚上休闲娱乐
青色自然景石砌筑花台边既可
作为花台，也可作为座凳

青色自然块石堆砌假山背景
最高高度高于花园围墙

青色自然景石砌筑花台边
既可作为花台，也可作为座凳
庭院中央绿地，以草坪铺设（井坑位置）
栽植一株日本晚樱，增加庭院色彩，
烘托意境
庭院空地以自然的板岩搭配砾石铺设材料
材质及铺设方式力求自然，充满古朴韵味
庭院入户平台

黄褐色自然块石砌筑花台栽植色彩
缤纷的鲜花，丰富庭院色彩与生机

青色老石板汀步石板选用
旧青石板，以增添小径幽深的空间感

石质庭院小品灯

别墅入口平台铺地

自然面黄色板岩铺设在草地上
庭院入口点景小品，结合植物组景风格
以清新自然主题，给人宁静安详之感
庭院入口配景石
丰富入口景观，弱化场地边缘
庭院入口平台
青石板或青砖铺地拼花，强调入口的感觉

车库人行入口
半圆木与砾石混铺路面

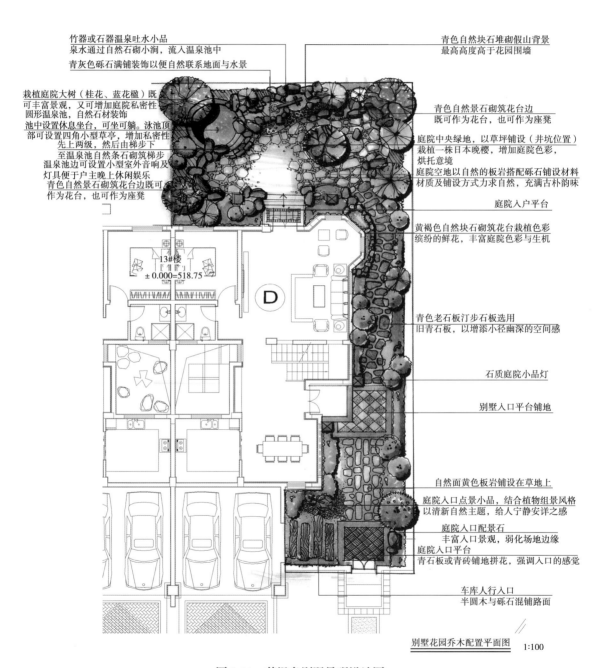

别墅花园乔木配置平面图　　1:100

图7.11　某温泉别墅景观设计图

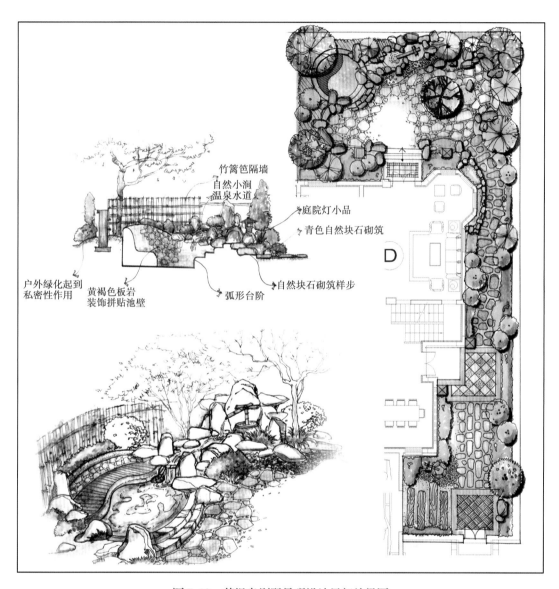

图7.12　某温泉别墅景观设计局部效果图

 巩固训练

　　如图7.13所示,一住宅小庭院的业主是一对年轻夫妇和他们4岁的女儿,该庭院排水、光照、通风、土质等条件均良好。请在已有的设计基础上完成该庭院的植物造景设计。

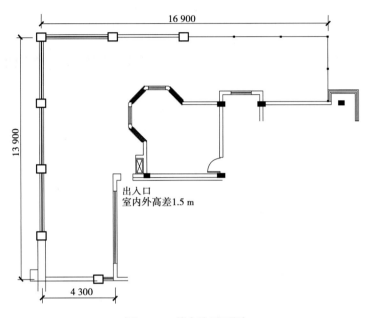

16 900

13 900

4 300

出入口
室内外高差1.5 m

图7.13　某庭院平面图

教学效果检查

1. 你是否明确本任务的学习目标?

2. 你是否达到了本学习任务对学生知识和能力的要求?

3. 你知道庭院的含义吗?

4. 你了解植物在小庭院中的作用吗?

5. 你知道小庭院不同的使用类型及其植物景观设计特点吗?

6. 你理解小庭院植物景观设计的原则吗?

7. 你知道小庭院植物景观设计步骤与方法吗?

8. 通过学习后,你能够对各类庭院绿地植物景观进行营造吗?

9. 你对自己在本学习任务中的表现是否满意?

10. 本学习任务完成后,你还有哪些问题需要解决?

项目 8 屋顶花园植物景观设计

屋顶花园植物
景观设计 1

工作任务

任务提出(屋顶花园设计)

该屋顶花园位于成都市双楠小区双楠路(图 8.1),总面积 85 m²,分为 3 个区域。该设计方案采用规则式花园的建造方式,用简约的线条、优雅的装饰和点缀性的景观来表现出一个平静而安详的空间层次,由于面积有限,设计时没有大规模地建造花台、鱼池、假山,而是在区域 1 和区域 2 内靠墙设置花台、小型鱼池和网状木质结构的格子架(花台总面积 11.193 m²,鱼池总面积 7.431 m²,格子架面积 5.315 m²)。在做地面铺装时,在两块青石板(120 mm×200 mm)之间预留 30 mm 间距来铺草皮,同时在屋顶最高的一个区域(区域 3)设置花架(面积 13.69 m²),通过这样的处理,使一个平淡无奇的长方形空间显示出素静、雅致的格调,增强了空间的渗透力,给人一种宽敞、明亮的感觉。

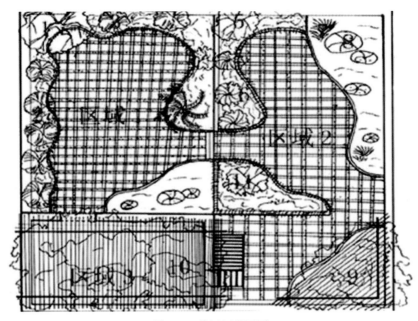

图 8.1　某屋顶花园图

任务分析

屋顶绿化可以增进人们身心健康及生活乐趣,是追求优雅、精致的生活品质的象征! 根据屋顶花园应遵循适用、经济、美观的原则,设计时应本着"以人为本",充分考虑人们的多维感觉;同时,花园内的休憩、公用设施,诸如:亭廊、坐凳、垃圾箱以及各式地灯等均以人性化设计为本,兼顾功能与美观,体现出绿色生态的现代化要求。同时还要安全,如荷载承重安全、防水、抗风、活动者的防护安全。

任务要求

(1)按给定的屋顶花园地形图以一定比例放在 A2 号图纸上。要求布局合理,植物符合屋顶生态,建筑小品考虑屋顶承重量,布局要合理。

(2)在图上列出植物、建筑名录(植物配置方案图),并写出设计说明书,标出方位图。

(3)画出其平面图、效果图、立面图和局部施工图。图面整洁美观。

材料及工具

测量仪器、手工绘图工具、绘图纸、绘图软件(AutoCAD)、计算机等。

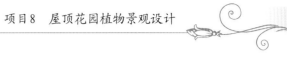

知识准备

1.屋顶花园的概念及类型

1)屋顶花园

屋顶花园是指在各类建筑物的顶部(包括屋顶、楼顶、露台或阳台)栽植花草树木,建造各种园林小品所形成的绿地。

伴随着近年来我国城市建设的发展,大中型城市有进一步高密度化和高层化的发展趋势,城市绿地越来越少,多、高层建筑的大量涌现,人们的工作与生活环境越来越拥挤。在这种情形下,为了尽可能增加工作与生活区域的绿化面积,满足城市居民对绿地的向往及对户外生活的渴望,提高工作效率,改善生活环境,在多层或高层建筑中利用屋顶、阳台或其他空间进行绿化,是一项非常有意义的工作。

2)屋顶花园的类型

(1)按功能要求分

①休闲屋顶:在屋顶进行绿色覆盖的同时,建造园林小品、花架、廊亭以营造出休闲娱乐、高雅舒适的空间,给都市中人提供一个释放工作压力、排解生活烦恼、修身养性、畅想未来的优美场所。

②生态屋顶:在屋面上覆盖绿色植被,并配有给排水设施,使屋面具备隔热保温、净化空气、阻止噪声、吸收灰尘、增加氧气的功能,从而提高人们的生活品位。生态屋面不但能有效增加绿地面积,更能有效维持自然生态平衡,减轻城市热岛效应,提升整个楼盘档次,让屋顶变为"金顶"。

③种植屋顶:屋顶光照时间长,昼夜温差大、远离污染源,所种的瓜果蔬菜含糖量比地面提高5%以上,碳水化合物丰富,那是用金钱也难买的纯天然绿色食品。这种屋面适合居民住宅屋顶。能够有一个绿色的庭院,并能采摘食用自己亲手种植的果实,能使人享受劳动的愉悦、清爽的环境、洁净的空气、丰富的含氧量,甚至还有一份意外的经济回报。

④多功能屋顶:集"休闲屋面""生态屋面""种植屋面"于一体的屋顶绿化方式。它能够兼优并举,使一个建筑物呈多样性,让人们的生活丰富多彩,尽享其中之乐趣,有效地提高生活品质,促使环境的优化组合。让生存环境进一步人性化、个性化、优美化,体现出人与大自然和谐共处、互为促进的理性生态(图8.2)。

(2)按规划设计形式分

①坡屋顶绿化:住宅建筑的屋顶分为人字形坡屋面、单斜坡屋面。在一些低层住宅建筑或平房屋面上可采用适应性强、栽培管理粗放的藤本植物,如葛藤、爬山虎、南瓜、葎草、葫芦等。尤其在近郊,低层住宅的屋面常与屋前屋后相结合,种植一些经济植物,如郊区的农民大多采用这种方式种植蔬菜、水果,收益也较高。在欧洲,常见建筑屋顶种植草皮,形成绿茵茵的"草

房",让人倍感亲切。

图8.2　多功能屋顶花园的功能

②平屋顶绿化:平屋顶在现代建筑中较为普遍,这是发展屋顶花园最有潜力的部分,根据我国屋顶花园现有的特点,可将平屋顶绿化分为以下几种:

a.苗圃式　从生产效益出发,将屋顶作为生产基地,种植蔬菜、中草药、果树、花木和农作物。在农村利用屋顶扩大副业生产,取得经济效益,甚至可以利用屋顶养殖观赏鱼类,建造"空中养殖场"。

b.周边式　沿屋顶女儿墙四周设置种植槽,槽深0.3～0.5 m。根据植物材料的数量和需要来决定槽宽,最狭的种植槽宽度为0.5 m,最宽可达1.5 m以上。这种布局方式较适合住宅楼、办公楼和宾馆的屋顶花园。在屋顶四周种植高低错落、疏密有致的花木,中间留有人们活动的场所,设置花坛、坐凳等。四周绿化还可选用枝叶垂挂的植物,以美化建筑的立面效果。

c.庭院式　是屋顶绿化中质量较高的形式,根据屋面大小和使用功能要求,将地面的庭园移植到屋面上,在屋顶上设有树木、花坛、草坪,并配有园林建筑小品,如水池花架、室外家具等。这种形式多用于宾馆、酒店,也适合用于企事业单位及居住区公共建筑的屋顶绿化(图8.3)。

图8.3　庭院式屋顶花园

2.屋顶花园的植物景观设计原则

　　屋顶花园的设计手法和地面庭园大致相同,都是运用建筑、水体、山石和植物等要素组织庭园空间,运用组景、点景、借景和障景等基本技法去创造庭园空

屋顶花园植物
景观设计2

间。不同的是屋顶花园地处高空,应发挥它的视点高、视域广的高空特点。

屋顶花园的布局要有利于屋面的结构布置。要在尽量减轻屋面荷载的前提下,采取各种技术措施满足屋顶花园植物生态要求。这是屋顶花园和地面花园在造园技术方面的主要区别。

屋顶花园成败的关键在于减轻屋顶荷载,改良种植土、屋顶结构类型和植物的选择与植物设计等问题。设计时要做到:

①以植物造景为主,把生态功能放在首位。

②确保营造屋顶花园所增加的荷重不超过建筑结构的承重能力,屋面防水结构能安全使用。

③因为屋顶花园相对于地面的公园、游园等绿地来讲面积较小,必须精心设计,才能取得较为理想的艺术效果。

④尽量降低造价,从现有条件来看,只有较为合理的造价,才有可能使屋顶花园得到普及而遍地开花。

游览性屋顶花园多半是在屋顶上铺草植树,修池垒石。设计时要注意庭园立意、布局、比例和尺度、色彩和质感等方面和设计方法和技巧。装饰性屋顶花园的设计重点是突出它的装饰性效果。可运用不同颜色的砾石和盆栽植物组成色彩鲜明的图案,也要注意铺地的色彩和纹样。有条件的可运用照明设施,使装饰性屋顶花园在夜晚更有魅力。

由于屋顶花园的位置一般距地面高度较高,屋顶花园的生态环境是不完全同于地面的,其植物造景要考虑以下几个方面:

①园内空气畅通,污染较少,屋顶空气湿度比地面低,同时,风力通常要比地面大得多,使植物本身的蒸发量加大,而且由于屋顶花园内种植土较薄,很容易使树木倒伏。

②屋顶花园的位置高,很少受周围建筑物遮挡,因此接受日照时间长,有利于植物的生长发育。另外,阳光强度的增加势必使植物的蒸发量增加,在管理上必须保证水的供应,所以在屋顶花园上选择植物应尽可能地选择那些阳性、耐旱、蒸发量较小的(一般为叶面光滑、叶面具有蜡质结构的树种,如南方的茶花、枸骨,北方的松柏、鸡爪槭等)植物为主,在种植层有限的前提下,可以选择浅根系树种,或以灌木为主,如需选择乔木,为防止被风吹倒,可以采取加固措施以利于乔木生存。

③屋顶花园的温度与地面也有很大的差别。一般在夏季,白天花园内的温度比地面高出3~5 ℃,夜晚则低于地面3~5 ℃,温差大对植物进行光合作用是十分有利的。在冬季,北方一些城市其温度要比地面低6~7 ℃,致使植物在春季发芽晚,秋季落叶早,观赏期变短。因此,要求在选择植物时必须注意植物的适应性,应尽可能选择绿期长、抗寒性强的植物种类。

④植物在抗旱、抗病虫害方面也与地面不同。由于屋顶花园内植物所生存的土壤较薄,一般草坪为15~25 cm,小灌木为30~40 cm,大灌木为45~55 cm,乔木(浅根)为60~80 cm。这样使植物在土壤中吸收养分受到限制,如果每年不及时为植物补充营养,必然会使植物的生长势变弱。同时,一般在屋顶花园上的种植土为人工合成轻质土,其容重较小,土壤孔隙较大,保水性差,土壤中的含水量与蒸发量受风力和光照的影响很大,如果管理跟不上,很容易使植物因缺水而生长不良,生长势弱,必然使植物的抗病能力降低,一旦发生病虫害,轻则影响植物观赏

价值,重则可使植物死亡。因此,在屋顶花园上选择植物时必须选择病虫害、耐瘠薄、抗性强的树种。

　　⑤由于屋顶花园面积小,在植物种类上应尽可能选择观赏价值高、没有污染(不飞毛、落果少)的植物,要做到小而精,矮而观赏价值高,只有这样才能建造出精巧的屋顶花园来。

3.屋顶花园的结构层次

1)屋顶花园屋面面层结构基本构造

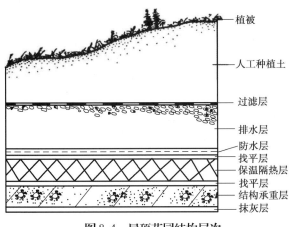

图8.4　屋顶花园结构层次

一般屋顶花园屋面面层结构从上到下依次是:植物和景点层、排水口及种植穴、管线预留与找坡、种植介质层(包括灌溉设施、喷头、置景石)、过滤层、排水层、找平层、保温隔热层、现浇混凝土楼板或预制空心楼板(图8.4)。

(1)植物层　植物的选择要遵照适地适树原则,景点的设置要注意荷载不能超过建筑结构的承重力,同时要满足园林艺术要求。

(2)种植土层　为使植物生长良好,同时尽量减轻屋顶的附加荷重,种植基质一般不直接用地面的自然土壤(主要是因为土壤太重),而是选用既含各种植物生长所需元素又较轻的人工基质,如蛭石、珍珠岩、泥炭及其与轻质土的混合物等。

(3)过滤层　为防止种植土中的细小颗粒及养料随水而流失,或堵塞排水管道,采用在种植土层下铺设过滤层的方法。过滤层的材料种类较多,如稻草、玻璃纤维布、粗沙、玻璃化纤布等,不论选用何种材料,所要达到的质量要求是,既可通畅排灌又可防止颗粒渗漏。

(4)排水层　屋顶花园的排水屋设在防水层之上,过滤层之下。其作用是排除上屋积水和过滤水,但又储存部分水分供植物生长之用。通常有的做法是在过滤层下做100~20 mm厚的轻质骨料材料铺成排水层,骨料可用砾石、煤渣和陶粒等。屋顶种植土的下渗水和雨水,通过排水层排入暗沟或管网,此排水系统可与屋顶雨水管道综合考虑。它应有较大的管径,能清除堵塞。在排水层骨料选择上要尽量采用轻质材料,以减屋顶自重,并能起到一定的屋顶保温作用。

(5)防水层　屋顶花园防水处理成功与否将直接影响建筑物正常使用。屋顶防水处理一旦失败,必须将防水层以上的排水层、过滤层、种植土、各类植物和园林小品等全部取出,才能彻底发现漏水的原因和部位。因此,建造屋顶花园首先应确保防水层的防水质量。建议在建筑物设计、施工过程中,必须与屋顶花园设计密切配合。

2)屋顶荷载的减轻

　　屋顶绿化设计首先要考虑屋面荷载的大小。屋面荷载应先算出单位面积的荷载,进行结构计算。一般苗圃式屋顶花园,荷载为200 kg/m²,庭园式花园荷载为500~1 000 kg/m²。如果设计荷载不合适,则会影响建筑造价或造成安全隐患。

　　为减轻屋顶的荷载,一方面要借助于屋顶结构选型,减轻结构自重和结构自防水问题;另一方面就是减轻屋顶花园所需"绿化材料"的自重,包括将排水层的碎石改成轻质的材料等,上述两方面要结合起来考虑,使屋顶建筑的功能与绿化的效果完全一致,既能隔热保温,又能减缓柔性防漏材料的老化。具体方法简述如下:

　　①减轻种植基质重量,采用轻基质如木屑、蛭石、珍珠岩等。

　　②植物材料尽量选用一些中、小型花灌木以及地被植物、草坪等,少用大乔木(图8.5)。

　　③可少设置园林小品及选用轻质材料,如轻型混凝土、竹、木、铝材、玻璃钢等制作小品(如凉亭、棚架、假山石、室外家具及灯饰等)(图8.6)。

図 8.5　屋顶花园植物种植　　　　　　　図 8.6　屋顶花园园林小品

　　④用塑料材料制作排灌系统及种植池。

　　⑤采用预制的植物生长板,生长板采用泡沫塑料、白泥炭或岩棉材料制成,上面挖有种植孔。

　　⑥合理布置承重,把较重物件如亭台、假山、水池安排在建筑物主梁、柱、承重墙等主要承重构件上或者是这些承重构件的附件的附近,以利用荷载传递,提高安全系数。

　　⑦减轻防水层重量,如选用较轻的三元乙丙防水布等。

　　⑧减轻过滤层和排水层重量,尽量选用轻质材料,如用玻璃纤维布作过滤层比粗沙要轻,用陶粒作排水层比砾石要轻。

4.屋顶花园种植设计

1)屋顶花园植物选择要求

屋顶花园植物景观设计4

　　①选择耐旱、抗寒性强的矮灌木和草本植物,以利于植物的运输、栽种和管理。

　　②选择阳性、耐瘠薄的浅根性植物。屋顶花园大部分地方为全日照直射,光照强度大,植物应尽量选用阳性植物。但在某些特定的小环境中,如花架下面或靠墙边的地方,日照时间较短,可适当选用一些半阳性的植物种类,以丰富屋顶花园的植物品种。屋顶的种植层较薄,为了防止根系对屋顶建筑结构的侵蚀,应尽量选择浅根系的植物。因施用肥料会影响周围环境的卫生状况,故屋顶花园应尽量种植耐瘠薄的植物种类。

　　③选择抗风、不易倒伏、耐积水的植物种类。在屋顶上空风力一般较地面大,特别是雨季或

有台风来临时,风雨交加对植物的生存危害最大,加上屋顶种植层薄,土壤的蓄水性能差,一旦下暴雨,易造成短时积水,故应尽可能选择一些抗风、不易倒伏,同时又能耐短时积水的植物。

④选择以常绿为主,冬季能露地越冬的植物。宜用叶形和株形秀丽的品种,为了使屋顶花园更加绚丽多彩,体现花园的季相变化,还可适当栽植一些彩叶树种;另在条件许可的情况下,可布置一些盆栽的时令花卉,使花园四季有花。

⑤尽量选用乡土植物,适当引种绿化新品种。乡土植物对当地的气候有高度的适应性,在环境相对恶劣的屋顶花园,选用乡土植物有事半功倍之效,同时考虑到屋顶花园的面积一般较小,为将其布置得较为精致,可选用一些观赏价值较高的新品种,以提高屋顶花园的档次。

⑥选择易成活、耐修剪、生长速度较慢的植物。屋顶的位置较高,植物生长的条件相对恶劣,要选择成活率较高的植物,减少补苗的成本。修剪能增加植物的观赏价值,提高屋顶花园的品位,但生长过快的植物会增加修剪等的管理成本,且增加倒伏的风险。

2) 屋顶植物配置特点

(1)屋顶植物配置对树种要求有特殊性

①要考虑荷载问题,屋顶上要求选择小乔木、灌木、地被草皮等,应该尽量采用轻型基质栽培。如:使用屋顶绿化专用无土草坪,在生产无土草坪时,可根据需要调整基质用量,用以代替屋顶绿化所需的同等厚度的壤土层,从而大大减轻屋顶承重。

②要选浅根系的树种,由于植被下面长期保持湿润,并且有酸、碱、盐的腐蚀作用,会对防水层造成长期破坏。同时,屋顶植物的根系会侵入防水层,破坏房屋屋面结构,造成渗漏。屋顶花园防漏还有个难点是:屋顶上面有土壤和绿化物覆盖,如果渗漏,很难发现漏点在哪里,难以根治,因此要求选浅根系的植物。

③要考虑屋顶环境成活难问题,植物要在屋顶上生长并非易事,由于屋顶的生态环境与地面有明显的不同,需要根据各类植物生长特性,选择适合屋顶生长环境的植物品种。宜选择耐寒、耐热、耐旱、耐瘠薄、生命力旺盛的花草树木。花木最好选择袋栽苗,以保证成活。

(2)栽培介质对屋顶植物配置有一定限制性　传统的壤土不仅重,而且容易流失,如果土层太薄,极易迅速干燥,对植物的生长发育不利。如果土层厚一些,满足了植物生长,又不能满足屋顶承重要求。因此,应该选用质地轻的无土基质来代替壤土。可以直接使用营养袋基质栽培的花木和无土栽培的草坪毯。我国常采用蛭石、锯木屑、蚯蚓土、炭渣、腐叶土、膨胀珍珠岩、泡沫有机树脂制品等按不同比例和材料混合成介质。

(3)屋顶植物配置的景观效果具有独特性　屋顶花园面积都不大,绿化花木的生长又受屋顶特定的环境所限制,可供选择的品种有限。宜以草坪为主,适当搭配灌木、盆景,还要重视芳香和彩色植物的应用,做到高矮疏密错落有致、色彩搭配和谐合理。

3) 屋顶花园植物配置的要求

(1)屋顶花园常见植物　由于屋顶自然环境与地面、室内差异很大,因此,一般应选择阳性的、耐旱、耐寒的浅根性植物,还必须属低矮、抗风、耐移植的品种。常见的有罗汉松、瓜子黄杨、大叶黄杨、雀舌黄杨、锦熟黄杨、珊瑚树、棕榈、蚊母、丝兰、栀子花、巴茅、龙爪槐、紫荆、紫薇、海棠、腊梅、寿星桃、白玉兰、紫玉兰、南天竹、杜鹃、牡丹、茶花、含笑、月季、橘子、金橘、茉莉、美人蕉、大丽花、苏铁、百合、百枝莲、鸡冠花、枯叶菊、桃叶珊瑚、海桐、构骨、葡萄、紫藤、常春藤、爬山虎、六月雪、桂花、菊花、麦冬、葱兰、黄馨、迎春、天鹅绒草坪、荷花等可因时因地区确定使用材料。

(2)屋顶花园植物装饰

①可以利用檐口、雨篷坡屋顶、平屋顶、梯形屋顶进行植物装饰。根据种植形式的不同,常有用观花、观叶及观果的盆栽形式,如盆栽月季、夹竹桃、火棘、桂花、彩叶芋,等等。

②可利用空心砖做成25 cm高的各种花槽,用厚塑料薄膜内衬,高至槽沿,底下留好排水孔,花槽内填入培养介质,栽植各类草木花卉,如一串红、凤仙花、翠菊、百日草、矮牵牛等。

③可以栽种各种木本花卉,还可用木桶或大盆栽种木本花卉点缀其中,在不影响建筑物的负荷量的情况下,也可以搭设荫棚栽种葡萄、紫藤、凌霄、木香等藤本植物。在平台的墙壁上、篱笆壁上可以栽种爬山虎、常春藤等。

根据屋顶花园承载力及种植形式的配合和变化,可以使屋顶花园产生不同的特色。承载力有限的平屋顶,可以种植地被或其他矮型花灌木,如垂盆草、半支莲及爬蔓植物,如爬山虎、紫藤、五叶地锦、凌霄等直接覆盖在屋顶,形成绿色的地毯。对于条件较好的屋顶,可以设计成开放式的花园,参照园林式的布局方法,可以做成自然式、规则式、混合式。但总的原则是要以植物装饰为主,适当堆叠假山、置石、棚架、花墙,等等,形成现代屋顶花园。在城市的屋顶花园中,应特别注意少建或不建亭、台、楼、阁等建筑设施,而注重植物的生态效应。

4)植物种植要点

①各类植物生存及生育的最低土壤厚度如图8.7所示。

②乔木、大灌木尽量种植在承重墙或承重柱上。

③屋顶花园一般土层较薄而风力又比地面大,易造成植物的"风倒"现象,所以一定要注意植物选择原则。其次绿化栽植最好选取在背风处,至少不要位于风口或有很强穿堂风的地方。

④屋顶花园的日照要考虑周围建筑物对植物的遮挡,在阴影区应配置耐阴植物,还要注意防止由于建筑物对阳光的反射和聚光,致使植物局部被灼伤现象的发生。

5)屋顶花园植物养护管理

屋顶花园建成后,就要对各种草坪、地被、花木进行养护管理,由于屋顶的特殊性,一般要求有园林绿化种植管理经验的专职人员来承担。养护管理是保证成活的关键环节,必须给予足够的重视。

(1)栽植后的管理

①立支柱:为防止较大树被风吹倒,应立支柱支撑。支柱一般采用木杆或竹竿,长度视树高而定,以能支撑树高的1/3 ~ 1/2处即可。支柱下端打入土中20 ~ 30 cm。立支柱的方式有单支式、双支式和三支式3种,一般采用三支式。支法有斜支和立支。支柱与树干间用草绳隔开,并将两者捆紧。

②浇水:栽植后,应于当日内灌透水一遍。所谓透水,是指灌水分2 ~ 3次进行,每次都应灌

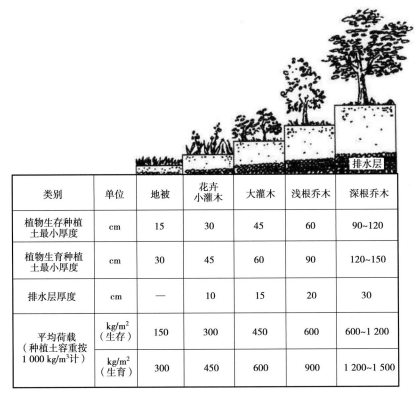

类别	单位	地被	花卉 小灌木	大灌木	浅根乔木	深根乔木
植物生存种植 土最小厚度	cm	15	30	45	60	90~120
植物生育种植 土最小厚度	cm	30	45	60	90	120~150
排水层厚度	cm	—	10	15	20	30
平均荷载 （种植土容重按 1 000 kg/m³计）	kg/m² （生存）	150	300	450	600	600~1 200
	kg/m² （生育）	300	450	600	900	1 200~1 500

图 8.7　屋顶花园种植区植物生长的土层厚度与荷载值

满土堰,前次水完全渗透后再灌下一次。隔 2~3 d 后浇第二遍水,隔 7 d 后浇第三遍水。以后 14 d 浇一次,直至成活。对于珍贵树木,增加浇水次数,并经常向树冠喷水,以降低植株温度,减少蒸腾。

在浇完第一遍水后的次日,应检查树苗是否歪斜,发现后应及时扶正,并用细土将堰内缝隙填严,将苗木固定好。再浇三遍水之间,待水分渗透后,用小锄或铁耙等工具将表土锄松,减少水分蒸发。

（2）日常管理

①浇水:对于屋顶花园的浇水,要注意干透浇透,春季和冬季尽量少浇,而夏、秋两季由于温度高水分蒸发快,坚持早晚各浇一次,早上 7—8 点浇,晚上 6 点左右较为合适。

②施肥:一般要求在秋季施足底肥,春季施追肥,而夏季、冬季视情况而施肥。

③中耕除草:对屋顶花园来说由于面积不大,管理较方便,对草坪的杂草要随时清理,每年可中耕 1~2 次。

④病虫管理:要做到以防为主,防治结合,一旦发现病虫要及时防治,以防传播。

⑤修剪:对屋顶上的植物要进行修剪,去除枯枝败叶,及时清理现场,减少病菌传染。

任务实施

屋顶花园是一种特殊的园林形式,它是以建筑物顶部平台为依托,进行蓄水、覆土,并营造园林景观的一种空间绿化美化形式,其涉及建筑、农林和园艺等专业学科,是一个系统工程,必须从设计、选材、施工和管理维护等方面进行综合研究和处理。根据建设单位的设计要求以及园林规划设计的程序,对于本次设计任务首先提出明确的设计目标,搜集相关知识及资料。然后通过现场勘查及调查,了解当地的自然环境、社会环境、绿地现状等设计条件,通过与甲方座谈,掌握甲方的规划目的、设计要求等,构思设计思路,编制设计任务书,最后进行设计并完成图样绘制。屋顶绿化可以增进人们身心健康及生活乐趣,是追求优雅、精致的生活品质的象征!根据屋顶花园应遵循适用、经济、美观的原则,设计时应本着"以人为本",充分考虑人们的多维感觉;同时,花园内的休憩、公用设施,诸如亭廊、坐凳、垃圾箱以及各式地灯等均以人性化设计为本,兼顾功能与美观,体现出绿色生态的现代化要求;还要考虑安全如荷载承重安全、防水、抗风、活动者的防护安全。

1)屋面铺装设计

防水处理的成败直接影响屋顶花园的使用效果及建筑物的安全,一旦发现漏水,就得部分或全部返工,所以防水层的处理是屋顶花园的技术关键,也是人们最为关注的问题。

在已建房屋的可上人屋面顶上增建屋顶花园,在建造过程中和建成后的日常使用中,均易破坏屋顶的防水和排水系统,造成屋顶漏水。主要原因就是原屋顶防水层存在缺陷,建造屋顶花园时破坏了原防水层以及屋顶花园的排水本来就多而又没有做好排水设计等。为了改善和增强原屋顶和建成后屋顶花园的防水能力以及屋面的装饰效果,该设计将在其他园林小品施工前,先在原屋顶防水层上铺设 40 mm 厚防水砂垫层,再在其上用青石板铺装(总面积45. 213 m^2),待水泥砂浆凝固后再进行其他各项园林小品的施工。

2)种植区及种植池设计

建造屋顶花园的目的就是进行绿化、造景,而且绿化面积要占总面积的50%以上,因而植物在屋顶花园中占有很大比例。由于屋顶花园的种植区与地面上的有所不同,因此该设计方案采用在种植区种植大灌木、小灌木、藤本植物和草本植物的布置方式(它们生存所需最小土层厚度为:400~450 mm,250~350 mm,250 mm,150 mm)。土壤采用人工配制的种植土,其主要成分为蛭石、泥炭、沙土、有机肥、煤杂渣和木屑等材料,容重为720 kg/m^3,这种材料不但可以有效固定树木根系,而且符合该屋顶的设计荷载要求。

该方案中的种植池设计成高500 mm、池壁厚100 mm、池宽500 mm的混合式花台,放置位置主要在区域1和2内靠女儿墙用砖砌筑,建造时在种植池底预留直径20 mm的孔洞,以免池内积水,影响植物生长。

3）种植设计

植物是屋顶花园的主体,由于屋顶上的生态环境与地面上有着一定的差距,因此在做种植设计时必须坚持适地适树的原则。首先应该考虑所选择的植物种类是否与种植地点的环境和生态相适应,否则就不能存活或生长不良;其次应该考虑屋顶上所营造的植物群落是否符合自然植物群落的发展规律,否则就难以成长发育并达到预期的艺术效果;再次根据种植区及种植池的设计形式来选择树种,力求达到提升整个屋顶空间的文化品位和生态效益。

该方案的种植设计采用大灌木、小灌木、藤本植物和草本植物的配植形式,以达到一种层次分明、清新爽朗的景观效果。选用的大灌木为:观果枣树(矮化品种)、罗汉松、紫玉兰;小灌木为:茶梅、苏铁、龙爪槐;草本植物为:四季杜鹃、栀子、月季、金鱼草、秋海棠、鸢尾、金心吊兰、麦冬、狗牙根;藤本植物为:三角梅、蔷薇。通过这样的植物配置,可以达到美化、香化、净化空间的作用,使一个原本平淡的空间变得充满生机。

 知识拓展

为了规范城市屋顶绿化技术,提高城市屋顶绿化质量和水平,依据 CJJ 48—92 公园设计规范、CJJ/ T91—2002 园林基本术语标准、DBJ 01—93—2004 屋面防水施工技术规程、DBJ 11/T213—2003 城市园林绿化养护管理标准。

屋顶绿化规范

1）范围

本标准规定了屋顶绿化基本要求、类型、种植设计与植物选择和屋顶绿化技术。本标准适用于北京地区建筑物、构筑物平顶的屋顶绿化设计、施工和养护管理工作。本标准为推荐性标准。

2）规范性引用文件

下列文件中的条款通过本标准的引用而成为本标准的条款。凡是注日期的引用文件,其随后所有的修改单(不包括勘误的内容)或修订版均不适用于本标准,然而,鼓励根据本标准达成协议的各方研究是否可使用这些文件的最新版本。凡是不注日期的引用文件,其最新版本适用于本标准。CJJ 48—92 公园设计规范;CJJ/ T91—2002 园林基本术语标准;DBJ 01—93—2004 屋面防水施工技术规程;DBJ 11/T213—2003 城市园林绿化养护管理标准。

3）术语和定义

(1)屋顶绿化

在高出地面以上,周边不与自然土层相连接的各类建筑物、构筑物等的顶部以及天台、露台上的绿化。

(2)花园式屋顶绿化

根据屋顶具体条件,选择小型乔木、低矮灌木和草坪、地被植物进行屋顶绿化植物配置,设

置园路、座椅和园林小品等,提供一定的游览和休憩活动空间的复杂绿化。

（3）简单式屋顶绿化

利用低矮灌木或草坪、地被植物进行屋顶绿化,不设置园林小品等设施,一般不允许非维修人员活动的简单绿化。

（4）屋顶荷载

通过屋顶的楼盖梁板传递到墙、柱及基础上的荷载(包括活荷载和静荷载)。

（5）活荷载(临时荷载)

由积雪和雨水回流,以及建筑物修缮、维护等工作产生的屋面荷载。

（6）静荷载(有效荷载)

由屋面构造层、屋顶绿化构造层和植被层等产生的屋面荷载。

（7）防水层

为了防止雨水和灌溉用水等进入屋面而设的材料层。一般包括柔性防水层、刚性防水层和涂膜防水层3种类型。

（8）柔性防水层

由油毡或PEC高分子防水卷材粘贴而成的防水层。

（9）刚性防水层

在钢筋混凝土结构层上,用普通硅酸盐水泥砂浆掺5%防水粉抹面而成。

（10）涂膜防水层

用聚氨酯等油性化工涂料,涂刷成一定厚度的防水膜而成的防水层。

4）基本要求

（1）屋顶绿化建议性指标不同类型的屋顶绿化应有不同的设计内容屋顶绿化要发挥绿化的生态效益,应有相宜的面积指标作保证。屋顶绿化的建议性指标如下:

①花园式屋顶绿化

绿化屋顶面积占屋顶总面积≥60%;绿化种植面积占绿化屋顶面积≥85%;铺装园路面积占绿化屋顶面积≤12%;园林小品面积占绿化屋顶面积≤3%。

②简单式屋顶绿化

绿化屋顶面积占屋顶总面积≥80%;绿化种植面积占绿化屋顶面积≥90%。

（2）屋顶承重安全

屋顶绿化应预先全面调查建筑的相关指标和技术资料,根据屋顶的承重,准确核算各项施工材料的重量和一次容纳游人的数量。屋顶绿化应设置独立出入口和安全通道,必要时应设置专门的疏散楼梯。为防止高空物体坠落和保证游人安全,还应在屋顶周边设置高度在80 cm以上的防护围栏。同时要注重植物和设施的固定安全。

5）屋顶绿化类型

（1）花园式屋顶绿化

①新建建筑原则上应采用花园式屋顶绿化,在建筑设计时统筹考虑,以满足不同绿化形式

对于屋顶荷载和防水的不同要求。

②现状建筑根据允许荷载和防水的具体情况,可以考虑进行花园式屋顶绿化。

③建筑静荷载应大于等于 250 kg/m²。乔木、园亭、花架、山石等较重的物体应设计在建筑承重墙、柱、梁的位置。

④以植物造景为主,应采用乔、灌、草结合的复层植物配植方式,产生较好的生态效益和景观效果。

（2）简单式屋顶绿化

①建筑受屋面本身荷载或其他因素的限制,不能进行花园式屋顶绿化时,可进行简单式屋顶绿化。

②建筑静荷载应大于等于 100 kg/m²。

③主要绿化形式

a. 覆盖式绿化

根据建筑荷载较小的特点,利用耐旱草坪、地被、灌木或可匍匐的攀援植物进行屋顶覆盖绿化。

b. 固定种植池绿化

根据建筑周边圈梁位置荷载较大的特点,在屋顶周边女儿墙一侧固定种植池,利用植物直立、悬垂或匍匐的特性,种植低矮灌木或攀援植物。

c. 可移动容器绿化

根据屋顶荷载和使用要求,以容器组合形式在屋顶上布置观赏植物,可根据季节不同随时变化组合。

6）种植设计与植物选择

（1）种植设计

①花园式屋顶绿化

a. 以突出生态效益和景观效益为原则,根据不同植物对基质厚度的要求,通过适当的微地形处理或种植池栽植进行绿化。屋顶绿化植物基质厚度要求见表 8.1。

表 8.1　屋顶绿化植物基质厚度要求

植物类型	规格/m	基质厚/cm
小型乔木	$H = 2.0 \sim 2.5$	≥60
大灌木	$H = 1.5 \sim 2.0$	$50 \sim 60$
小灌木	$H = 1.0 \sim 1.5$	$30 \sim 50$
草本、地被植物	$H = 0.2 \sim 1.0$	$10 \sim 30$

b. 利用丰富的植物色彩来渲染建筑环境,适当增加色彩明快的植物种类,丰富建筑整体景观。

c. 植物配置以复层结构为主,由小型乔木、灌木和草坪、地被植物组成。本地常用和引种成功的植物应占绿化植物的 80% 以上。

②简单式屋顶绿化

a.绿化以低成本、低养护为原则,所用植物的滞尘和控温能力要强。

b.根据建筑自身条件,尽量达到植物种类多样、绿化层次丰富、生态效益突出的效果。

(2)植物选择原则

①遵循植物多样性和共生性原则,以生长特性和观赏价值相对稳定、滞尘控温能力较强的本地常用和引种成功的植物为主。

②以低矮灌木、草坪、地被植物和攀援植物等为主,原则上不用大型乔木,有条件时可少量种植耐旱小型乔木。

③应选择须根发达的植物,不宜选用根系穿刺性较强的植物,防止植物根系穿透建筑防水层。

④选择易移植、耐修剪、耐粗放管理、生长缓慢的植物。

⑤选择抗风、耐旱、耐高温的植物。

⑥选择抗污性强,可耐受、吸收、滞留有害气体或污染物质的植物。

表 8.2　植物材料平均荷重和种植荷载参考表

植物类型	规格/m	植物平均荷重/kg	种植荷载/(kg·m^{-2})
乔木(带土球)	$H = 2.0 \sim 2.5$	$80 \sim 120$	$250 \sim 300$
大灌木	$H = 1.5 \sim 2.0$	$60 \sim 80$	$150 \sim 250$
小灌木	$H = 1.0 \sim 1.5$	$30 \sim 60$	$100 \sim 150$
地被植物	$H = 0.2 \sim 1.0$	$15 \sim 30$	$50 \sim 100$
草坪	$H = 1$	$10 \sim 15$	$50 \sim 100$

注:选择植物应考虑植物生长产生的活荷载变化,植物材料平均荷载和种植荷载参考表8.2。种植荷载包括种植区构造
　　层自然状态下的整体荷载。

 巩固训练

明安绿苑翠庭位于西安南郊高新开发区内,占地1.4万 m²,由4幢小高层楼和1幢高层楼组成楼群,小区容积率为2.94,绿化覆盖率达40%,楼群呈东向开口的围合式布局,中央有600 m²的绿地。该地区年均气温13 ℃,夏季高温,年均降雨量约600 mm,冬季干燥少雨,终年气温适宜。该楼为塔式,中部较高为16层,左右两翼为14层,其次为13层。明安绿苑翠庭屋顶花园中部较高,东西两翼较低,花园可分为5个相对独立的区域。中部为掬月园,为该楼用户的公共庭园,两侧较低的4个庭园面积较小,为顶层用户的私家花园。由西到东依次为荷园、画绿园、馨园和简园(图8.8)。根据屋顶花园景观设计要求,完成该屋顶花园植物景观设计的平面图。

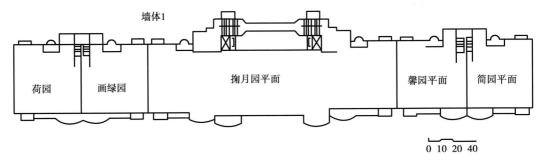

墙体1

荷园　画绿园　掬月园平面　馨园平面　简园平面

0　10　20　40

图 8.8　屋顶平面图

教学效果检查

1. 你是否明确本任务的学习目标?

2. 你是否达到了本学习任务对学生知识和能力的要求?

3. 你知道屋顶花园的概念吗?

4. 你了解屋顶花园的类型吗?

5. 通过学习后你能够对独立对屋顶花园进行植物景观营造吗?

6. 通过学习后你知道设计时如何考虑屋顶荷载问题吗?

7. 通过学习后你知道屋顶花园植物配置的原则吗?

8. 通过学习后你如何对屋顶花园进行养护与管理?

9. 你对自己在本学习任务中的表现是否满意?

10. 本学习任务完成后,你还有哪些问题需要解决?

附录　常见园林植物应用一览表

附录1　常绿乔木

序号	中文名	科名	适用地区	高度/m	生态习性	观赏特性	园林用途
1	罗汉松	罗汉松科	长江以南各省	20	半耐阴,喜湿润土壤,抗有害气体能力较强	树冠广卵形,种子卵圆形,熟时紫红色,着生于肥厚肉质种托上,似罗汉	庭荫树、绿篱、污染地区绿化树种
2	油松	松科	东北南部,华北,西北,四川	25	喜光,耐干旱,耐碱,耐寒,耐瘠薄土壤,抗性不强	树冠广卵形渐成散装,树干粗壮直立或弯曲多姿,苍劲有力	庭荫树、行道树、造林和防护林带
3	黑松	松科	鲁苏浙皖	30~35	喜光,耐潮风,不耐碱,抗性弱	树冠广卵形	庭荫树、行道树、防潮林
4	雪松	松科	长江流域,青岛,大连	50~70	喜光不耐烟尘和水湿,抗有害气体能力不强	干挺直,老枝铺散,小枝稍下垂,树冠幼年圆锥形	庭荫树、片植,防风固土林
5	柳杉	杉科	长江以南各省	40	中性,喜空气湿润	树冠圆锥形	庭荫树
6	侧柏	柏科	华北及其以南各省	20	喜光耐修剪,耐湿,耐干,是长绿针叶树中抗烟尘最强的树种	树冠圆锥形,圆球形,倒卵形	庭荫树、行道树、绿篱、防护林和污染地区绿化树种

续表

序号	中文名	科名	适用地区	高度/m	生态习性	观赏特性	园林用途
7	桧柏	柏科	东北南部及其以南各省	20	为中性偏阴性树种,有一定抗性和吸收有害气体的能力,防尘隔音效果良好	树冠幼时圆锥形,老年成圆球形,扁球形,干粗壮,侧枝水平或弯曲	庭荫树、墓道树、绿篱和防护林
8	龙柏	柏科	华北南部至华中	5~6	喜光,不耐烟,抗有害气体能力强,有吸硫能力,滞尘能力强	树冠圆柱形,侧枝稍有螺旋状,弯曲向内生长似龙体	庭荫树,片植,对植,污染地区绿化树种
9	广玉兰	木兰科	长江至珠江流域	30	喜光,不耐碱土,抗烟,有一定抗毒和吸硫能力,滞尘能力强	花大,白色,芳香,花期5~8月,树冠广圆锥形	庭荫树、行道树和污染地区绿化树种
10	白兰花	木兰科	华南	7	喜光,不耐碱土,忌积水风寒,喜肥沃酸性土壤	花白色,浓香,花期4—9月	庭荫树、行道树,盆栽
11	樟树	樟科	长江至珠江流域	20~50	耐阴,稍耐涝,耐潮风,对有害气体抗性较强,抗臭氧能力极强	树冠卵圆形	庭荫树、行道树,沿海及工厂区绿化
12	冬青	冬青科	长江流域各省	10	喜光,耐潮湿,耐修剪,对二氧化硫抗性较强	果深红,冬叶紫红	庭荫树、绿篱、大气污染区绿化树种
13	蚊母	金缕梅科	浙江、江苏、江西、福建、四川、湖北、台湾等		抗有毒气体和吸收有害气体能力强,对二氧化硫抗性很强	花期3—4月	工厂区抗污染绿化树种
14	红花羊蹄甲	豆科	华南	7~8	宜湿润肥沃土壤,忌北风	花紫红色,大而香	庭荫树,植水边,固堤岸
15	细叶榕	桑科	华南	15~20	宜湿润肥沃土壤,耐烟性强,对二氧化硫和气体抗性中等	树冠广大,分枝多,有气根	庭荫树、行道树、污染地区绿化树种

续表

序号	中文名	科名	适用地区	高度/m	生态习性	观赏特性	园林用途
16	橡皮树	桑科	华南		宜湿润肥沃土壤,抗酸性强	树冠直径 6~8 m	庭荫树
17	棕榈	棕榈科	长江以南各省	15	耐阴,忌强风,抗有害气体能力强,对二氧化硫抗性中等,对氯气抗性较强	树干挺直,叶大扇形,花期5—6月	庭荫树,片植,污染区绿化树种
18	蒲葵	棕榈科	南方各省	20	喜温暖,对二氧化硫抗性中等,对氯气抗性较强	树姿美观,大型叶,肾状扇形	庭荫树,片植污染地区绿化树种

附录2　落叶乔木

序号	中文名	科名	适用地区	高度/m	生态习性	观赏特性	园林用途
1	金钱松	松科	长江流域	40	喜光,不耐石灰质土	树冠圆锥形	庭荫树、行道树
2	水松	杉科	华南,桂,赣	25	喜光,喜湿润土壤	树冠圆锥形	庭荫树
3	水杉	杉科	华南,华中,华东,西南	35~50	喜光,喜酸性土,湿润地,抗性弱	树冠塔形	庭荫树、行道树
4	落羽松	杉科	长江流域	50	喜光,喜水湿,对有害气体抗性不强	幼树树冠圆锥形,老树则为伞形	行道树
5	银杏	银杏科	华北,华中,东南,西南	35~40	喜光,深根,耐寒,耐旱,不耐积水,受有害气体污染后,容易落叶,但萌生新叶能力强,有吸收二氧化硫和抗臭氧能力	树干端直高大,树姿优美,叶形美观,秋季变黄	庭荫树、行道树和污染地区绿化树种

续表

序号	中文名	科名	适用地区	高度/m	生态习性	观赏特性	园林用途
6	垂柳	杨柳科	长江流域南至广东	18	喜光,不耐阴,喜水湿,抗性不强,但吸收二氧化硫能力特强	小枝细长下垂,树冠倒卵形	庭荫树、行道树,用于大气污染较轻地区的绿化
7	鹅掌楸	木兰科	中国中部,西部	40	喜光,喜肥土,喜温湿润气候,抗性较强	花黄绿色,花期5—6月,叶形似马褂	庭荫树、行道树,防污染绿化树种
8	檫木	樟科	长江以南各省	35	喜光	花期3月,树冠广卵状椭圆形	庭荫树
9	枫香	金缕梅科	长江以南各省	40	喜光,幼树略耐阴	秋叶红色,树冠端直、高耸,树冠广卵形或略扁平	庭荫树、行道树
10	悬铃木(法国梧桐)	悬铃木科	华北南部至长江流域	30~40	喜光,不耐阴,抗烟尘力强,对有害气体抗性不强	树冠阔球形	庭荫树、行道树,可在有尘烟污染和有害气体污染较轻地区绿化
11	垂丝海棠	蔷薇科	华东,华中,西南	5~8	喜光	花红色,花期4—5月,树冠疏散	庭荫树
12	红叶李	蔷薇科	华东,华中	8	喜光	叶紫红色(观叶),花淡粉红色	庭荫树
13	杏	蔷薇科	南北各省	10	喜光,耐寒,耐旱不耐涝,抗性弱	花粉白,花期3—4月,果黄,果期6月,树冠球形	庭荫树
14	桃	蔷薇科	东北南部至广东	8	喜光树,少耐阴,抗性弱	花红,粉白,花期4—5月,树冠球形,变球形	庭荫树
15	梅	蔷薇科	黄河以南各省	10	喜光,不耐涝	花粉红(有紫、红、白等变种),花期12—翌年3月,先叶开放,翌年有香气	庭荫树,片植,盆景

续表

序号	中文名	科名	适用地区	高度/m	生态习性	观赏特性	园林用途
16	樱花	蔷薇科	华北南部，长江流域	25	喜光，不耐烟，对有害气体抗性较强有一定的吸污能力	花粉、红、白，花期4—5月，树冠球形、扁球形	庭荫树、行道树、防污绿化树种
17	合欢	豆科	黄河至珠江流域	16	喜光，不耐水湿，对有害气体，烟尘，抗性较强	花粉、红，花期6—7月，清香，树冠扁球形，结构疏松	庭荫树、行道树、污染地区绿化树种
18	大花紫薇	千屈菜科	华南	8	喜光	花紫红，花期夏、秋	庭荫树、行道树
19	楝树	楝科	华北南部至珠江流域	20	喜光不耐阴，抵抗和吸收有害气体及粉尘能力较强	花紫堇色，有香味	庭荫树、行道树、大气污染区绿化树种
20	重阳木	大戟科	长江流域及以南各省	15	喜光，稍耐阴，耐水湿	春叶，秋叶红色	庭荫树、行道树、堤岸树
21	乌桕	大戟科	黄河以南各省	15	喜光，耐风，耐湿，抗性较强	树冠球形，秋叶紫红，坠以白色种子	庭荫树、堤岸树、防污树种
22	三角枫	槭树科	华东，长江流域	5～10	喜光，耐半阴	秋叶红色	庭荫树
23	鸡爪槭	槭树科	华东，华中	10	喜光，对有害气体抗性弱	秋叶红色	庭荫树
24	栾树	无患子科	中国北部至中部	10	喜光，耐半阴、耐寒、耐旱和短期水浸，抗烟尘力较强	花黄色，花期6—8月，果橘红，果期9月，树冠近球形或伞形，枝叶秀丽、茂密，秋叶橙黄色	庭荫树、行道树、造林及厂区绿化树种
25	无患子	无患子科	长江流域及以南各省	15	喜光，喜干燥沙质土，酸性土、钙质土上均能生长	树冠广卵形或扁球形	庭荫树、行道树

续表

序号	中文名	科名	适用地区	高度/m	生态习性	观赏特性	园林用途
26	梧桐	梧桐科	华北南部至桂	15~20	喜光,不耐碱,不耐涝,对有害气体抗性强,能吸收有害气体	树冠卵圆形,叶大,形美,干皮绿色	庭荫树、行道树和中度污染地区绿化树种

附录3　常绿灌木及小乔木

序号	中文名	科名	适用地区	高度/m	生态习性	观赏特性	园林用途
1	苏铁	苏铁科	华南,西南	5	喜暖热湿润气候	花黄褐色,花期7—8月,树冠棕榈状	庭植,盆栽
2	十大功劳	小檗科	长江以南各省	1.5	耐阴,喜湿润	花黄,果暗蓝色,花期秋季,叶形秀丽	庭植,绿篱
3	阔叶十大功劳	小檗科	中国中部	4	耐阴,喜湿润	花黄,花期4—5月,果黑,果期9—10月	庭植,盆栽,绿篱
4	南天竹	小檗科	中国中部	2	耐半阴,喜湿润	花白,花期5—7月,果鲜红色,果期9—10月,枝叶秀丽雅致	庭植,盆栽
5	含笑	木兰科	长江流域及其以南各省	2~5	喜光,不耐旱	花淡黄,芳香,花期3—7月	庭植,盆栽
6	狭叶火棘	蔷薇科	长江流域各省	3	喜光,耐修剪	花白,花期5—6月,果红,果期9—10月	庭植,绿篱
7	石楠	蔷薇科	长江流域及其以南各省	12	喜光,对有害气体抗性中等,或较强	树冠球形,枝叶浓密,花白色,花期5—7月,果红色,果期10月	庭植,绿篱,污染较轻地区绿化树种
8	小叶黄杨	黄杨科	长江流域及其以南各省	0.6~1	耐阴,畏烈日,对二氧化硫,硫化氢,氯化氢等有害气体都有较强的抗性和吸收能力	枝、叶紧密	庭植,绿篱,盆栽

续表

序号	中文名	科名	适用地区	高度/m	生态习性	观赏特性	园林用途
9	大叶黄杨	卫矛科	长江流域及其以南各省	5~6	喜光,耐阴,性喜温暖湿润,也较耐寒,抗有害气体能力强	枝叶紧密,叶面深绿有光泽	庭植,绿篱,优良抗污树种
10	杜鹃	杜鹃花科	中国南北各省	3	喜光,耐阴,喜酸性土壤	花色红至玫瑰红色,花期5—6月	庭植,盆栽,花篱
11	山茶	山茶科	长江流域以南,华东	10	喜半阴及湿润空气,对有害气体抗性很强,特别是吸收氟的能力强	花紫、红、白,花期2—4月,有重瓣	庭植,盆栽,大气污染区绿化树种
12	桂花	木犀科	黄河流域以南各地,西南	10~12	喜光,喜湿润,对氯气抗性较强,还有滞尘消声作用	树冠卵形,花黄、白,芳香,花期8—9月	庭荫树,丛植,片植,可在污染不严重区栽培
13	女贞	木犀科	长江流域以南各省,主产华中	6~12	喜光,稍耐阴,耐修剪,吸收和抗性有害气体能力较强,滞尘能力很强	花白,微香,花期5—6月	行道树,绿篱,可推广做防污绿化树种及防尘隔声树种
14	小叶女贞	木犀科	华东,华中	2~3	喜光,稍耐阴,耐修剪,抗有害气体抗性强	花期8—9月,有香气	庭植,绿篱,优良防污染净化树种
15	夹竹桃	夹竹桃科	长江以南各省	6	喜光,喜温暖、湿润土壤,对有害气体抗性和吸收能力均较强,对烟尘抵抗和吸滞能力强	花粉、白,鲜艳美丽,花期长,5—11月	庭植,盆栽,抗污绿化树种
16	栀子花	茜草科	长江以南各省	2~3	喜光,稍耐阴,喜温润土壤,对有害气体有一定的抗性和吸收能力,稍有滞尘作用	花大,白色,芳香,花期7月	庭植,花篱,污染不太严重地区绿化树种

续表

序号	中文名	科名	适用地区	高度/m	生态习性	观赏特性	园林用途
17	珊瑚树	忍冬科	长江流域以南各省	6	稍耐阴,喜温润,抗有害气体能力很强有一定的吸收有害气体和滞尘能力,耐火力强	花白,花期6月,果红,叶革质,茂密,呈球状	庭植,高篱,防火,防尘,隔声林,污染严重区绿化树种,防火林
18	海桐	海桐科	长江以南各省	3	喜光,略耐阴,抗有害气体能力很强,吸尘、隔声能力较好	花白,花期4月,芳香,叶革质	庭植,绿篱,防尘隔声林,污染严重区绿化树种
19	红背桂	大戟科	华南	1	半耐阴,不耐旱,对二氧化硫、氯气抗性较强	叶面绿色,叶背紫红色	庭植,绿篱
20	扶桑	锦葵科	华南	4～6	喜光,稍耐阴	花粉、红、紫、黄、白,花期4季	庭植,花篱
21	凤尾兰	百合科	华东,华中	5	对有害气体抗性强,有一定吸收有毒气体能力	花白色,下垂	庭植,工矿区防污绿化植物

附录4　落叶灌木及小乔木

序号	中文名	科名	适用地区	高度/m	生态习性	观赏特性	园林用途
1	木兰	木兰科	长江流域及其以南各省	3～5	喜光,华北须防寒	花期3—4月,先叶开放	庭植
2	玉兰	木兰科	全国各地均有栽培	15	喜光,稍耐阴,对有害气体抗性和吸收能力均较强	花大,白色,芳香,花期3—4月,先叶开放,树冠球形,长圆形	庭植,片植,行道树,污染较轻地区绿化树种
3	腊梅	腊梅科	北京以南各省	3	喜光,稍耐阴,较耐寒耐旱	花蜡黄,花期初冬至初春,树冠扁球形、球形	庭植,盆栽
4	金缕梅	金缕梅科	长江流域	9	喜光,稍耐阴	花金黄,花期1—3月	庭植

续表

序号	中文名	科名	适用地区	高度/m	生态习性	观赏特性	园林用途
5	绣线菊	蔷薇科	长江流域	1.5	喜光,稍耐阴	花粉红,花期6—7月	庭植,花镜
6	花楸	蔷薇科	东北南部,华北,华中	8	喜光,较耐阴	花白,花期5月,果红,果期10月	庭植
7	贴根海棠	蔷薇科	华北南部以南各省	2	喜光,较耐阴	花大红、粉、红白,花期3—4月	庭植,花篱
8	棣棠	蔷薇科	华北南部至华南各省	1.5～2	喜半阴,湿润土	花黄,枝条翠绿色	庭植,花篱
9	月季	蔷薇科	华北南部至华南各省	1	喜光,稍耐阴	花红、粉、或近白色,花期6—10月,芳香	庭植,花篱,花坛,花境,专类花坛
10	玫瑰	蔷薇科	东北,华北,华东华中	2	喜光,阴地花少,耐寒,不耐渍水	花紫、粉红至白色,花期5—6月,芳香	庭植,花篱,花坛,营造玫瑰园
11	榆叶梅	蔷薇科	华北至长江流域	5	喜光,耐寒、旱、碱,稍耐阴,忌涝	花粉红,单瓣或重瓣,花期4—5月,先叶开放,密集于枝条上	庭植,花篱
12	紫荆	豆科	华北及其以南各省	3～5	喜光,耐阴,怕水渍	花紫红,花期4—5月,先叶开放,开花时全树紫红色	庭植
13	龙爪槐	豆科	华北,华中	3～5	喜光,稍耐阴	树冠成伞形或球形,枝条下垂	庭植
14	黄栌	漆树科	中国北部至中部	5	喜光,耐半阴,耐寒,耐旱,耐瘠薄,不耐水渍	叶型美丽,秋季火红,多干型主枝,细长弓形弯曲下垂,形成疏散的圆球形树冠	庭植,山地造林先锋树种
15	木槿	锦葵科	全国各地	3～4	喜光,耐半阴,对有害气体抗性较强,有吸收有害气体的能力	花紫、白、红,花期6—9月,树冠长圆形,呈扫帚状	庭植,绿篱,污染区绿化树种

续表

序号	中文名	科名	适用地区	高度/m	生态习性	观赏特性	园林用途
16	木芙蓉	锦葵科	华中至华南	5~6	喜光,喜湿润土	花白、红、紫,花期 8—11 月,花朵大,鲜艳	庭植,丛植,亦水边栽植
17	紫薇	千屈菜科	华北南部及其以南各省	7	喜光不耐涝,对有害气体抗性和吸收能力均较强,有滞尘能力	树冠长圆形,花红、紫、白,花期 6—10 月正值缺花季节,具有特殊的观赏价值	庭植,盆栽,污染区绿化树种
18	石榴	安石榴科	长江流域及其以南各省	5	喜光,具有一定的抗性和滞尘能力	花朱红、红、白,花期 6—8 月	庭植,盆栽,花篱,污染区绿化树种
19	连翘	木犀科	南北各省	3~4	喜光,耐半阴,耐寒,抗旱,不耐水渍	花金黄,色重而艳,花期 4—5 月,树冠开展,枝条弯曲下垂	庭植,花篱,坡地、河岸栽植
20	金钟花	木犀科	长江流域	1~2	喜光	花黄色	庭植,花篱
21	迎春	木犀科	中国中部北部	4	喜光,稍耐阴,怕涝	花淡黄,花期 2—4 月,小枝细小拱形	庭植,花篱,盆栽,
22	木绣球	忍冬科	华北南部至闽,川	4	喜光,稍耐阴	花白,花期 5—6 月	庭植

附录 5　一二年生花卉

序号	中文名	科名	适用地区	高度/m	生态习性	观赏特性	园林用途
1	鸡冠花	苋科	全国各地	0.3~0.9	喜炎热干燥气候,不耐寒,抗氯化氢	花白、红、橙黄,花期长,花色久而不变	花坛,花境
2	千日红	苋科	全国各地	0.2~0.6	不择土壤,宜有充分阳光	花深红、紫红、淡红或白色,花色、花形经久不变	花坛,切花
3	一串红	唇形科	全国各地	0.3~0.8	喜光,喜疏松肥沃土壤,耐半阴,抗氯化氢	花朵繁密,色彩鲜艳,花期 7—10 月	花丛,花坛,自然式栽培

续表

序号	中文名	科名	适用地区	高度/m	生态习性	观赏特性	园林用途
4	百日菊	菊科	全国各地	0.5~0.9	喜光,耐半阴,耐干旱,不择土壤,但在深厚肥沃土壤上生长发育更好	花大,花色鲜艳丰富,花期6—10月	花坛,花境,花丛,切花
5	万寿菊	菊科	全国各地	0.6~0.9	喜光,对土壤要求不严,抗性强	花有乳白、黄、橙至橘红等深浅不一,花期6—10月	花坛,花丛,花境
6	孔雀草	菊科	全国各地	0.2~0.4	同万寿菊	舌状花,黄色有紫斑	同万寿菊
7	金盏菊	菊科		0.3~0.6	喜光,耐寒性较弱,抗二氧化硫、三氧化硫	花黄、淡黄、橘红及橙色,花期5—7月	春季花坛
8	福禄考	花葱科		0.15~0.3	喜光,耐寒性差,抗二氧化硫	花有白、粉红、红、深红、紫红、蓝紫等色,花期5—6月	花坛,花境,岩石园,切花
9	雁来红	苋科	全国各地	1以上	喜湿润,向阳及通风良好环境,耐旱,耐寒	初秋顶部叶变为鲜红,亦有深黄或橙色品种	秋季花坛
10	三色堇	堇菜科	全国各地	0.15~0.25	好凉爽环境,略耐半阴	每朵花有蓝、黄、白三色,花期4—6月	毛毡花坛,花坛、花丛、花境等镶边用
11	紫罗兰	十字花科	全国各地	0.2~0.6	喜光,耐半阴,耐寒	花带紫色或黄色,花期1—5月	花坛,盆栽,切花
12	花羽衣甘蓝	十字花科	分布较广	0.3~0.4	耐寒	叶色丰富,有蓝、紫红、粉红、牙黄、蓝绿等色	花坛
13	矮牵牛	茄科		0.2~0.45	喜光,喜温暖,不耐寒,忌雨涝	花有白、粉、红、紫等色,花期6—8月	花丛,花境,花坛,自然式栽植

续表

序号	中文名	科名	适用地区	高度/m	生态习性	观赏特性	园林用途
14	飞燕草	毛茛科		0.5~1.2	喜光,较耐寒,喜高燥,忌积涝,要求通风良好的凉爽环境	花紫蓝,亦有紫红、粉白色,花期4—6月	花境、花坛
15	石竹类	石竹科	华北,江浙一带有野生	0.2~0.6	喜光,耐寒,性强健,抗二氧化硫、三氧化硫	花色多,富于变化	春季花坛,花境,岩石园

附录6　宿根花卉

序号	中文名	科名	适用地区	高度/m	生态习性	观赏特性	园林用途
1	玉簪	百合科	全国各地		喜湿环境和漫射光	花洁白,清香,花期夏至初秋,叶基成丛	林下,建筑物背面,庭院角隅等处
2	麦冬类	百合科	中国中部,南部	0.3	喜生于山谷、林下、隐蔽处,长江流域至鲁、豫一带可露地越冬	常绿草本,叶多数簇生,线形,浓绿色	地被植物,花坛镶边,点缀山石或台阶,盆栽
3	沿阶草	百合科	全国各地		喜半阴湿环境,稍耐寒	常绿草本,叶丛生,下线形	林下,小径旁,山石墙基,阶千自然散植,花坛镶边,盆栽
4	吉祥草	百合科	中国中部,南部各省		喜半阴及湿润环境	叶狭长,端尖,簇生	覆盖植物,大片栽植,盆栽
5	万年青	百合科	浙江,福建,云南,四川		要求土壤阴湿、深厚,但不耐积水	叶斜出簇生,倒披针形,硬厚革质,常绿而有光泽,浆果秋季熟时鲜红色	盆栽,丛林下栽植(沪、杭)
6	萱草类	百合科	中国大部分地区	1.2	喜光,亦可耐半阴,耐寒,抗氟化氢	花橙黄、橘红、黄等,花期6—8月	丛植草地,花境,大片栽植

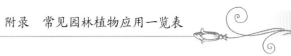

续表

序号	中文名	科名	适用地区	高度/m	生态习性	观赏特性	园林用途
7	兰花类	兰科	长江以南,台湾		性喜阴湿和通风良好的环境,喜排水良好而含腐殖质的沙土	叶姿优美,花香袭人	
8	蜀葵	锦葵科	全国各地	3	喜光,耐寒,抗二氧化硫、三氧化硫、氯化氢	花大红、深紫、浅紫、粉红、墨紫及黄、白等,花期长,5—10月	

附录7 球根花卉

序号	中文名	科名	适用地区	高度/m	生态习性	观赏特性	园林用途
1	唐菖蒲	鸢尾科	全国各地	0.6~1	喜光,避免闷热及土壤冷湿,抗二氧化硫	花朵大,色彩绚丽,品种繁多,叶剑形	
2	苍兰	鸢尾科		花茎0.3~0.45	性喜冷凉湿润,南方可露地越冬	叶线型,根际丛生	花坛边缘镶边、片植、切花
3	鸢尾类	鸢尾科	中国中部,陕、鄂、川、浙等省	0.3	抗二氧化硫	花蓝、白、紫等,花色丰富,花姿美丽,有微香	草地边缘、建筑物前及灌木丛旁、切花
4	大丽花	菊科	全国各地	0.4~2	既不耐寒也不忌炎夏酷热,需水量多,但又怕涝	品种极为繁多,花朵大,花色富于变化	花坛、花境、盆栽、切花
5	水仙类	石蒜科		花茎0.25~0.45	适应性强,背风向阳处生长好,抗氟化氢	花色洁白,叶子清秀,芳香	疏林下地被花卉、花境、盆栽切花
6	葱兰类	石蒜科			喜半阴,稍耐寒,南方各省可露地栽培,抗氟化氢、氯化氢	植株低矮,花朵繁多,叶基生	花坛,路牙镶边或花境前沿丛植等

续表

序号	中文名	科名	适用地区	高度/m	生态习性	观赏特性	园林用途
7	晚香玉	石蒜科	全国各地		喜光,少耐寒,好肥喜湿,于低湿而不积水之地生长良好	花白色或微有红晕,晚上香更浓	主要供切花,或散置在石旁路边及花丛间
8	美人蕉类	美人蕉科	全国各地	0.6~2	喜光,喜湿暖、炎热气候,有一定抗寒力,对有害气体抗性较强	叶大,花鲜,花期长,从"五一"延续到"十一"	花带、花坛、花境、盆栽,可在轻度污染区种植
9	郁金香	百合科	全国各地	花茎0.2~0.4	耐寒性强	花鲜红、黄、白、褐等深浅不一,或变色	花境、花坛
10	百合类	百合科	中国各地	0.3~2	多数喜酸性土及半阴之地,空气应湿润,排水必须良好	品种多,花期长,花色多,花大且香	疏林下片植、花坛中心、花境背景、花坛、花境前沿、盆栽

附录8　攀援植物

序号	中文名	科名	适用地区	高度/m	生态习性	观赏特性	园林用途
1	野蔷薇	蔷薇科	华北南部至华南各省	3~4	喜光,稍耐阴,半常绿	花白、粉,花期5—6月	攀缘篱栅、山石
2	木香	蔷薇科	长江流域(华北引栽)	6	喜光	花白或黄,花期4—5月	攀缘篱栅、棚架
3	紫藤	豆科	辽南,华北及以南各省		喜光,略耐阴,落叶藤本,抗性强	花紫、淡紫,花期5月	棚架、山石或工厂污染区垂直绿化材料
4	葡萄	葡萄科	南北各省	30	喜光,不耐阴,落叶性,抗性弱	花黄绿,花期6月,果期8—9月	攀缘棚架、篱栅
5	爬山虎	葡萄科	南北各省		喜湿润,落叶性,对二氧化硫、氯气、氯化氢、氟化氢抗性均较强	秋叶黄色、橙黄色	攀缘山石、墙壁

续表

序号	中文名	科名	适用地区	高度/m	生态习性	观赏特性	园林用途
6	五叶地锦	葡萄科	南北各地		喜阴湿,攀援力弱,落叶性,对氯和氯化氢抗性强	秋叶红色或橙黄色,颇为美观	攀缘山石、棚架、墙壁上的垂直绿化具有较好的保护和改善环境效果
7	常春藤	五加科	中国中部,南部	30	耐阴性强,忌强光,常绿性	花期8—9月,果黑色,叶三角状	攀缘山石、墙壁
8	络石	夹竹桃科	长江流域		耐阴性强,喜湿润,常绿性	花白,花期4—5月,芳香	攀缘山石、墙壁
9	凌霄	紫葳科	华北及其以南各省	10	喜光,稍耐阴	花橙红,花期7—8月(花粉伤眼睛)	攀缘山石、墙壁、棚架
10	美国凌霄	紫葳科	华北及其以南各省	10	喜光,喜湿润、肥沃、排水良好土壤	花大,橘红、鲜红,花期7—9月	攀缘山石、墙壁、棚架
11	炮仗花	紫葳科	华南,滇南		喜肥沃、湿润土,常绿性	花红,花期春季,花冠外翻形如炮仗	攀缘山石、墙壁、棚架
12	金银花	忍冬科	华北南部至长江流域,西南		喜光,稍耐阴,半常绿性,抗氟化氢和二氧化硫	花黄白,芳香,花期5—7月	攀缘山石、墙壁、棚架
13	叶子花	紫茉莉科	华南,滇南	10	喜光,常绿性,喜温暖气候	花红、紫,三多聚生枝顶,苞片形状似叶,颜色似花,大而美丽,花期冬春	攀缘山石、墙壁、盆架、北方盆栽

附录9 草坪植物

序号	中文名	科名	适用地区	高度/m	生态习性	观赏特性	园林用途
1	狗牙根	禾本科	华北以南		耐旱,耐热,耐淹,不耐寒,耐践踏	匍匐茎发达,蔓延力强	草坪植物各类运动场
2	天堂草	禾本科	华北以南		喜光,喜湿,耐干旱,稍耐寒	匍匐茎发达,叶丛密集低矮	草坪植物,各类运动场

续表

序号	中文名	科名	适用地区	高度/m	生态习性	观赏特性	园林用途
3	野牛草	禾本科	全国各地		耐寒,耐热,耐旱,耐践踏,萌生力强	匍匐茎	草坪植物
4	假俭草	禾本科	长江流域以南		喜光,耐干旱,耐瘠薄,耐寒力弱	草丛低矮,匍匐茎贴地面	各类运动场,固土护坡植物
5	地毯草	禾本科	华东南部,华南,西南		耐半阴,耐寒力弱,耐践踏	草丛低矮,匍匐茎贴地	草坪植物,固土护坡植物
6	高羊茅	禾本科	南北过渡地带		适应性强,耐寒,耐热,耐旱,不耐阴	密丛型植株,叶色淡绿	草坪植物,大片种植
7	草地早熟禾	禾本科	淮河以北地区		适应性强,耐寒,耐热,耐旱,不耐阴	密丛型植株,叶色淡绿	草坪植物,大片种植
8	多年生黑麦草	禾本科	华北,华东		不耐酷暑,不耐干旱,抗二氧化硫	草丛生,质地细柔、亮绿	草坪植物,冬季补播,保持冬季草坪的绿色
9	马蹄金	旋花科	长江流域以南		喜温,稍耐寒,耐半阴,不耐干旱	植株低矮,具匍匐茎	草坪植物,庭院小型绿地
10	白车轴草（白三叶）	豆科	全国各地		喜光,耐半阴,耐寒,耐旱	分枝多,匍匐茎	草坪植物,固土护坡,公路绿地
11	结缕草	禾本科	全国各地		适应性强,耐高温,喜光,耐践踏,不耐阴	匍匐茎发达	草坪植物,固土护坡植物
12	天鹅绒草	禾本科	黄河流域以南		喜光,耐寒能力不强,不耐阴	匍匐茎发达、草丛密茂	草坪植物,观赏为主

附录10　竹类

序号	中文名	科名	适用地区	高度/m	生态习性	观赏特性	园林用途
1	毛竹	禾本科	鲁,豫及长江以南各省	10~25	竹类喜肥沃、湿润而排水良好的壤土或砂壤土	杆散生,乔木状	庭植,造林
2	紫竹	禾本科	长江流域（北京引栽）	10	多砾石之处生长不良	杆新竹绿色,后变紫色	庭植

序号	中文名	科名	适用地区	高度/m	生态习性	观赏特性	园林用途
3	淡竹（水竹）	禾本科	长江流域	6~21		杆淡黄色	庭植
4	刚竹（苦竹）	禾本科	鲁，豫，淮河及长江流域			黄色嵌碧玉为其有名变种	庭植
5	佛肚竹	禾本科	华南	2.5		杆节间膨大，状如佛督	庭植，盆栽
6	箬竹	禾本科	长江以南各省	1~1.6		杆簇状散生	庭植
7	凤尾竹	禾本科	江浙一带	1.2		杆丛生，枝叶细密，有婆娑之状	庭植

附录11　水生植物

序号	中文名	科名	适用地区	高度/m	生态习性	观赏特性	园林用途
1	荷花	睡莲科	中国南北各省	0.3	多年生草本，喜温暖湿润气候	叶阔花大，花色粉红或白、芳香，花期6—8月	水景
2	睡莲类	睡莲科	黄河以南各省，东北有野生耐寒品种		多年生草本，喜光，喜腐殖质多的黏质土壤	花黄白、淡紫、浅深红，花期7—8月	点缀静水水面或盆栽置于水中
3	菖蒲类	天南星科		0.3~0.7或更矮	多年生，喜光，耐寒	叶细长，剑形，顶生肉穗花序	水景适于山涧浅水、石旁或溪流旁的岩石缝中
4	凤眼莲	雨久花科	全国各地		喜光，南方一年四季均能生长，可净化水体和吸收某些金属元素	叶先绿，花蓝紫色	绿化池塘，盆栽

参考文献

[1] 苏雪痕.植物造景[M].北京:中国林业出版社,1991.

[2] 赵世伟.园林植物种植设计与应用[M].北京:北京出版社,2006.

[3] 熊运海.园林植物造景[M].北京:化学工业出版社,2009.

[4] 金煜.园林植物景观设计[M].辽宁:辽宁科学技术出版社,2008.

[5] 郭成源.园林设计树种手册[M].北京:中国建筑工业出版社,2006.

[6] 耿欣,程炜,马娱.园林花卉应用设计(选材篇)[M].湖北:华中科技大学出版社,2009.

[7] 李尚志.水生植物造景艺术[M].北京:中国林业出版社,2000.

[8] 吴玲.地被植物与景观[M].北京:中国林业出版社,2007.

[9] 臧德奎.攀缘植物造景艺术[M].北京:中国林业出版社,2002.

[10] 帕特里克·泰勒.法国园林[M].周余鹏,刘玉群,译.北京:中国建筑工业出版社,2004.

[11] 泰勒,高亦柯.英国园林[M].北京:中国建筑工业出版社,2003.

[12] 佩内洛佩·霍布豪斯.意大利园林[M].于晓楠,译.北京:中国建筑工业出版社,2004.

[13] 宁妍妍.园林规划设计[M].郑州:黄河水利出版社,2010.

[14] 宁妍妍.园林规划设计[M].沈阳:白山出版社,2003.

[15] 周初梅.园林规划设计[M].5版.重庆:重庆大学出版社,2021.

[16] 赵肖丹.园林规划设计[M].北京:中国水利水电出版社,2012.

[17] 黄东兵.园林绿地规划设计[M].北京:高等教育出版社,2006.

[18] 周初梅.城市园林绿地规划[M].北京:中国农业出版社,2008.

[19] 陈其兵.风景园林植物造景[M].重庆:重庆大学出版社,2012.

[20] 胡长龙.园林规划设计[M].北京:中国农业出版社,2002.

[21] [美]杰瑞·哈勃,等.屋顶花园——阳台与露台设计[M].北京:中国建筑工业出版社,2006.

[22] 黄金琦.屋顶花园设计与营造[M].北京:中国林业出版社,1994.

[23] 赵建民.园林规划设计[M].北京:中国农业出版社,2002.

[24] 汪新娥.植物配置与造景[M].北京:中国农业大学出版社,2008.

[25] 魏姿,王先杰,冯文佳.综合性公园的植物配置与园林空间设计[J].北京:北京农业学院学报,2011(3).

[26] 朱庆.植物配置及其造景在综合性公园中的应用[J].内蒙古林业调查设,2007.

[27] 李春萍,翟国勋.综合性公园景观设计研究[J].黑龙江生态工程职业学院,2010(3).

[28] 黄晓鸢.居住区环境设计[M].北京:中国建筑工业出版社,1994.